NEXT LEVEL CMO

1. Auflage 2022
CC BY-NC-ND 4.0
Martin Recke, Adam Tinworth

Verlag
Next Factory Ottensen,
SinnerSchrader Aktiengesellschaft,
Campus Kronberg 1, 61476 Kronberg im Taunus
nextfactory@sinnerschrader.com

Buchkonzept/Gestaltung
Heidemann und Klein GbR, Hamburg

Druck/Produktion
Gutenberg Beuys Feindruckerei GmbH, Langenhagen

Klimaneutrales Druckprodukt
climatepartner.com/10951-2207-1009

Material/Papier
Fedrigoni Arena Rough

Schriften
Akkurat (Lineto)
Tiempos Text (Klim Type Foundry)

ISBN
978-3-948580-05-6
978-3-948580-65-0 (E-Book)

Herausgegeben von Matthias Schrader

Martin Recke, Adam Tinworth

NEXT LEVEL

Wie sich die Rolle des Marketings völlig verändert

CMO

NEXT FACTORY OTTENSEN – NFO/05/CMO

Inhalt

8 Vorwort

Ready Player One

Von Matthias Schrader

Performance-Marketing: eine Marketingstrategie, die auf messbare Ergebnisse (→ Conversion Rate, → Key Performance Indicator) ausgerichtet ist und Daten zur Entscheidungsfindung nutzt

Sales Funnel: die Schritte, die ein potenzieller Kunde vom ersten Kontakt mit einer Marke oder einem Unternehmen bis zur Kunden-werbung durchlaufen muss; oft unterteilt in → Upper Funnel, → Mid Funnel und → Lower Funnel (→ Customer Journey)

Die Welt des Marketings verändert sich dramatisch. In den letzten 30 Jahren haben sich die Marketingabteilungen entlang der Kundenkontaktpunkte aufgefächert. Für ihre spezifischen Bedürfnisse hat das Marketing in den Unternehmen entsprechende Kompetenzen ausgeprägt: TV & Print Creative, Content, Design, Direct, Event, Media, PR und natürlich Digital.

Das Internet hat diese Kontaktpunkte mit dem Kunden zugleich auf ein paar Zentimeter Bildschirmgröße gefaltet. Das Smartphone absorbiert als universelle Simulations-maschine alle traditionellen Kanäle und gebiert kontinuierlich aufstrebende Medien wie Games, Social, Messenger und Metaverse. Die Explosion der Kanäle und die Implosion der Touchpoints schleifen die Mauern zwischen den Marketingabteilungen.

Zudem verwischen die Grenzen zwischen Marketing und Vertrieb. Jeder digitale Touchpoint wird zu einem Point of Sale, und Unternehmen verwandeln sich in Direct-to-Consumer-Marken. Die neue Trilogie aus Branding, Performance-Marketing und Commerce ordnet die entsprechenden Teams in der Marketingorganisation neu. Der Sales Funnel hat als mentales Modell ausgedient und wandelt sich zu einem kontinuierlichen Strom von Kundenkontaktpunkten, der stetig analysiert und optimiert wird.

agil: ein iterativer Ansatz für die Software-entwicklung, der verwendet wird, um auf Veränderungen zu reagieren; wird auch in anderen Kontexten eingesetzt, zum Beispiel im Marketing

Jede Steigerung bei der Optimierung des Erlebnisses und dem Erreichen von Relevanz bei Marke, Produkt und Zielgruppenansprache sorgt für übermäßiges Wachstum in einer Medienwelt, die den Kundenzugang über einen Auktionsmechanismus regelt. Nur wer das Kontinuum des neuen Marketing/Commerce-Kreises beherrscht, wird wachsen.

Marketing, Handel und Produktinnovation sind ein Technologiespiel. Viele Unternehmen stehen vor der Herausforderung, dass sie ihr technologisches Fachwissen oft verloren haben, weil sie sich daran gewöhnt haben, technische Dienstleistungen als standardisiertes Offshore-Produkt zu einem möglichst niedrigen Preis einzukaufen. In den Augen des Kunden bedeutet Standard jedoch Massenware. Und Standardmarken ertrinken heute im Meer der Mittelmäßigkeit.

Relevanz für den Kunden kann nur durch Innovation und Differenzierung erreicht werden – technisch gesprochen ist ein hohes Maß an maßgeschneiderter Software zwingend erforderlich. Die meisten CIO-Büros und Beschaffer haben dies verlernt. Stattdessen wird Individualentwicklung im Software-Engineering noch zu oft mit agilen Methoden verwechselt.

Infolgedessen sind viele Unternehmen in dysfunktionalen Prozessmonstern aus der Hölle gefangen. Parallel dazu kommt Technologie-Know-how durch die Hintertür über das Marketing und die fortschrittlichen Geschäfts-bereiche wieder in die Unternehmen. Immer mehr

Unternehmen emanzipieren sich von der süßen Droge der Standardsoftware.

Die Forderung nach einer kanalübergreifenden Sicht – und damit Infrastruktur – auf alle Daten sowie der globale Roll-out von Marketing- und Commerce-Lösungen stellen hohe Anforderungen an den CMO und seine Organisation. Viel wichtiger ist jedoch ein anderer Faktor: Geschwindigkeit.

Die Pandemie hat das Kundenverhalten radikal verändert. Das E-Commerce-Volumen ist in 20 Monaten der Pandemie so stark gewachsen wie in den ersten 20 Jahren des Internets von 1995 bis 2015. Auch in qualitativer Hinsicht sehen wir tektonische Verschiebungen. Der Gesamt-marktanteil von kleinen und Nischenmarken ist von unter 20 Prozent in der physischen Welt auf über 60 Prozent in den digitalen Kanälen explodiert. Letzter Datenpunkt: Shein hat innerhalb von zwei Jahren Zara und H&M als Pure Player aus China überholt – ohne überhaupt ein eigenes Geschäft in China zu betreiben.

Die Welt verändert sich derzeit in einem atemberaubenden Tempo. Digitalisierung, Pandemie, Ukrainekrieg und Inflation – um nur die großen exogenen Schocks der letzten Zeit aufzureihen – verändern das Verhalten der Menschen immer schneller.

Im Next Level des Marketings genügt es nicht mehr, nur das Kontinuum der Touchpoints Kommunikation, Commerce und Produkt zu optimieren, sondern es gilt die Marke

[1] — **Welch, Gregory W. et al.** (2022). CMO Tenure Study: Women outnumber men for the first time in the CMO role. Spencer Stuart.

[2] — **Huawei and Oxford Economics** (2017). Digital spillover. Measuring the True Impact of the Digital Economy.

in der gesamten Lebenswirklichkeit der Konsumenten relevant zu machen.

Eine neue Generation von CMOs, die mit digitalem Marketing groß geworden sind, stellt sich der Herausforderung. Für dieses Buch haben wir eine Reihe von Marketeers befragt. Wie sehen sie das Marketing und das Profil eines Next-Level-CMOs? In diesen 22 Interviews zeichnet sich ein vielschichtiges, aber dennoch konsistentes Bild ab.

Die heutige Zeit schreit nach Marken. Aber die heutigen Marken sind anders, denn sie beginnen mit dem Kunden, der Experience und reichen in die gesamte Lebenswirklichkeit der Menschen hinein. Es ist der Schritt von der Customer-Centricity zur Life-Centricity.

Diese Neupositionierung des Marketings macht die Disziplin wieder zur obersten Chefsache. Es ist kein Zufall, dass während des Schreibens dieses Buches drei der von uns befragten Marketeers entweder zum CEO oder zum Geschäftsführer ernannt wurden.

Es ist ebenso kein Zufall, dass die mittlere Amtszeit von CMOs bei 28 Monaten und damit nur geringfügig über dem niedrigsten Stand seit Beginn der Aufzeichnungen liegt. [1] Die Rolle des CMO steht unter Druck. Aber es ist ein Druck zu wachsen. Next-Level-CMOs stehen an der Spitze der digitalen Transformation. Das hat durchaus Sinn, da die digitale Wirtschaft schätzungsweise 2,5-mal schneller wächst als das gesamte BIP. [2]

Diese Chance ist mit enormen Veränderungen und Komplexität verbunden. Das größte Problem für das Marketing ist der Mensch, der mit Veränderungen konfrontiert wird – die oft unangenehm sein können – und sich dagegen wehrt. Daher müssen Marketeers veränderungsbereite spezialisierte Generalisten sein.

Es gibt kein einheitliches Modell, kein Geheimrezept. Das nächste Level des Marketings kann nur erreicht werden, wenn aus all diesen Bausteinen ein durchgängiges System geschaffen wird. Diese Systeme variieren je nach Branche, Unternehmen und dessen digitalem Reifegrad. Sie verändern sich im Laufe der Zeit, um ihre Kontinuität zu gewährleisten, wie es bei Systemen üblich ist.

Die Erfahrungen von 22 Marketingexperten aus verschiedenen Branchen, mit unterschiedlichen Hintergründen, herausragenden Karrieren und verschiedenen Ansichten bieten großartige Einblicke in die aufregende Welt des Marketings von heute.

Willkommen auf dem nächsten Level.

—

Matthias Schrader leitet Accenture Song in Deutschland, Österreich und der Schweiz. 1996 gründete er die Agentur SinnerSchrader – die 2017 von Accenture übernommen wurde – und 2006 die renommierte Digitalkonferenz NEXT.

14

„Marketeers müssen besser informiert und agiler sein als je zuvor."

Laura Eschricht – Global Marketing Director, Zalando

Laura Eschricht

Global Marketing Director, Zalando

— Geboren in Hamburg und aufgewachsen in Düsseldorf
— Abenteuerlustig und reisefreudig
— Mit zwölf Jahren begann sie, auf einem 386er-PC ein
Nachbarschaftsmagazin herauszugeben
— Schon immer war klar, dass sie ins Marketing
oder in die Werbung gehen wollte

agil: ein iterativer Ansatz für die Softwareentwicklung, der verwendet wird, um auf Veränderungen zu reagieren; wird auch in anderen Kontexten eingesetzt, zum Beispiel im Marketing

Laura Eschricht ist der Meinung, dass sich die Rolle des Marketeers nie schneller verändert hat als in den letzten 15 Jahren. Heutzutage ist es schwer vorstellbar, dass zu Beginn ihrer Karriere Unternehmen den Internetzugang auf den Computern ihrer Mitarbeiter gesperrt hatten. Oder dass der Job als Website-Manager als eine Sackgasse galt. Alles, was heute selbstverständlich ist, war damals Neuland: Social Media gab es noch nicht, E-Commerce war völlig neu und Online-Marketing stand erst ganz am Anfang.

Früher war das Playbook eines Marketeers viel einfacher. Es gab Printwerbung, TV-Spots, Out-of-Home-, Radio- und vielleicht Kinowerbung, und die Medien hatten noch ein Informationsmonopol. Die Kommunikation war meist einseitig: Eine Marke sprach zum Verbraucher, und es gab kaum eine Rückmeldung. Heute ist der Verbraucher besser informiert und involviert als je zuvor. Soziale Medien haben jedem eine Plattform gegeben, und die Menschen suchen Dialog und Kommunikation in beide Richtungen nicht nur mit Marken, sondern auch mit Content Creators und Influencern.

„Marketeers müssen besser informiert und agiler sein als je zuvor", sagt Laura. Und der Strom der Innovationen hört dort nicht auf. Zum Beispiel können Marken jetzt im Metaverse präsent sein, einem halb virtuellen, halb realen Raum. TikTok ist während der Pandemie als neue Social-Media-Plattform rasant gewachsen und hat es allein in Deutschland auf über zehn Millionen Nutzer gebracht, von denen viele ausschließlich auf TikTok unterwegs sind und keine anderen sozialen Plattformen nutzen. „Ich frage mich, wann hat es sonst so grundlegende Veränderungen im Marketingbereich gegeben? Wahrscheinlich noch nie."

Und solche Beispiele gibt es viele. Nehmen wir die Rückkehr der QR-Codes. Alle dachten, sie seien tot. Als sie zum ersten Mal als faszinierende Möglichkeit eingeführt wurden, weitere Informationen bereitzustellen oder auf eine andere Website zu verlinken, wollte sich niemand die Zeit nehmen, sie zu scannen. Jetzt hat die Pandemie QR-Codes in den Alltag gedrängt, und plötzlich sind sie Teil unserer normalen Routine geworden. Für das Marketing bedeutet das: Wenn wir jetzt irgendwo einen QR-Code einfügen, scannen die Leute ihn viel eher, weil die Pandemie uns geholfen hat, dieses Medium in unser Leben zu integrieren. „Als Marketeer muss man schnell handeln. Aber das Schöne ist, dass man viele Dinge einfach testen und daraus lernen kann."

So geschah es im Frühjahr 2021, als Clubhouse scheinbar aus dem Nichts auftauchte und mehrere Wochen lang einen Hype erlebte. Alle fragten sich: Sollte unsere Marke auf Clubhouse sein? „Und dann kann man es einfach ausprobieren. Man kann etwas veranstalten, und wenn es nicht funktioniert, und ich persönlich habe den Eindruck, dass Clubhouse massiv nachgelassen hat, dann kann man es einfach wieder sein lassen." Dennoch, stellt Laura fest, muss das Marketing im Vergleich zu vor 15 Jahren viel analytischer und faktenorientierter sein. „Dieses stereotypische Marketing, das nur aus schönen Bildern besteht, existiert nicht mehr, denn man muss alle

Key Performance Indicator (KPI):
ein messbarer Indikator für das angestrebte Ziel

verfügbaren Daten und Erkenntnisse nutzen, um fundierte Entscheidungen zu treffen."

Gleichzeitig ist das Marketing eine wichtige funktionsübergreifende Abteilung, und man muss in der Lage sein, dieselbe Sprache zu sprechen wie andere Abteilungen, etwa die Finanzabteilung. „Wenn ich also mit dem CFO darüber sprechen muss, ob mein Budget gekürzt werden kann oder nicht, kann ich nicht sagen: ,Aber der TV-Spot hat allen gefallen.' Das wird nicht reichen. Ich muss der Organisation anhand von Daten und KPIs beweisen, dass meine Abteilung nicht nur eine Kostenstelle ist, sondern wirklich ein wichtiger Werttreiber."

Laura hat die meiste Zeit ihrer Karriere in der Kosmetikbranche verbracht. Was sie an dieser Branche so begeistert, ist nicht nur die Tatsache, dass Kosmetikkonzerne marketingorientierte Organisationen sind, sondern auch, dass Marke und Markenaufbau im Mittelpunkt jedes Unternehmens stehen. Sie arbeitete fast ein Jahrzehnt lang in New York, bevor sie nach Berlin zu Zalando ging, wo sie zuletzt ein Marketingteam für das Off-Price-Geschäft aufgebaut hat.

Zalando hatte sie schon lange aus der Ferne fasziniert. Für sie war Zalando eines der ersten digitalen Unternehmen, die nicht nur bewiesen, dass Deutschland einen starken Unternehmergeist hat und dass deutsche Start-ups auf europäischer und globaler Ebene wettbewerbsfähig sein können, sondern auch, wie man eine ziemlich traditionelle Branche revolutionieren und sogar das Verbraucher-

Fast Moving Consumer Goods (FMCG): Produkte des täglichen Bedarfs, auch bekannt als Konsumgüter (Consumer Packaged Goods, CPG)

Performance-Marketing: eine Marketingstrategie, die auf messbare Ergebnisse (→ Conversion Rate, → Key Performance Indicator) ausgerichtet ist und Daten zur Entscheidungsfindung nutzt

verhalten ändern kann, indem man einen daten- und technologiegestützten Ansatz verfolgt. Daher war sie sehr daran interessiert, in einem solchen Tech-Unternehmen zu arbeiten und die Herausforderung des Marketings für die größte Region bei Zalando anzunehmen.

Unsere Welt wird immer stärker datengesteuert. Für Laura ist das eine Herausforderung für das Marketing, aber auch eine Chance. Marketing kann Daten nutzen, um endlich seinen wirklichen Mehrwert aufzuzeigen und auch außerhalb der klassischen markengetriebenen Branchen wie FMCG und Beauty als echter Wachstumstreiber wahrgenommen zu werden.

„Ich denke, Unternehmen haben endlich den Wert des Brand-Marketings verstanden, denn Performance-Marketing-Kampagnen sind endlich. Letzten Endes dreht sich alles um menschliche Emotionen. Und diese lassen sich nicht final messen. Das unterscheidet meines Erachtens erfolgreiche von weniger erfolgreichen CMOs. Sie haben die sogenannte informierte Intuition: Man kann 85 Prozent einer Entscheidung auf Daten basieren, aber für die letzten 15 Prozent muss man sich auf sein Bauchgefühl verlassen."

Sie ist der Meinung, dass Marketeers kundenorientiertes Denken sowie starke analytische Fertigkeiten brauchen und in der Lage sein müssen, ständig neue Informationen aufzunehmen, zu bewerten und ihre Entscheidungen entsprechend anzupassen. Das bedeutet nicht, ständig die Vision oder die Strategie zu ändern. „Das Ziel steht fest, aber um dorthin zu gelangen, muss das

„Ich persönlich halte einen CEO, der das Unternehmen mit seinen Marketingfähigkeiten vorantreibt, für ein Vorbild."

Sales Funnel: die Schritte, die ein potenzieller Kunde vom ersten Kontakt mit einer Marke oder einem Unternehmen bis zur Kunden-werdung durchlaufen muss; oft unterteilt in
→ Upper Funnel,
→ Mid Funnel und
→ Lower Funnel
(→ Customer Journey)

Marketing in der Lage sein, taktische Änderungen vor-zunehmen, wenn die Situation es erfordert."

Heutige CMOs sollten zu 65 Prozent datengesteuert und zu 35 Prozent kreativitätsgesteuert sein. „Wer rein datengetrieben ist, hat es am Ende schwer, weil er einfach nicht den Funken erkennt, den es braucht, um mit einer Kampagne beim Publikum Emotionen hervorzurufen oder eine Verbindung aufzubauen. Gleichzeitig sehe ich immer wieder CMOs, die Schwierigkeiten haben, ihre Marketing-ausgaben zu rechtfertigen, weil sie eher Teil der alten Schule oder die klassischen Werber sind. Es ist sehr wichtig, sich an den Tisch setzen zu können und die wichtigsten Stakeholder zu überzeugen, denn es wird immer ein Gerangel um Ausgaben geben. Wenn die Unternehmenszahlen nicht stimmen, ist es das Einfachste, den Rotstift zu nehmen und das Marketingbudget zu kürzen. Und es geht darum, anhand von Daten und Zahlen zu zeigen, warum dies eigentlich keine gute Idee ist."

Da überzeugende Daten selten im Voraus verfügbar sind, brauchen CMOs das Vertrauen des Vorstands. „Wir werden noch lange durch die dunkle Nacht segeln, und ich brauche das Vertrauen, dass man bereit ist, mit mir auf diese Reise zu gehen", wie Laura es ausdrückt. Deshalb hält sie es auch für entscheidend, dass CMOs den gesamten Marketing-Funnel betreuen. So können sie Investitions-entscheidungen selbst treffen: Wann ist es besser, kurzfristig taktisch zu agieren, und wann ist es sinnvoller, langfristig in die Markenbekanntheit zu investieren?

Laura merkt an, dass selbst in großen US-Unternehmen die CMOs lange Zeit überhaupt keinen Sitz am Vorstandstisch hatten. Marketingleute waren auf die Position eines Executive Vice President beschränkt, und es gab keinen formellen C-Level-Titel. Dass es mittlerweile immer mehr echte CMOs gibt, zeigt für sie ganz deutlich, dass man die Bedeutung des Marketings als Werttreiber und nicht nur als Kostenstelle verstanden hat.

„Ich persönlich halte einen CEO, der das Unternehmen mit seinen Marketingfähigkeiten vorantreibt, für ein Vorbild. Denn Marketing ist für mich immer das Herzstück eines Unternehmens. Nehmen wir Richard Branson oder Walt Disney: Das sind Beispiele für CEOs, die ganz klar verstanden haben, dass Marketing am Ende den Unterschied macht und sie das Spiel gewinnen, wenn sie es schaffen, eine echte Love Brand aufzubauen. Solche CEOs sind meine Vorbilder, weil ich so fest davon überzeugt bin, dass man ohne Marketing nicht auskommt. Und Marketing muss Chefsache sein."

Die wichtigste Priorität für das Marketing sieht sie darin, sich immer in die Lage des Kunden zu versetzen. Was brauchen sie? Was wollen sie? Was ist die Vision für sie? „Ich höre oft dieses Argument, das meist Henry Ford zugeschrieben wird: ‚Wenn ich die Leute gefragt hätte, was sie wollen, hätten sie gesagt, ein schnelleres Pferd.' Kundenorientiertes Denken bedeutet nicht, dass ich 1:1 genau das mache, was mir die Leute sagen. Ich denke, ein guter Problemlösungsansatz ist, wie Produktteams in Technologieunternehmen an solche Fragestellungen heranzugehen.

Sie fragen sich immer, was das eigentliche Bedürfnis ist, das einem Problem zugrunde liegt, und versuchen es dann aus dieser Perspektive zu lösen."

Die zweite Priorität ist der Aufbau echter Brand Love. Letztendlich ist es die emotionale Bindung, die Verbraucher dazu bringt, beispielsweise Nivea-Produkte dem White-Label-Äquivalent Balea von dm vorzuziehen, obwohl Balea mittlerweile selbst eine Marke ist. Markenliebe ist der Grund, warum Verbraucher immer wieder bereit sind, einen Aufpreis für eine Marke zu zahlen, deren Mehrwert aus reiner Produktsicht nicht eindeutig erkennbar ist.

„Der dritte Punkt ist, immer einen messbaren Rahmen zu schaffen und dann wirklich einen Mehrwert für das Unternehmen zu generieren. Also nicht davor zurückzuschrecken oder darauf zu pochen, dass man Brand-Marketing schwer messen kann. Sicherlich kann man nicht alles einwandfrei messen, aber man kann immer Brücken bauen und Proxys schaffen, die einem helfen, nicht nur fundierte Entscheidungen zu treffen, sondern auch Resultate zu messen. Und ohne dies geht es nicht, denn anders wird man die anderen Vorstände nicht überzeugen können, wenn es um Investitionen geht. Für mich ist dies immer der rote Faden, zu sagen, ja, lasst es uns messen; ja, lasst uns darüber nachdenken, wie wir noch besser informierte Entscheidungen treffen können, zum Beispiel durch Social-Listening-Tools, oder wie wir bei Bedarf sogar unsere eigenen Metriken erstellen können, die uns helfen, bessere Kampagnen zu produzieren. Was können wir tun, um unsere Entscheidungsfindung zu unterstützen und

Upper Funnel: der Teil des Marketings – oft Werbung –, der darauf abzielt, eine Marke oder ein Produkt bekannt zu machen und neue Zielgruppen anzusprechen

Mid Funnel: der Teil des → Sales Funnels, wo Marketing auf Sales trifft und die Marke von potenziellen Kunden als mögliche Lösung in Betracht gezogen wird

gleichzeitig unsere Investitionen und ihre Wirkung messbar zu machen?"

Für Laura ist die Trennung von Offline- und Online-Marketing oder gar Digital und Social Media überholt, denn alles Marketing ist heute Digital und Social. Deshalb ist es auch sinnvoll, ein modernes Marketingteam anhand des Marketing-Funnels zu organisieren und alles unter eine Führung zu bringen. Sie sieht oft in Digital-First- oder Tech-Unternehmen, dass Performance-Marketing und Brand-Marketing getrennt sind. Es gibt einen CMO, der sich nur auf Performance konzentriert, und inzwischen sogar oft einen Chief Brand Officer. Aber ihrer Meinung nach funktioniert es wirklich nur, wenn ein Team die volle Verantwortung für den gesamten Funnel hat.

„Nur so lassen sich potenzielle Kunden effektiv durch die verschiedenen Stufen des Sales Funnels führen. Für mich ist das wie ein Staffellauf: Man muss den Staffelstab reibungslos übergeben. Als Marketeer merkt man immer, wenn die verschiedenen Funnel-Stufen in den Händen verschiedener Teams liegen, und oft gibt es eine zu große Diskrepanz zwischen dem, was im Upper Funnel passiert, im Fernsehen oder Out-of-Home, im Mid Funnel auf Digital und wie am Ende die Retargeting-Anzeigen im unteren Funnel aussehen."

Mit Blick auf die Rolle von Agenturen im Marketing fordert sie: „Lagern Sie niemals Ihre Strategie aus, denn niemand kennt Sie so gut wie Sie sich selbst." Andererseits ist es auch oft sinnvoll, eine zusätzliche Perspektive hinzuzufügen.

„Denn was man vermeiden will, ist, sich im Kreis zu drehen und nur mit sich selbst zu reden. Genau deshalb denke ich, dass diejenigen, die die Strategie selbst entwickeln, sich an bestimmten Punkten Unterstützung durch Agenturen holen sollten, um neue Perspektiven und Erkenntnisse zu gewinnen. Und wenn die Strategie steht, sollte man zusätzlich Partner suchen, mit denen man sie umsetzen, aber auch langfristig zusammenarbeiten kann."

Vor 20 Jahren war es selbstverständlich, dass eine Beziehung zwischen Kunde und Agentur fünf bis zehn Jahre dauerte, oft sogar noch länger. Irgendwann kippte das ins andere Extrem und jede Kampagne wurde von einer anderen Agentur gemacht.

„Man sollte sehr genau überlegen, wen man als Agenturpartner auswählt, ihm dann aber auch einen Vertrauensvorschuss geben. Sie müssen mich nicht vom ersten Tag an verstehen. Aber wir müssen eine Beziehung aufbauen, damit die Agentur ein zusätzliches Hirn, Auge und Ohr sein kann, sogar genauso denkt und fühlt wie die Verbraucher und neue Ideen einbringt. Die perfekte Agentur würde Sie anrufen und sagen: ‚Wir haben diese tolle Idee, die perfekt zu Ihnen passt, möchten Sie sie umsetzen?' Aber dahin kommt man nicht von heute auf morgen."

Laura ist der Meinung, dass Brand-Marketing heute wichtiger denn je ist. Viele Unternehmen führen mittlerweile sogar die Rolle eines Chief Brand Officer ein. Außerhalb des FMCG-Bereichs wurde der CMO-Titel jahrelang an jemanden vergeben, der nur Performance-Marketing betrieb und nur diesen Teil der Klaviatur bespielen konnte. „Diese Unternehmen haben mittlerweile verstanden, dass sie für das nächste Level einen Chief Brand Officer brauchen, der es versteht, Awareness zu steigern, Consideration aufzubauen und langfristig eine emotionale Bindung zum Verbraucher herzustellen. Ich sage immer: Die Investitionen in die sogenannte Brand Bank werden noch lange Dividenden ausschütten und sich auszahlen, wenn die Performance-Kampagnen längst nicht mehr effizient sind."

Laura Eschricht — Global Marketing Director, Zalando

Takeaways

① Marketing sollte informierter und anpassungsfähiger sein als je zuvor.

② Durch Daten kann Marketing seinen tatsächlichen Mehrwert beweisen und als Wachstumstreiber gesehen werden, nicht nur als Kostenstelle.

③ CMOs müssen die Verantwortung für den gesamten Marketing-Funnel übernehmen.

④ Lagern Sie niemals Ihre Strategie aus. Niemand kennt Sie so gut, wie Sie sich selbst kennen.

„Wir haben einfach viel von unserem Bauchgefühl für das Marketing verloren und versuchen, all das in Metriken zu pressen."

Sven Markschläger — Chief Digital Officer, Krombacher

Sven Markschläger

Chief Digital Officer, Krombacher

— Aufgewachsen zwischen zwei Brüdern und zwei Schwestern
— Rückblickend war dies das beste Management-
training, das er sich vorstellen kann
— War fasziniert von allem mit kleinen Knöpfen und Lämpchen
— Als Saarländer musste er sich andere Hobbys
suchen, als Fußballfan zu sein

Sprechen Sie Sven Markschläger nicht auf die aktuelle Lage der Werbung an. Er wird schnell behaupten, dass sie an allen Ecken und Enden kaputt ist.

„Wir haben das Gefühl und die Empathie dafür, wie Kommunikation sein sollte, völlig verloren. Alles dreht sich nur um Conversion und darum, wie wir die Leute maximal stören können, um überhaupt eine Reaktion zu erhalten. Und das war's. Wir ruinieren unsere eigenen Unterhaltungskanäle." Als großer Fan von YouTube und Twitch ärgert er sich zutiefst über irrelevante Werbung, die ihm immer und immer wieder ohne Frequency Cap gezeigt wird.

„Wir haben völlig verlernt, wie man Geschichten erzählt. Heutzutage muss die Katze sofort explodieren, was natürlich von der Performance her ganz gut ist. Wir haben es überhaupt nicht verstanden, *Mad Men* in die Moderne zu übertragen und mit totaler Push-Pull-Werbung zu kombinieren, die aus dem Digitalen kommt. Das haben wir eins zu eins übertragen, ohne einen vernünftigen Mittelweg zu finden. Und ich finde Werbung heute in neun von zehn Fällen wirklich, wirklich schrecklich."

Es ist eine gewagte Meinung für den Chief Digital Officer von Krombacher, einer führenden deutschen Biermarke, die sich in Familienbesitz befindet und viel Geld für Werbung ausgibt. Aber Sven meint jedes Wort ernst. Es wird eine Herausforderung sein, prognostiziert er, eine Form der Werbung zu finden, die die Leute noch akzeptieren und die sie nicht zu werbefreien Abonnementdiensten treibt.

[1] — **Wood, Orlando** (2019). Lemon: How the advertising brain turned sour. Institute of Practitioners in Advertising.

„Wir haben es vermasselt. Wir haben es nicht geschafft, eine vernünftige Form der Kommunikation zu finden. Wenn es ums Storytelling geht, gibt es vielleicht den einen oder anderen Weihnachtsspot, der gut funktioniert. Abgesehen davon sehen wir Hardcore-Performance-Acts, die den Konsumenten so lange verfolgen, bis er sich nicht mehr wehren kann, und jegliches Augenmaß ist verloren gegangen."

Eine große Herausforderung in den nächsten Jahren sieht er deshalb darin, Kanäle zu erhalten, in denen Marketeers Werbung sinnvoll ausspielen können, die die Menschen noch akzeptieren. „Wir müssen verstehen, dass Werbung nicht allen so auf die Nerven gehen kann, dass die Leute sie nicht mehr wollen." Wie kommen wir aus dieser Situation heraus? Svens Rat: gute Werbung machen.

Sein Urteil kommt der Einschätzung von Orlando Wood in dessen 2019 erschienenem Buch *Lemon. How the advertising brain turned sour* nahe. [1] Marketing überbetont das analytische Denken, argumentiert Wood, und die kreative Effektivität nimmt ab. Sven glaubt, dass das Marketing den Mut verloren hat, weil alles vorhersehbar sein muss. Für ihn ist das eine größere Herausforderung als die Technologie.

„Wir haben einfach viel von unserem Bauchgefühl für das Marketing verloren und versuchen, all das in Metriken zu pressen." Aber es ist die Verbindung beider Seiten – der kreative Instinkt von *Mad Men* und der Hardcore-Zahlenfresser –, was den Unterschied ausmacht.

Sven glaubt an das, was er den Dreiklang der digitalen Markenführung nennt:

- verstehen, wie die Technologie funktioniert
- Relevanz für die Marke
- ein klarer Nutzen für den Verbraucher, sei er nun rein funktional oder eher emotional

Diese drei Faktoren müssen zusammenpassen. Nach Marken gefragt, die das gut machen, nennt er zuerst Sixt. Ein weiterer beispielhafter Fall war in seinen Augen der Start von Gorillas.

„Das fand ich richtig, richtig gut. Es brachte den Nutzen zum Vorschein und vermittelte erfolgreich das Emotionale und das Rationale."

Auch Autoherstellern zollt er ein dickes Lob. „Das sind die, auf die man in Deutschland am meisten schauen kann. Sie schaffen es gut, Rationalität mit Emotionalität zu verbinden. Immer mit wahnsinniger Emotionalität und am Ende mit einem Augenzwinkern, immer mit dem Verweis auf deutsche Ingenieurskunst und warum sie so toll ist. Sie leisten auch gute Arbeit in Bezug auf die Inhalte auf YouTube und die Art und Weise, wie sie diese präsentieren. Wenn es also Werbung in Deutschland gibt, die ich für exzellent halte, dann kommt sie aus der Automobilindustrie."

Für Sven sind Daten heute eine der wichtigsten Prioritäten im Marketing. Für ihn beginnt es mit der Struktur, mit dem,

agil: ein iterativer Ansatz für die Softwareentwicklung, der verwendet wird, um auf Veränderungen zu reagieren; wird auch in anderen Kontexten eingesetzt, zum Beispiel im Marketing

was zu tun ist und *wie* es zu tun ist. Er warnt vor möglichen Lock-in-Effekten von Unternehmenslösungen und fordert, Cases agil aus den verfügbaren Daten zu bauen.

„Mit den Krombacher Freunden haben wir eine Gruppe von Freunden, bei denen wir sehen können, was sie tun und wann sie es tun, mit individueller Kommunikation. Da hat Digital seine absoluten Stärken, weil wir das nicht manuell machen müssen. Mit einer Customer-Intelligence-Lösung kann man ein hohes Maß an Individualisierung erreichen. Es funktioniert einfach, und man muss nur noch schlauer und besser werden."

Heute sollte es für das Marketing selbstverständlich sein, sich mit Adtech auseinanderzusetzen, argumentiert Sven, und er habe keine Lust mehr, mit Mediaagenturen zu reden. Er würde lieber Self-Service betreiben oder eine Demand-Side-Plattform nutzen.

„Ich denke, das wird sich auch in allen Bereichen auswirken. Irgendwann wird man über solche Lösungen Out-of-Home oder TV einkaufen. Sicherlich wird eine große ProSiebenSat.1-Gruppe immer versuchen, ihre Premium-Platzierung selbst zu vermarkten. Aber ich denke, daran führt kein Weg vorbei."

Wenn es um die Organisation des Marketings geht, glaubt Sven nicht mehr an das klassische Agenturmodell. „Das hat nichts zu bedeuten", gibt er zu. „Wir haben auch Kollegen in unserem Haus, die das anders sehen." Für ihn kann eine Agentur nur unterstützen und kreative Impulse

33

[2] — **Fernandes, Thaisa** (2017). Learn More About the Spotify Squad Framework — Part I. PM101.

Objectives and Key Results (OKRs): ein Framework für die messbare Zielsetzung und Ausrichtung in Teams und Organisationen

Spotify Squads: funktions-übergreifende, selbst organisierte Teams, die sich auf ein bestimmtes Produkt oder Feature(-Set) konzentrieren

geben, auf die der Kunde nicht selbst kommt, weil er im eigenen Saft schmort.

Aber das alte Modell, der Agentur ein Briefing zu geben, über dem sie drei Monate schwitzt und dann mit vier Vorschlägen zurückkommt, funktioniert nicht mehr.

„Einer dieser Vorschläge ist abseits des Briefings, einer ist völlig dumm, einer ist das, was die verantwortliche Person irgendwie will. Und der vierte ist derjenige, der ein bisschen von allem ist und wahrscheinlich derjenige, der akzeptiert wird. Das wird nicht mehr funktionieren, sondern das Marketing der Zukunft muss ein agiler Prozess sein, eher wie Softwareentwicklung."

So funktioniert das digitale Marketing von Krombacher heute. Sie führen alle Marketingprojekte auf Basis von zweiwöchigen Sprints durch, schätzen Projekte ab, verknüpfen Schätzungen mit Objectives and Key Results (OKRs) und führen Reviews durch. Gleichzeitig sei es wichtig, kreativen Freiraum zum Umsetzen und Erfinden zu geben, betont Sven.

Mit rund 40 Mitarbeitern verfügt Krombacher über eigene Entwicklungsteams und baut die Technologie selbst auf. „Wir sind agil, wenn auch nicht dogmatisch, und das haben wir ins Unternehmen getragen. Aktuell bauen wir unsere Einheiten nach dem Squad-Modell von Spotify um. [2] Tatsächlich geht die Macht an die Squads, und die Manager sind eher Mentoren, Trainer und politische Wegbereiter als jemand, der an der Spitze sitzt und den Leuten sagt, wie

Direct-to-Consumer (D2C): der Verkauf direkt an Verbraucher, ohne Groß- oder Einzelhändler

es funktioniert. Und ich würde sagen, dass wir damit sehr gut zurechtkommen.“

Sven freut sich, dass Krombacher heute da steht, wo vor fünf Jahren vielleicht ein E-Commerce-Modeshop war. „Wir haben eine Basis geschaffen, die es uns ermöglicht, in alle Richtungen aktiv zu werden. Jetzt müssen wir sie auf- und ausbauen.“

Erst kürzlich startete Krombacher mit Ready2Drink einen eigenen E-Commerce-Shop auf Basis von Shopify. Stand Anfang 2022 verkauft der Laden kein Bier, sondern Getränke wie Dr Pepper, Orangina, Ahoj-Brause, DirTea und White Claw. Nachdem sie sich mit Direct-to-Consumer (D2C) beschäftigt haben, besteht die Herausforderung nun darin, zu zeigen, dass es einen Wertbeitrag leisten kann.

Mit bereits über fünf Jahren hat Sven bei Krombacher mehr Zeit verbracht als bei jedem anderen Unternehmen zuvor. Im Saarland in einen Unternehmerhaushalt hineingeboren, kam er schon früh mit der Bierbranche in Kontakt, als er seine Abschlussarbeit als Werkstudent bei der ortsansässigen Brauerei Karlsberg schrieb – nicht zu verwechseln mit dem dänischen Konzern Carlsberg. Nachdem er digitale Medien und Technologie studiert hatte, startete er seine Karriere im Marketing bei Karlsberg. Da die Mittel für TV-Spots fehlten, investierte Karlsberg stark in Below-the-Line-Werbung auf Festivals sowie in digitales Marketing. So entstand einer der ersten Livestreams mit Videos und Interviews von Festivals.

Key Performance Indicator (KPI): ein messbarer Indikator für das angestrebte Ziel

Nach einer Station bei Jägermeister wechselte er als CMO zu StudiVZ, gerade als Facebook stark in den deutschen Markt drängte. So ging es schnell bergab. „StudiVZ ist letztlich an sich selbst gescheitert", blickt Sven zurück, „weil man das Verlagsgeschäft von Herrn von Holtzbrinck digitalisieren wollte. Man hat sich also viel damit beschäftigt, wie die *Bodensee Zeitung* digital aussehen kann und weniger damit, was ein soziales Netzwerk braucht, um zu existieren."

2013 ging er als Country Manager Digital Channels zu IKEA. Damals fristete E-Commerce bei dem schwedischen Einrichtungshaus ein Schattendasein, getreu dem Credo des Gründers Ingvar Kamprad, „The store is the media". So hat sein Team mit einfachen Usability-Tests, Text- und Flow-Anpassungen niedrig hängende Früchte geerntet und den Online-Umsatz relativ schnell verdreifacht. Nach zwei Jahren trieb ihn die zunehmende Tendenz, alles totzudiskutieren, davon. Also wechselte er vom Marketing und E-Commerce zum Vertrieb und wurde Account Executive bei Twitter.

Zum ersten Mal in seinem Leben arbeitete er auf ein numerisches Ziel hin. Im Vergleich dazu sind Marketing-KPIs oft weich, insbesondere wenn man kein rein digitaler Akteur ist. Jetzt hatte er ein festes Quartalsziel. „Wenn ich das Geld nach Hause brachte, konnte mich niemand nerven. Das war eine extrem befreiende Situation."

Irgendwann wurde ihm jedoch klar, dass er eine gewisse Geldgier brauchen würde, um weiterhin ein gutes Gefühl bei

Fast Moving Consumer Goods (FMCG): Produkte des täglichen Bedarfs, auch bekannt als Konsumgüter (Consumer Packaged Goods, CPG)

seiner Arbeit zu haben. Werbung für Twitter zu verkaufen, verändert nicht die Welt.

Das war seine Situation, als er zum ersten Mal nach Krombach fuhr, der Heimat des Krombacher Bieres. Eigentlich wollte er den Job gar nicht. Warum sollte er wieder für irgendein FMCG arbeiten, das sowieso nichts kapiert? Warum hier und da ein bisschen was tun – Dinge, die sie weder wollen noch verstehen?

Doch dann lernte er Bernhard Schadeberg kennen, den Chef und Mitinhaber mit seiner inspirierenden Persönlichkeit. Er war unverblümt und sagte zu Sven: „Ich weiß auch nicht, was Sie hier machen sollen. Und um ehrlich zu sein, ich weiß nicht mal, was Ihr Job ist. Aber ich weiß, dass wir in diesem Bereich etwas tun müssen. Was wir tun müssen, kann ich nicht sagen."

Ein paar Tage später traf er sich mit den Führungskräften von Krombacher, um die Stärken, Schwächen, Chancen und Risiken zu besprechen. Es war eine der krassesten Erfahrungen, die er je gemacht hat. Dieselben Leute, die Digital für Unsinn hielten und auf TV-Werbung pochten, sagten ihm, wie sehr digitale Dienste wie Spotify oder Amazon Prime bereits ihr gesamtes Unterhaltungs- und Konsumverhalten verändert hätten.

„Aber es war überhaupt nicht klar, was Digitalität bedeutet." Für ihn wurde deutlich, dass die digitale Transformation eher eine psychologische als eine technologische oder Marketingaufgabe ist.

„Man muss die Menschen und ihre Denkweise ändern."
Die Arbeit ist viel eher empathisch als rein rational. Und so
fand er seine Mission.

Takeaways

① Das Marketing hat den
Mut verloren, weil heutzutage
alles vorhersehbar
sein muss.

② Mediaagenturen drohen
von Self-Service- und Demand-
Side-Plattformen verdrängt
zu werden.

③ Das Marketing der Zukunft
muss ein agiler Prozess sein.

④ Deshalb funktioniert das
alte Agenturmodell
nicht mehr.

40

„In der Welt, in der wir uns derzeit bewegen, hat ein Marketeer, der nicht extrem flexibel ist, keine Zukunft in diesem Geschäft."

Justina Rokita — Chief Marketing Officer, Moia

Justina Rokita

Chief Marketing Officer, Moia

— Geboren und aufgewachsen in Polen, kam mit 14 Jahren nach Deutschland
— Begann nach dem MBA ihre Karriere in der FMCG-Branche
— Wurde mit 38 Jahren CEO eines Modeunternehmens
— Mitgründerin einer Kaffeerösterei

[1] — **Recke, Martin** (2021). The sustainability revolution is taking shape. NEXT Insights.

"Sustainability has been trending for billions of years, or we wouldn't be alive." — Orsola de Castro

In den letzten Jahren ist Nachhaltigkeit zu einem der meistdiskutierten Themen im Marketing geworden. Viele sehen es immer noch als Trend, aber es ist mehr als das. Investoren haben erkannt, dass ein nicht nachhaltiges Unternehmen auf lange Sicht wertlos ist. [1] Für Marketingfachleute wirft dies Fragen auf, die weit über Ärgernisse wie Greenwashing oder elaborierte grüne Marketingkampagnen hinausgehen. Nachhaltigkeit geht an den Kern.

Justina Rokita sieht Nachhaltigkeit nicht als Trend. Für sie ist es ein essenzielles Thema und ein echter Gewinn, wenn es zur DNA der Marke passt. Aber auch dann besteht die Herausforderung darin, es authentisch und glaubwürdig zu positionieren und konsequent in die gesamte Wertschöpfungskette zu integrieren.

Justina hat jahrelange Erfahrung in der Arbeit für nachhaltige Marken. Als CEO von Kunert brachte sie die erste nachhaltige Strumpfhose aus recyceltem Garn mit einem komplett nachhaltigen Konzept auf den Markt, vom Herstellungsprozess über das Produkt selbst bis hin zur Verpackung. 2017 wurde Kunert Blue mit dem German Brand Award ausgezeichnet.

Unternehmen, die auf biologisch kompostierbare Mülltüten umsteigen, weniger Papier verbrauchen oder die Obstkörbe der Mitarbeiter bei regionalen Anbietern kaufen, sind nicht konsequent genug in der strategischen Umsetzung von Nachhaltigkeit. „Das reicht nicht aus", meint sie. „Ich bin in dieser Hinsicht sehr radikal, das muss ich zugeben, aber das liegt daran, dass ich Nachhaltigkeit einfach ganzheitlich sehe."

Mit diesem Ansatz gründete sie gemeinsam mit ihrem Partner Sayed „Sammy" Issa die Kaffeerösterei Samyju. Justina bezeichnet sich selbst als extremen Kaffee-Junkie, und schon als Studentin war ihr Kaffee wichtig. „Für manche ist es Wein. Für mich ist es Kaffee."

Die Idee für Samyju entstand in einem Gespräch mit ihrem Partner auf dem Sofa. Er schlug vor, ein Unternehmen zu gründen, das auf ihrer gemeinsamen Liebe zum Kaffee basiert. Zusammen, sagte er, könnten sie ein „echtes, gutes Produkt" schaffen. Obwohl keiner von ihnen wusste, wie man Kaffee röstet, war sich Justina sicher: „Ich kann die Markenstrategie schreiben."

Ihr Lebensgefährte, der aus dem Baugewerbe stammt und viele Jahre als Manager im Ausland tätig war, hatte sich bereits für eine Ausbildung zum Röster entschieden. Mit 45 Jahren absolvierte er eine zweijährige Ausbildung in einer Industrierösterei, wo er das Handwerk erlernte ... und viel Luft nach oben sah.

Also kündigte Justina ihren Job als CEO, und gemeinsam gründeten sie das Unternehmen. Sie setzte sich hin, fand den Namen – Samyju für Sammy und Justina – und entwarf einen Businessplan und eine Strategie: schonende

Trommelröstung und überwiegend Direkthandel mit Kaffeebauern, um die Verbraucher mit einem hochwertigen „Kaffee mit gutem Zweck" zu erfreuen, kombiniert mit Nachhaltigkeit in der gesamten Wertschöpfungskette.

Da der Vertrieb intern gesteuert wird, verkaufen sie nicht über Marktplätze wie Roastmarket. Daher ist ihr Kaffee nicht überall erhältlich. „Die Leute sind frustriert von mir und sagen: ‚Du könntest schneller wachsen', aber ich will nicht schneller wachsen. Ich möchte nachhaltig wachsen, hochwertige Qualität sicherstellen und die Bauern fair bezahlen." So hat Samyju seinen eigenen Einzelhandel, Online-Shop und eine zentrale Produktion in Meerbusch.

Nachdem sie einen Investor gewonnen hatten, eröffnete im Dezember 2021 in Düsseldorf ihr erster Coffeeshop, der einem vollständig nachhaltigen Konzept folgt. Die Lampen bestehen aus Kaffeesatz mit recycelten Teppichrollen. Die Möbel sind aus Kork gefertigt. Die gesamte Ausstattung besteht aus recycelbarem Metall und Beton, die Speisekarten aus Graspapier, das in München von Hand gefertigt wird. Alles wird in Europa hergestellt, um den CO_2-Fußabdruck bewusst zu verringern.

Während sie ihr Unternehmen aufgebaut haben, hatte Justina weiterhin einen Vollzeitjob, zunächst bei der Modemarke Bree, bevor sie 2019 zu Moia wechselte. Beide Unternehmen haben ihren Sitz in Hamburg. „Als ich angefragt wurde, bei Moia einzusteigen, dachte ich: Moment mal, ich komme aus der Modebranche. Moia ist ein Service, der digital gebucht und physisch erlebt wird, der eine ganz andere Dynamik hat und kein echtes, physisches Produkt ist. Was kann ich eigentlich für sie tun?"

Da die Modebranche ihre Heimat war, zögerte sie zunächst. Letztendlich überzeugte sie jedoch, dass sie mit ihrer Arbeit auch weiterhin das Ziel der Nachhaltigkeit verfolgen konnte. Moia stand noch ganz am Anfang. Ihre Aufgabe war es also, die Marken- und Marketingstrategie zu entwickeln.

Für Moia, einen Ridepooling-Anbieter mit Elektro-fahrzeugen, ist Nachhaltigkeit sehr wichtig. Aber vor allem ist es eine Marke, die ein echtes Start-up war, wenn auch innerhalb von Volkswagen, einem Weltkonzern. Bis dahin hatte Justina entweder für große Konzerne oder traditionelle, inhabergeführte Unternehmen gearbeitet. „Es war sehr reizvoll, ein solches Start-up zu begleiten und Teil der mobilen Zukunft zu sein. Diese Erfahrung wollte ich unbedingt machen."

Die vielleicht größte Herausforderung bestand darin, Relevanz für die Marke und den Service beim Kunden zu schaffen. Moia hat in kurzer Zeit hohe Bekanntheits- und Empathiewerte erlangt. Aber ihr Ziel ist, dass wenn der Kunde das Haus verlässt und ein Mobilitätsbedürfnis hat, Moia mindestens die Nummer zwei im Relevant Set ist.

Kundenzentrierung ist ein weiteres Thema, auf das sich Moia viel stärker konzentrieren muss, räumt Justina ein und

„Marketing spielt eine wesentliche Rolle in der Produktentwicklung. Was ich in der Tech-Branche aber erlebe, ist das Phänomen, dass beides strikt getrennt ist. "

[2] — **Drucker, Peter F.** (1954). The Practice of Management. Harper.

Fast Moving Consumer Goods (FMCG): Produkte des täglichen Bedarfs, auch bekannt als Konsumgüter (Consumer Packaged Goods, CPG)

zitiert Peter Drucker: „The purpose of business is to create a customer." **[2]** Dazu muss Moia die persönlichen Profile seiner Kunden besser verstehen, viel detaillierter analysieren, aber vor allem definieren und ihnen dann die richtigen individualisierten Inhalte anbieten.

„Das bleibt angesichts der vielen Datensilos eine große Herausforderung für uns Marketeers, an der wir sehr hart arbeiten." Sie sieht Bedarf an stärkerer strategischer Arbeit, aber auch an einem Sparringspartner für die Produktentwicklung bereits in der Entwicklungsphase. Da sie noch nie zuvor für ein Technologieunternehmen gearbeitet hat, wundert sie sich über einen gewissen produktzentrierten Ansatz. „Zu denken, dass die Einführung eines heißen neuen Produkts automatisch bedeutet, dass man direkt Begehrlichkeit und hohe Nutzung generiert und viele Kunden hat – das ist mir zu kurz gedacht."

Justina hatte keine Karriere in der Modebranche geplant. Nach ihrem Studium arbeitete sie für die Kosmetikmarke Wella, die dann von Procter & Gamble übernommen wurde. So verlor sie ihren Job, aber die FMCG-Branche gefiel ihr. Irgendwann versuchte sie sich in der Modebranche, und dann fiel für sie der Groschen bei Nur Die, damals Teil eines anderen großen Unternehmens. „Dort begann mein Weg in der Textilbranche. Da habe ich Blut geleckt."

Sie schwärmt von der Dynamik, dem ständigen Strom von Trends, Produktentwicklungen und Innovationen. „Die Textilbranche ist einfach sexy." Ihre Leidenschaft begann irgendwo im breiten Spektrum zwischen Produktentwicklung, Brand, Marketing, Kommunikation und Design. „Ich durfte sehr ganzheitlich arbeiten und das hat unglaublich viel Spaß gemacht."

Wenn man aus dieser Schule kommt, kann die Technologiebranche ein bisschen eigenartig aussehen. „Ich kenne das aus der Modebranche nicht, dass man Produkt und Marketing trennt. Marketing spielt eine wesentliche Rolle in der Produktentwicklung. Der Marketeer ist in der Regel sowohl für das Produkt als auch für das Marketing verantwortlich. Was ich in der Tech-Branche aber erlebe, ist das Phänomen, dass beides strikt getrennt ist."

Die digitale Transformation geht jedoch weiter, und noch nie so schnell wie während der Pandemie. Unternehmen, die vorher noch nie digital waren, verfolgen plötzlich einen Digital-first-Ansatz. Wenn es um die digitale Transformation geht, besteht Justina auf dem richtigen datengetriebenen Ansatz. Sie hat 2021 ein funktionsübergreifendes Performance-Marketing-Team aufgebaut. „Das hat mich auch viel gelehrt."

Dennoch sieht sie viel zu viele Marketeers, die sich auf die Kreativität einer Agentur verlassen. „Ich sage immer, lasst es uns von innen heraus erarbeiten, denn niemand kennt und atmet die Marke so wie wir. Nutzen wir die Agentur als Sparringspartner und für die Umsetzung. Aber als CMO verlasse ich mich nie voll und ganz darauf, dass die Agentur alles richtig macht." Zweimal im Jahr veranstaltet sie mit ihrem Team einen Workshop, der sich als wildes Brainstorming entfaltet. Jede Idee zählt. Sie sieht die

Performance-Marketing: eine Marketingstrategie, die auf messbare Ergebnisse (→ Conversion Rate, → Key Performance Indicator) ausgerichtet ist und Daten zur Entscheidungsfindung nutzt

Herausforderung darin, zunächst Kreativität im Unternehmen aufzubauen und diese dann mit starker Innovationskraft, Know-how und einem Verständnis für Trends, insbesondere im Bereich Tech und Data, zu kombinieren, um am Ball zu bleiben. „So entsteht eine spannende Mischung aus Transformation, Kreativität, Fachwissen und kontinuierlichen Updates."

Im Jahr 2015 wurde Justina im Alter von 38 Jahren CEO von Kunert, einem Modeunternehmen mit über hundertjähriger Tradition. Nach einer Planinsolvenz 2013 übernahm ein österreichischer Investor mit dem Ziel, das Unternehmen komplett neu zu starten. Das größte Hindernis, mit dem Justina konfrontiert war, war nicht ihr Alter, sondern Menschen aus ihrer Komfortzone in die Transformation zu bewegen. „Da war so viel Emotionalität in der Marke, viel Tradition, Innovation, aber das musste aufgefrischt werden."

Der Moment der Wahrheit kam, als sie in das Werk in Tétouan, Marokko, mit 500 Mitarbeitern flog. „Unser Rohdiamant", wie sie es nennt. Justina lernte Arabisch, weil sie aus ihrer Erfahrung als Polin wusste, wie schwierig es ist, Menschen zu berühren, wenn man ihre Sprache nicht spricht. „Als ich nach Deutschland kam und kein Wort Deutsch sprach, konnte es in der Schule ziemlich unangenehm werden."

14 Tage lang setzte sie sich mit ihrem Lehrer zusammen, ihrem Lebenspartner und Mitbegründer von Samyju, halb Ägypter, halb Brasilianer, um zehn Sätze zu lernen, mit

denen sie Menschen zuerst emotional berühren konnte. „Und dann muss man sich Tétouan vorstellen, vor 500 Leuten. Die Männer geben dir nicht die Hand, sie begrüßen dich nur mit einer Hand auf dem Herzen. Die Frauen schauen zu dir auf und denken: ‚Was macht eine Frau hier?‘ Und dann habe ich meine Rede auf Arabisch eröffnet.“

Sofort brach die Menge in Jubel aus. Der Investor aus Österreich sah sie beeindruckt und ungläubig zugleich an. Etwas war passiert, als Justina diese Gelegenheit nutzte, um die Stimmung zu heben. „Danach konnte ich alles, was ich wollte, in die Produktentwicklung einbringen. Sie waren an Bord.“

Aus ihrer Sicht brauchen Marketeers Hirn, Herz und Bauchgefühl sowie eine gehörige Portion echter Umsetzungsfähigkeiten. Hirn für scharfe Analysen, Herz für die nötige Emotionalität und ein Bauchgefühl für das, was für die Marke richtig ist.

„Wenn man das mit PS kombiniert, und damit meine ich Umsetzung, dann ist das für mich der Marketeer der Zukunft.“ Sie erwartet auch Mut und Risikobereitschaft, die Komfortzone zu verlassen – etwas, das sie oft vermisst.

„Risiko bedeutet auch, etwas zu erleben, die Lernkurve zu erklimmen. In der Welt, in der wir uns derzeit bewegen, hat ein Marketeer, der nicht extrem flexibel ist, keine Zukunft in diesem Geschäft.“ Anders ausgedrückt: Zukünftige Marketeers müssen ganzheitliche strategisch-kreative Denker mit einer guten Portion Innovationsgeist sein.

Takeaways

① Nachhaltigkeit ist kein Trend, sondern ein Schlüsselthema.

② Kreativität kann nicht nur an eine Agentur ausgelagert werden.

③ Trennen Sie Marketing und Produktentwicklung nicht.

④ Marketeers brauchen Hirn, Herz und Bauchgefühl mit echtem Umsetzungs- geschick.

Jenny Fleischer — CEO, babymarkt.de

„Das Thema Innovation muss übersetzt werden: einfach neu denken, ausgehend von der Mission und den höheren unternehmerischen Ambitionen – einmal das Haus abbrennen, neu planen und aufbauen."

Jenny Fleischer

CEO, babymarkt.de

— Geprägt von ihrer willensstarken Mutter mit Drang zur Freiheit
— Hat schon immer viel Sport getrieben
— Wurde einst Norddeutsche Meisterin im Trampolinspringen und Kunstspringen, in einem Wettbewerb, in dem sie alleine gegen sich selbst antrat
— Fing im Alter von 14 Jahren an zu arbeiten

[1] — **Schrader, Matthias** (2017). Transformationale Produkte: Der Code von digitalen Produkten, die unseren Alltag erobern und die Wirtschaft revolutionieren. Next Factory Ottensen.

Wahrscheinlich stimmt es, dass das Marketing heute nicht nur kompliziert, sondern auch komplex ist. Die Gründe dafür sind selbst vielfältig und komplex, wie zum Beispiel die Explosion der Kanäle. Aber ein Grund sticht hervor und der ist systemisch: Das Produkt wird durch die Konnektivität immer mehr zur Kommunikationsschnittstelle und verlagert sich in Bereiche wie Daten und Technologie. Während das Marketing traditionell in der Nähe der Kommunikationsabteilung angesiedelt war, muss es sich jetzt verstärkt um das Produkt sowie um Daten und Technologie kümmern.

Durch die stärkere Verknüpfung von Produkt, Kommunikation und Technologie entstehen viel mehr Schnittstellen im Unternehmen, die es zu managen gilt. Beispielsweise wirkt sich die Echtzeitkomponente der Kommunikation auf die Produktentwicklung aus. Bei Software kennen wir das schon lange: Es gibt nicht einen Launch, sondern mehrere Launches und Relaunches, die neue Features einführen. Diese Praxis gilt zunehmend auch für Produkte.

Freilich hat sich das Konsumgütermarketing schon immer um das Produkt gekümmert. Früher war das Produkt eine eigenständige Einheit, aber jetzt wird es selbst zu einem Marketingkanal. [1] Und das geschieht durch digitale (Netzwerk-)Technologie, bei der Daten Fluch und Segen zugleich sind.

Jenny Fleischer beschreibt diese Herausforderung so: „Wir sprechen von Echtzeit, Personalisierung, fragmentierten

Customer Journey:
die gesamte
Geschichte der
Interaktion zwischen
Kunden und
Unternehmen

Vertriebskanälen und Kommunikationskanälen. Das alles zu managen, sich richtig zu fokussieren und die richtigen Transformationsschritte zu wählen, dort auf dem Laufenden zu bleiben und die Daten sauber zu strukturieren, sehe ich als eine der größeren Herausforderungen."

Damit entwickelt sich die CMO-Rolle zu einer Schlüsselposition für die digitale Transformation. „Mit der Digitalisierung wird oft das bestehende Angebot digitalisiert. Aber darum geht es nicht", sagt sie. „Es geht darum, Trends zu nutzen, die auch einzelne Branchen nachhaltig verändern. Wenn man sich das Thema Klimawandel anschaut, sieht man, dass Lebensmittelbranche, Automotive und Energiewirtschaft erst einmal komplett umdenken müssen, Geschäftsmodelle neu erfinden, ihre Wandlungsfähigkeit und ihre Fähigkeiten einschätzen und sich fragen: ‚In welchen Schritten komme ich dahin?'"

Die Automobilindustrie beispielsweise hat historische Händlerstrukturen und Automobile, die auf veralteten Technologien beruhen. Um eine gute Customer Experience zu erreichen, muss Mobilität basierend auf Kundenbedürfnissen, innovativen Technologien und Partnerschaften neu gedacht werden. Zwischen Zielbild und Realität müssen dann Brücken gebaut und Produkte, Services, Kommunikation und Vertriebskanäle transformiert werden. Beispielsweise haben Autohersteller oft keinen direkten Zugang zum Endverbraucher und Händler kein Interesse, diesen abzugeben, sodass Kundendaten nur begrenzt genutzt werden können, um Kommunikation über die ganze Customer Journey zu personalisieren. „Das heißt, ich muss mir überlegen, in welchen Etappen ich zu meinem Zielbild komme. Deshalb ist die Fähigkeit zur Transformation, zur Mitgestaltung dieses Wandels, ein ganz großes Thema."

Um damit fertig zu werden, braucht der CMO Mut, Neugier und Gestaltungswillen. Marketing muss strategisch werden, beginnend mit den richtigen Insights und der Frage, wie sie zu gewinnen sind. Nur auf der Grundlage dieser Erkenntnisse können Marketeers entscheiden, wie sie die Marke weiterentwickeln, welche Produkte und Services sie auf den Markt bringen oder wie sie Kategorien weiterentwickeln sollten. „Wie verändern sich die Märkte?", fragt Jenny. „Wie kommt das alles bei meinen Kunden an? Wie kann ich mit ihnen kommunizieren?"

Ob es sich um Echtzeitmetriken oder ethnografische Forschung handelt, Daten müssen in Erkenntnisse übersetzt werden, die für das Unternehmen relevant sind. Mit Service-Design kann die Gewinnung von Erkenntnissen mit der direkten Umsetzung in ein neues Geschäftsmodell kombiniert werden.

„Das finde ich ziemlich spannend. Das Thema Innovation muss übersetzt werden: einfach neu denken, ausgehend von der Mission und den höheren unternehmerischen Ambitionen – einmal das Haus abbrennen, neu planen und aufbauen. Und Lösungen für die nächsten Jahrzehnte mitdenken."

So wird Marketing strategisch.

vier Ps: die Schlüsselfaktoren des Marketings im klassischen Marketingmix: Product, Price, Place und Promotion

Performance-Marketing: eine Marketingstrategie, die auf messbare Ergebnisse (→ Conversion Rate, → Key Performance Indicator) ausgerichtet ist und Daten zur Entscheidungsfindung nutzt

agil: ein iterativer Ansatz für die Softwareentwicklung, der verwendet wird, um auf Veränderungen zu reagieren; wird auch in anderen Kontexten eingesetzt, zum Beispiel im Marketing

Jenny ist der Meinung, dass dem operativen Marketing und der Werbung heutzutage zu viel Aufmerksamkeit geschenkt wird. Promotion ist nur eines der vier Ps im Marketingmix. Wenn der Fokus des CMO zu eng ist – wenn er nicht auf der gesamten Klaviatur spielt –, ist der Beitrag zum Geschäftsergebnis begrenzt. Relevanter Mehrwert sorgt wiederum für eine gute Positionierung des CMO in der C-Suite.

Eng verbunden mit Strategie und Innovation ist die Orchestrierung des Fortschritts in Richtung Kundenorientierung. Laut Jenny sollte das Kundenerlebnis als Ziel im Vordergrund stehen: „Ich muss schauen, wie ich die Prozesse gestalte, wie ich das Thema über einzelne organisatorische Silos hinaus bündele und mit allen beteiligten Abteilungen ganzheitlich vorantreibe, wie ich die richtigen Prioritäten und Schwerpunkte setze. Das ist so wichtig, weil man zwar viel tun kann, aber vor allem das Richtige tun sollte." Und da wird es schnell wieder recht kleingliedrig.

Das Aufbrechen von Silos innerhalb von Unternehmen ist seit Jahren ein heißes Thema. Aber für CMOs geht es auch darum, die Silos innerhalb ihrer eigenen Abteilung aufzubrechen. Beispielsweise sollte die Branding-Sparte nicht unabhängig vom Performance-Marketing denken. Markenmanagement, Kategorie- und Produktmanagement, Marktforschung, Insights, Kommunikation und Tech sollten so aufgestellt sein, dass CMOs das Zusammenspiel kundenorientiert orchestrieren können. Idealerweise sollte dies eine agile Netzwerkorganisation mit flachen

Hierarchien sein, damit CMOs auf Basis der strategischen Initiativen schnell und agil handeln können, um die Themen zu verbinden und ein Produkt in der Kommunikation zur Experience zu machen.

Aus Jennys Sicht braucht das Marketing heute Kenntnisse in den Bereichen Daten, Technik und E-Commerce. Wenn es um Storytelling und kreative Fähigkeiten geht, steht zur Debatte, was intern oder extern gemacht werden soll. „Es ist sehr wichtig, dass das strategische Wissen im Haus vorhanden ist, und wenn ich mit einer Agentur arbeite, geschieht dies immer partnerschaftlich mit großer Transparenz, guter Zusammenarbeit und gemeinsamen Zielen, um das bestmögliche Ergebnis zu realisieren."

Auch das transformative Denken, das manche als Experience-Innovation bezeichnen, ist für sie von unschätzbarem Wert. Dabei hängt die Antwort auf die Frage Outsourcing versus Inhousing vom Reifegrad, von der Komplexität und der Art des Geschäfts ab. Ist es B2C, B2B oder eine Mischung aus beidem?

Sie zeigt sich erstaunt, dass in vielen Unternehmen, sowohl in kleinen Start-ups als auch in großen Unternehmen, Produkt und Kommunikation stark getrennt sind. „Ich komme aus einer Schule, wo der Marketeer der CEO der Marke ist und ganzheitlich arbeitet. Dazu gehören eine vollständige Marktanalyse mit Trends und Insights, die Bestimmung des zu adressierenden Marktpotenzials, die Ausarbeitung eines Produkt- oder Serviceangebots, die Aktivierung sowie die Verantwortung für die gesamte P&L."

Fast Moving Consumer Goods (FMCG): Produkte des täglichen Bedarfs, auch bekannt als Konsumgüter (Consumer Packaged Goods, CPG)

Das ist die Schule des FMCG-Marketings, die Jenny in den 1990er- und 2000er-Jahren bei Beiersdorf und Tchibo erlebte.

Bei Tchibo war sie für eine strategische Initiative verantwortlich: „Wie bringt man junge Leute wieder zum Kaffee? Damals war der Kaffeeklatsch bei den älteren Damen zu Hause noch angesagt. Aber die Jüngeren tranken immer weniger Kaffee. Starbucks gab es bereits in den USA. Aber es schien klar, dass es in Europa, wo die Kaffeequalität viel höher ist, kein Potenzial dafür gab."

Das Potenzial lag in dem Konzept des „Third Place", des dritten Ortes neben Arbeit und Zuhause, an dem Starbucks das Verweilen zum besonderen Erlebnis machte. Jenny war eine von drei Trainees, die die Möglichkeit bekamen, dieses Potenzial in einem Konzept-Coffeeshop für Tchibo zu erkunden. Sie führten den Laden ein Jahr lang, kümmerten sich um alles vom Ladendesign über die Bestellung von Pappbechern (die es damals in Deutschland noch nicht gab), die Kundenakquise und das Abliefern der Tageskasse bei der Bank bis hin zu der Optimierung der Kundenfrequenz, der Produktentwicklung und dem Businessplan. „Wir haben also ein komplettes Start-up innerhalb der Firma gemanagt, was sehr spannend war."

Diese Erfahrung brachte Jenny, die Betriebswirtschaft, Finanz- und Rechnungswesen studiert hatte, ins Marketing. Digital war da noch nichts, aber die ersten Anzeichen waren zu sehen. Während ihrer Zeit im Coffeeshop blähte sich die Dotcom-Blase auf und lenkte ihre Aufmerksamkeit auf

das, was man heute digitales Marketing nennt. So ergriff
sie ein Jahr später die Chance, bei Beiersdorf einzusteigen,
einem Hamburger Konsumgüterunternehmen, das
für seine Marke Nivea bekannt ist.

„Ich wollte unbedingt in den digitalen Bereich. Es zeichnete
sich ab, dass digitale Technologien vieles verändern und
spannende neue Möglichkeiten eröffnen würden. Dieses
unbekannte Terrain unternehmerisch zu erschließen, sprach
mich an. Und weil ich bereits unternehmerisch und
konzeptionell ein Start-up führen durfte, lag Marketing
einfach näher an der Gestaltung der Zukunft des Geschäfts."

Die Brücke zum Digitalen und zum Marketing war
geschlagen. So kam sie zu Beiersdorf mit der damals
unkonventionellen Bitte des Marketingleiters, das „Internet
in den Griff zu kriegen". „Das war sensationell", sagt sie
lachend. „Ich wurde ganz nett gefragt, ob das ein guter Job
wäre, der nicht zu langweilig wäre, und ob ich ihn nach
meiner sehr unternehmerischen Tätigkeit bei Tchibo
übernehmen könnte. Und das war großartig. Zumal ich mit
einer Freundin im Team für diese Vision antreten durfte."

Sie blieb 17 Jahre bei Beiersdorf. Und hat in dieser Zeit viel
gelernt. Sie hat zum Beispiel festgestellt, dass man in neuen
Aufgabengebieten nicht mit einer Stellenbeschreibung
beginnen sollte, sondern mit einer Vision – in diesem Fall,
„das Internet in den Griff zu kriegen".

„Mit dieser Vision bin ich sicherlich viel ganzheitlicher und
unternehmerischer an das Thema herangegangen, als ich es

getan hätte, wenn das noch unbekannte Thema bereits ausführlich beschrieben worden wäre."

Damals begann sie, Produkt- und Kundendatenbanken zu strukturieren und die Prozesse der Kundenakquise, des Kundendialogs und der ersten E-Commerce-Integration schrittweise neu aufzusetzen. Sie gestaltete Kooperationen, einschließlich der Kundenakquise über Beauty-Bereiche in Portalen wie MSN, AOL und Yahoo, die damals eine große Reichweite hatten. Die Marke machte sie über Beratung und Inhalte erlebbar. „Damals wurde das noch nicht als Marketing wahrgenommen."

Jenny arbeitete intensiv an Nivea, einer Marke, die Verbraucher auf Augenhöhe anspricht, sich klar an Verbraucherbedürfnissen orientiert und eine beeindruckende Markengeschichte hat. Eine Aufgabe war es, die Designsprache von Nivea neu zu strukturieren und eine Designmanagement-Abteilung aufzubauen.

„Das war schon eine besondere Aufgabe, eine 100 Jahre alte Marke im Zeitgeist zu adaptieren, ohne die Vergangenheit aus den Augen zu verlieren. Gutes Design sorgt für Klarheit, Orientierung und steigert den Markenwert, sodass man Entwicklung und Umsetzung sehr behutsam vornehmen und kulturelle Unterschiede beachten sollte."

Das war eine große Lektion in Sachen Markenführung und hilft ihr noch heute dabei, wenn sie Performance-Marketing und Markenführung zusammenbringt. „Es sind eigentlich nur zwei Seiten derselben Medaille."

61

Direct-to-Consumer (D2C): der Verkauf direkt an Verbraucher, ohne Groß- oder Einzelhändler

Als Jenny Beiersdorf verließ, um zu Bayer Consumer Health zu wechseln, war sie von den hohen ethischen und intellektuellen Standards der Gesundheitsbranche beeindruckt. Die gesamte Branche befindet sich in einem großen Umbruch, mit sehr fragmentierten Strukturen, die nun durch den direkten Patientenkontakt abgelöst werden, angefangen bei „Dr. Google" bis hin zu einer Reihe von Geräten, bei denen Anbieter direkten Kontakt zum Verbraucher haben.

„Dieser Wandel", so sieht sie es, „bietet viele neue Möglichkeiten in der Markenführung sowie neue digitale Geschäftsmodelle. Es gibt ganz neue Gelegenheiten, mit dem Verbraucher, mit dem Patienten, in Kontakt zu treten und dort viel mehr zu bewegen, als wenn man nur als Hersteller in einer Kette agiert."

So gesehen war ihre CMO-Rolle bei Ottobock eine Fortsetzung ihrer Leidenschaft. In diesem Fall in einer etwas komplexeren Variante, denn die Produkte des Unternehmens – Prothesen – können auch eine direkte Kommunikationsschnittstelle zum Kunden sein. „Das hat weitere Auswirkungen, zum Beispiel auf das Geschäftsmodell, hebt aber auch die Nähe zum Endverbraucher auf eine andere Ebene."

Die Branche ist sehr stark im B2B-Bereich verankert, wandelt sich nun aber immer mehr in Richtung Direct-to-Consumer (D2C). „Ich fand es sehr spannend, diesen direkten Patientenkontakt mitzugestalten, ihn auszubauen und zu schauen, wie wir helfen können. Es ist auch eine große

Customer Lifetime Value: der Gesamtumsatz, den Unternehmen vernünftigerweise von einem Kunden über die gesamte Zeit der Kundenbeziehung hinweg erwarten können

Vision und Mission von Ottobock, Mobilität zu erhalten und wiederherzustellen, was sehr zukunftsorientiert ist und viele Möglichkeiten bietet."

Das große Thema für das Marketing von Ottobock war das Kundenerlebnis und die Verbesserung der Lebensqualität für Menschen, die eine Prothese oder Orthese tragen. Dazu gehören ein starker Fokus auf Digitalisierung und das Ziehen der richtigen Schlüsse aus Daten, aber auch aus direktem Feedback oder ethnografischer Recherche, was nicht immer in Echtzeit funktioniert.

Wo ist das Geschäftsmodell im Bereich Customer Experience? Viele Branchen, ob FMCG, Healthcare oder Handel, bewegen sich von einer klassischen Produktkalkulation hin zu einer Customer-Lifetime-Value-Kalkulation. Auf dem Weg dorthin ist natürlich die Kundenbindung ein wichtiges Element, ebenso wie die Kundenakquise und die gesamte Customer Journey.

„Wir fangen zunehmend an, die gesamte Strecke zu berechnen, und schauen uns an, was wir für die Kundenakquise und die Kundenbindung ausgeben können und wie wir gemäß unserer Mission den größten Mehrwert und eine Win-win-Situation schaffen."

Aus Jennys Sicht ergibt es keinen Sinn mehr, Produkte unabhängig von der Experience auf den Markt zu bringen. „Das Erlebnis muss orchestriert werden, daher muss man als Marketeer heute auch Marketing Operations gut beherrschen und bereichsübergreifend mit Vertrieb, IT und Business

Intelligence zusammenarbeiten. In diesen Bereichen müssen neue Fähigkeiten aufgebaut werden."

Anfang 2022 verließ Jenny Ottobock, um CEO von babymarkt zu werden, einem europaweit führenden Online-Händler für Baby- und Kinderprodukte. Heute gehört das Unternehmen vollständig zu Tengelmann und entwickelt sich gerade vom Shop zum Marktplatz.

Takeaways

① Produkt, Kommunikation und IT sind heute eng miteinander verbunden.

② Damit entwickelt sich die CMO-Rolle zu einer Schlüsselposition für die digitale Transformation.

③ Marketing muss strategisch werden, beginnend mit den richtigen Erkenntnissen.

④ Es hat keinen Sinn, Produkte unabhängig von der Experience auf den Markt zu bringen.

66

Volker Weinlein — Mitgründer von kiukiu, ehemals CMO bei Katjes International

„Ich bin der Meinung, dass ein Produktmanager alles im Griff haben und und alles auch auf das Marketing zugeschnitten sein muss."

Volker Weinlein

Mitgründer von kiukiu, ehemals CMO bei Katjes International

— Studierte Marketing und BWL, weil er darin die wichtigsten und interessantesten Funktionen im Unternehmen sah
— Urgestein des FMCG-Marketings, zwischendurch 15 Jahre in der Medienbranche tätig
— Hat viele bekannte Food-Marken gestartet, z.B. Giotto, Treets, Ahoj Brause
— Hatte die seltene Chance, mit *Welt Kompakt* eine völlig neue Zeitung einzuführen
— Ein großer Anhänger der Food-Revolution

Performance-Marketing: eine Marketingstrategie, die auf messbare Ergebnisse (→ Conversion Rate, → Key Performance Indicator) ausgerichtet ist und Daten zur Entscheidungsfindung nutzt

Performance-Marketing ist seit Jahren in aller Munde. Für viele Marketeers war es gerade deshalb eine süße Versuchung, weil alles, was sie online tun können, messbar ist. Sie wissen sofort, dass sie einen Dollar ausgeben und dafür so und so viel zurückbekommen. Doch das ist in den Augen von Volker Weinlein ein Trugschluss. Und auch nichts Neues.

„Dieses sogenannte Performance-Marketing ist nur alter Wein in neuen Schläuchen. Warum ist das so? Weil es das schon immer gegeben hat. Früher hieß das nur Direktmarketing."

Das Problem dabei ist, dass es weder eine nachhaltige Steigerung des Niveaus noch eine neue Basis generiert, was das Marketing durch klassische Markenwerbung erreicht. Es handelt sich also um eine reine Verkaufsförderung. Es ist gekaufter Umsatz. Push, nicht Pull.

„Man schafft damit ein Gefangenendilemma. Das heißt, der Kunde will es nicht. Er tut es nur, weil er einen Bonus bekommt. Und diesen Fehler haben viele Marketeers in den letzten zwei Jahrzehnten durch Online-Performance-Marketing begangen, weil sie nur Push-Marketing betrieben haben. So haben sie Umsatz gekauft, der eigentlich nicht da ist."

Dagegen schaffen gute Kampagnen immer einen höheren Umsatz als neue Basis. Auch wenn die Werbung eingestellt wird, bleibt der Umsatz höher als zuvor. Das bedeutet freilich nicht, dass Marketeers kein Performance-

Fast Moving Consumer Goods (FMCG): Produkte des täglichen Bedarfs, auch bekannt als Konsumgüter (Consumer Packaged Goods, CPG)

vier Ps: die Schlüsselfaktoren des Marketings im klassischen Marketingmix: Product, Price, Place und Promotion

Marketing betreiben könnten. Jedes FMCG macht Preiswerbung, besonders wenn es vom Handel verlangt wird. Es erzeugt einen Sampling-Effekt und kann helfen, neue Kundengruppen anzusprechen.

„Ich sehe das eher als Verkaufsförderung, und Verkaufs-förderung war schon immer wichtig. Aber das sind Verkaufsbudgets und Handelsmarketing. So muss man sie auch sehen. Wer sich aber nur darauf konzentriert, betreibt nur Verkaufsförderung und keinen Markenaufbau. Sie werden langfristig keine starken Marken aufbauen. Und das ist genau, was wir sehen: Viele Markenunternehmen haben verloren. Freilich verlieren sie kurzfristig nicht, aber wenn sie mittelfristig Geld aus der Markenentwicklung abziehen, werden sie schwächer und anfälliger für Eigenmarken und neue Wettbewerber. Und dann werden sie aus dem Markt gedrängt."

Volker besteht darauf, dass der Marketeer wieder die vier Ps des klassischen Marketingmix (Place, Price, Product, Promotion) beherrschen sollte. Konzerne führen immer gerne Prozesse ein, erklärt er, und teilen sie tayloristisch auf. Wenn unterschiedliche Abteilungen für einzelne Markenaspekte zuständig werden, geht das große Ganze verloren.

„Der Markenmanager der Zukunft muss mit dem Produkt vertraut sein. Man kann nicht einen Produktmanager und einen Markenmanager getrennt einstellen. Das funktioniert nicht. Die Markenverantwortlichen oder die CMOs müssen auch für das Produkt verantwortlich sein, weil

sie wissen müssen, wie man ein Produkt macht, das
zukünftig wichtig ist."

Marken versteht er als Premium-Produkte mit einem
Premium-Preis, die sich abheben und eine Sogwirkung
haben. Dagegen stehen austauschbare Commodity-Produkte
in einem reinen Preiswettbewerb, den niemand gewinnen
kann, weil es immer jemanden geben wird, der billiger ist.
Für ihn bedeutet das, dass Marketeers wieder an den Punkt
kommen müssen, an dem sie für das gesamte Produkt
von A bis Z verantwortlich sind.

„Dann kann man wieder die richtigen strategischen
Entscheidungen treffen, die richtige Positionierung und die
daraus abgeleitete Taktik. Heutzutage merke ich, dass in
vielen markenführenden Abteilungen taktische
Maßnahmen das Wichtigste sind und niemand darüber
nachdenkt, was er wirklich erreichen will. Was ist unser Ziel?
Wie ist die Positionierung? Was ist die Strategie? Wie
differenzieren wir uns?"

Als oberste Priorität sieht er für Marketeers die Fokussierung
auf das beste Produkt, ein Produkt, das nachhaltig ist
und eine einzigartige Positionierung hat. Sein zweiter Punkt
neben dem Fokus ist die konsequente Umsetzung
der Strategie, die Differenzierung und das Top-Produkt.

Volkers erster Job im Marketing hat ihn sichtlich geprägt. Er
startete 1994 als Trainee bei Ferrero auf Schoko-Bons und
wurde ins kalte Wasser geworfen. Da Schoko-Bons unter dem
Druck von Nachahmern stand, musste er sich eine neue

differenzierende Positionierungsstrategie einfallen lassen, die er in einer einzigartigen Verpackung fand, die sich die Konkurrenz nicht leisten konnte zu kopieren.
Ferrero hatte hervorragende Produkte auf dem Markt und hatte zumindest damals noch eine klare Markenstrategie. So lernte er die vier Ps und alles, was das Marketing braucht, von Grund auf.

„Man ist nicht nur der kleine Teil einer Kette, wie das heute in vielen anderen Unternehmen der Fall ist. Einige machen Werbung, andere Online und wieder andere Events. Ich bin der Meinung, dass ein Produktmanager alles im Griff haben und alles auch auf das Marketing zugeschnitten sein muss. Das habe ich bei Ferrero gelernt, und Ferrero war damals sehr erfolgreich."

Nach fünf Jahren wechselte er in die Marketing- und Vertriebsabteilung von Axel Springer, wo er 15 Jahre lang tätig war. Seine erste große Herausforderung war es, die Tageszeitung *Die Welt* wieder auf das Radar zu bringen. Nachdem der damalige Chefredakteur Mathias Döpfner das Produkt komplett überarbeitet hatte, konnte Volker darauf aufbauen. Seine Idee war ähnlich wie die, mit der Audi damals in die Phalanx von Mercedes und BMW eindrang.

„Ich habe versucht, das Gleiche zu tun. Es gab den Goldstandard mit FAZ und Süddeutscher und die Frage, wie man es schafft, sich als Dritter zu etablieren. Man kann nicht die Positionierung der Platzhirsche übernehmen und muss eine neue Positionierung schaffen. *Die Welt* stand mit ihrer Farbigkeit und Internetaffinität für die modernste Tageszeitung."

Dies versuchten sie in einer Kampagne auszudrücken, die sie gemeinsam mit Springer & Jacoby entwickelten – mit André Kemper und Jörg Schultheis, die er später auch zu Katjes holen konnte. Der Claim „Die Welt gehört denen, die neu denken" begleitet das Blatt nun schon seit mehr als 20 Jahren. Er hatte zudem den großen Vorteil, sowohl den Leser als auch den Inserenten anzusprechen, ähnlich der langjährigen FAZ-Kampagne „Dahinter steckt immer ein kluger Kopf".

Was er von Axel Springer zu Katjes mitgenommen hat, war die Transformation eines deutschen Traditions-unternehmens. Es hatte erkannt, dass sein Markt komplett verschwindet, weil die Digitalisierung sein traditionelles Geschäftsmodell auf die Probe stellte. Axel Springer hat sich innerhalb von 20 Jahren von einem nationalen analogen Zeitungshaus zu einem internationalen digitalen Medienunternehmen entwickelt, und Volker ist froh, dass er daran mitwirken konnte.

„Diese Herausforderung anzunehmen und sich dann mit der Fackel an die Spitze zu setzen, das hat mir viel gezeigt. Das war auch eine gute Lektion, die wir zu Katjes mitnehmen durften. Es gibt die Food-Revolution. Katjes hat physische Produkte und keine digitalen Produkte. Für das Unternehmen spielt die Digitalisierung also nicht die Hauptrolle. Aber es gibt auch andere Trends, bei denen man vorne mit dabei sein und sich auch bewusst kannibalisieren kann, das habe ich von Axel Springer mitgenommen."

Als Volker 2014 zu Katjes kam, hatten die Eigentümer bereits die Herausforderung gelöst, die Kernmarke zu differenzieren, um der Zukunft der Ernährung gerecht zu werden. Fünf Jahre zuvor hatten Tobias Bachmüller und Bastian Fassin entschieden, sich ganz auf das vegetarische Produktsortiment zu konzentrieren, weil sie die Zukunft in der rein pflanzlichen Ernährung sahen. Damals waren weder der deutsche Handel noch die Verbraucher bereit.

„Das heißt, sie mussten erst einmal durch das Tal der Tränen gehen und die gesamte Produktpalette neu ausrichten. Und das kann natürlich nur jemand machen, der als Familienunternehmen bereit ist, zunächst Rückschläge hinzunehmen, vielleicht sogar Umsatzrückgänge, um dann umso stärker zu sein, wenn man der Welle weit voraus ist und plötzlich ein Sortiment hat, bei dem alle anderen sagen, ja, das war ein No-Brainer, ist klar, dass es heute so sein muss."

Diese Strategie verschaffte Katjes einen First-Mover-Vorteil. Aber das war noch nicht das Ende der Geschichte. Damals kam die Zuckerdiskussion auf. Sie erkannten, dass die Transformation der Lebensmittelindustrie nicht nur zu einer pflanzenbasierten Zukunft führen wird, sondern auch zu sauberen Zutaten und funktionellen Lebensmitteln. Für Katjes stellte sich die Frage, wie man sein Kerngeschäft reformieren, aber auch neue Geschäftsfelder aufbauen kann. Man wollte früh dabei sein, weil man wusste, wohin die

Disruption des Lebensmittelhandels und der Ernährung führt und dass neue Märkte und neue Marken entstehen würden.

Als Antwort auf diese Herausforderung stellte sich Katjes Greenfood heraus. Ihr Ziel war nicht auf Süßwaren beschränkt, die neun Prozent des Lebensmittelmarktes ausmachen. Da Katjes sich auf dem Markt jenseits der Süßwaren nicht auskannte, war es sinnvoll, mit Minderheitsbeteiligungen zu beginnen und sich auf Start-ups zu konzentrieren. Auf diese Weise könnten sie diversifizieren und in alle Kategorien des Lebensmittelhandels einsteigen. Wichtig war, dass alles auf pflanzlicher Basis sein musste.

Im Lebensmittelsektor braucht ein Start-up-Unternehmen einen anderen Ansatz, weil es sich nicht wie ein digitales Produkt skalieren lässt. Als physisches Produkt erfordern Lebensmittel Kapazitäten in Produktion, Vertrieb und Transport. Es braucht Geschäfte, entweder physisch oder online, die es dann verkaufen. Das macht es schwierig, exponentielles Wachstum zu erreichen. Freilich kann man mit einem guten Produkt schnell wachsen, aber das geht nicht so schnell wie im digitalen Bereich. Deshalb ist die Auswahl der Investitionen umso wichtiger.

Mit Veganz, dem ersten Investment nach der Gründung von Greenfood, konnten sie nun bereits den ersten Exit realisieren und Veganz 2021 an die Börse bringen. Es war eine bewusste Entscheidung, damals in einen der großen Fische zu investieren, weil Volker wollte, dass Greenfood selbst als Marke verstanden wird und nicht nur als Finanzinstrument.

„Es war wichtig für die Reputation und Positionierung und für die Bekanntheit von Katjes Greenfood im Markt, mit solch einem ersten Kaliber zu starten, denn dann wussten alle Bescheid. Und dann muss man die Start-ups nicht bitten, uns ein Pitch Deck zu schicken, sondern die Leute sind schon da. Auch hier ist eine Marke Pull und nicht Push.“

Warum hat er Katjes verlassen, um sich selbstständig zu machen? Er sah, wohin die Reise ging, und er wusste, dass er den größten Mehrwert nicht als Angestellter schaffen würde, sondern durch den Aufbau von Marken, die er, wenn auch nur teilweise, selbst besitzt. Da er bei Katjes keine Möglichkeit hatte, sich an Marken oder an Greenfood zu beteiligen, sagte er sich, dass er das alleine machen muss.

Sein Gesellenstück ist kiukiu, ein Cocktailelement, das er zusammen mit Bösch Boden Spies aus Hamburg und zwei großen Namen der deutschen Barszene, Jörg Meyer und Chloe Merz, kreiert hat. Für das Produkt wird der bisher ungenutzte Teil der Kakaofrucht verwendet, das Fruchtfleisch, das vor der Verwendung als Lebensmittel zertifiziert werden musste.

Aber das ist nur der Auftakt. Volker will mit Investoren und anderen Partnern zusammenarbeiten, denn sein Ziel ist es, weitere pflanzliche, saubere Inhaltsstoffe und funktionelle Produkte zu entwickeln und auf den Markt zu bringen. Die

Idee dahinter ähnelt dem, was Rocket Internet vor 15 Jahren im digitalen Bereich gemacht hat: einen Inkubator zu gründen, um Unternehmen und Marken aufzubauen, die Produkte auf den Markt bringen, die hoffentlich in zehn oder 20 Jahren marktführend sein werden. Deshalb hat er mit zwei Partnern den Company Builder Good Food Creators ins Leben gerufen.

Sein zweites Produkt, das Mitte 2022 auf den Markt kommt, ist ein rein natürlicher Energydrink auf Basis der Kaffeekirsche – eine weitere Zutat, die bis vor Kurzem als Lebensmittelabfall galt. Da sie mehr Koffein enthält als Kaffeebohnen, kommt das Getränk ohne zusätzliches Koffein oder Energie aus. Der Markt für Energydrinks, der in den 1980er und 1990er Jahren vor allem von Red Bull geprägt wurde, wächst zwar immer noch jedes Jahr im zweistelligen Bereich, hat aber in den letzten Jahren kaum Innovationen hervorgebracht. Vor allem gab es bisher noch keinen rein natürlichen, sauberen Energydrink.

„Ich hoffe, dass wir Red Bull in den nächsten Jahren vom Thron stoßen." An Ehrgeiz mangelt es Volker nicht.

Takeaways

① Performance-Marketing kann zu dem Trugschluss führen, dass man Umsatz kaufen kann.

② Der Markenmanager der Zukunft muss für das Produkt verantwortlich sein.

③ Bei großen Trends wie der Digitalisierung und der Food-Revolution zahlt es sich aus, ganz vorne dabei zu sein und sich bewusst zu kannibalisieren.

④ Marke ist Pull und nicht Push.

78

Maria von Scheel-Plessen — Director EMEA Media, Gucci

„Wenn sich niemand traut, den Status quo zu verbessern oder Verbesserungen vorzuschlagen, kommen wir nicht weiter."

Maria von Scheel-Plessen

Director EMEA Media, Gucci

— Geboren und aufgewachsen in der Nähe von Hannover,
schon früh international unterwegs
— Hat Marketing und E-Commerce bei Hugo Boss, Google,
Rocket Internet, Zalora und Amazon gelernt
— Auch wenn sie digital ist, genießt sie es,
ein hochwertiges physisches Produkt zu haben
— Ausgezeichnet als eine der „Luxury Women to Watch in 2021"
— „Future Shaper 2022" der Zeitschrift *Business Punk*

[1] — **Recke, Martin** (2019). Don't fall into the scientism trap. NEXT Insights.

agil: ein iterativer Ansatz für die Softwareentwicklung, der verwendet wird, um auf Veränderungen zu reagieren; wird auch in anderen Kontexten eingesetzt, zum Beispiel im Marketing

"If we have data, let's look at data. If all we have are opinions, let's go with mine." — Jim Barksdale

Dieses Zitat des ehemaligen CEO von Netscape fängt die Spannung zwischen traditionellen und digitalen Unternehmen treffend ein. In der vordigitalen Welt waren Daten oft spärlich und fragmentarisch, sodass ein gewisses Maß an Interpolation, Vermutungen und Bauchgefühl erforderlich war, um Entscheidungen zu treffen. Dies ließ Raum für willkürliches, meinungsbasiertes Management. Es gab eine ganze Kaste von sogenannten „Entscheidungs- trägern", die genau das taten, was der Name vermuten lässt: Sie trafen Entscheidungen, die jedoch auf Meinungen basierten. Hierarchien waren nötig, um ein Spiel zu spielen, bei dem der Rang alles übertrumpfte.

Die digitale Welt hat diesen Spielen ein Ende gesetzt, ob nun jede Organisation dies erkannt hat oder nicht. Daten sind nicht mehr rar, sondern im Überfluss vorhanden, wenn auch oft noch bruchstückhaft. Wer Daten ignoriert, tut dies auf eigene Gefahr: Daten haben uns flache Hierarchien, Transparenz, Agilität und datengesteuerte Entscheidungs- findung beschert. (Das hat auch zu einem gewissen Grad an Wissenschaftsgläubigkeit geführt, aber das ist eine andere Geschichte. [1]) In vielen Unternehmen gibt es jedoch noch viel zu tun, wenn es um die Implementierung eines datengesteuerten, agilen Führungsmodells geht.

Das Internet im Allgemeinen und der E-Commerce im Besonderen haben das verbraucherorientierte Modell der Konsumgüterindustrie in alle anderen Branchen gebracht und mit Daten aufgeladen. Der Direktverkauf an Verbraucher und die immer stärkere Durchleuchtung des Sales Funnel gewinnen an Bedeutung.

Menschen wie Maria von Scheel-Plessen sind die Pioniere unserer Zeit und verändern die Art und Weise, wie traditionelle Unternehmen wirtschaften. Es geht darum, Lektionen und Werkzeuge aus der digitalen Industrie zu übernehmen und zu adaptieren. Es geht um Disruption von innen heraus.

Im Dezember 2021 kam Maria als Director of Media für Europa, den Nahen Osten und Afrika zu Gucci in Mailand und übernahm die Verantwortung für 37 Märkte. Zu diesem Zeitpunkt war sie mit dem Stand des E-Commerce und des digitalen Marketings bei der legendären Luxusmarke recht zufrieden. Sie hatte bereits einen gut ausgestatteten Werkzeugkasten und eine solide Grundlage an Informationen und Daten, um loszulegen.

„Die Herausforderung besteht darin, die Datennutzung nachhaltig zu gestalten, damit jüngere Generationen nicht nur einmal in ein Marken-Ökosystem eintauchen oder ein Produkt nicht nur einmal kaufen, sondern es auch wieder tun, idealerweise im Rhythmus von einem halben bis anderthalb Jahren."

Ihr Ziel ist eine gute Kundenbindungsquote. Dazu muss sie die richtigen Tools aufbauen, Customer Journeys personalisieren und noch mehr mit First-Party-Daten und Media arbeiten, um eine nachhaltige Kundenakquise zu

---

Sales Funnel: die Schritte, die ein potenzieller Kunde vom ersten Kontakt mit einer Marke oder einem Unternehmen bis zur Kundenwerdung durchlaufen muss; oft unterteilt in
→ Upper Funnel,
→ Mid Funnel und
→ Lower Funnel
(→ Customer Journey)

Customer Journey: die gesamte Geschichte der Interaktion zwischen Kunden und Unternehmen

First-Party-Daten: die Daten, die ein Unternehmen direkt von seinen Kunden erhebt, im Gegensatz zu Third-Party-Daten, die aus externen Quellen stammen

Tech-Stack: eine Kombination von Technologien, die quasi aufeinander-gestapelt werden, um ein Produkt zu entwickeln

gewährleisten. Dafür gibt es bereits einen Tech-Stack, wie er bei Montblanc noch nicht vollständig vorhanden war, als sie 2017 zum Unternehmen kam.

Die Herausforderung ihrer jetzigen Aufgabe bestand zunächst darin, dass sie für Märkte wie den Nahen Osten, die am schnellsten wachsende Region für Luxusgüter, zuständig sein würde. Der Fokus auf Snapchat, TikTok und Personalisierung ist dort prominenter als in Frankreich oder Deutschland. Gucci verfügt bereits über eine sehr starke E-Commerce-Plattform und einen Flagship-Store. Da Maria auch für den Online-Vertrieb verantwortlich ist, musste sich die von ihr entwickelte Strategie auch direkt in Abverkauf umsetzen lassen.

Als Marketeer genießt sie es, ein physisches Produkt zu haben, das mit Raffinesse, speziellen Technologien und Materialien hergestellt wird. Montblanc, ihr ehemaliger Arbeitgeber, hatte eine solche Tradition über 110 Jahre hinweg aufgebaut. Das deutsche Unternehmen gehört zum Schweizer Luxusgüterkonzern Richemont.

„In jedem Schreibgerät stecken mehr als 100 Produktions-schritte. Die Produktion in Deutschland zu haben, die Produkte jeden Tag sehen und den Kunden zeigen zu können, war gerade für einen Marketeer sehr bereichernd im Vergleich zu Plattformen wie Amazon", wo sie zuvor gearbeitet hatte.

Als sie zu Montblanc kam, war das Unternehmen jedoch noch nicht digital oder auf E-Commerce ausgerichtet. Das

82

Omnichannel: ein Multichannel-Ansatz für den Vertrieb, der alle Kanäle in ein nahtloses Erlebnis integriert

Media Journey: der Teil der → Customer Journey oder des → Sales Funnels, der von → Paid, → Earned oder → Owned Media geprägt ist

E-Commerce-Geschäft der Marke existierte zwar bereits seit fast zehn Jahren, hatte aber keine automatisierten Prozesse, kein Omnichannel und keine Nutzung von First-Party-Kundendaten für automatisierte Media Journeys. Das war die Herausforderung, mit der Maria konfrontiert war. Diese Automatisierung zu etablieren, ohne das starke Markenimage zu opfern, hielt sie fast fünf Jahre lang bei Montblanc.

„Für mich war es eine ständige Veränderung, ein ständiges Wachstum in meiner Rolle. Die Tradition eines alteingesessenen, namhaften Luxusunternehmens mit der Aufgabe zu verbinden, die digitalen Prozesse zu gestalten – die ich aus den letzten Jahren bei Rocket, Zalora und Amazon mitgenommen habe –, war eine spannende Herausforderung. Ich konnte viele Synergien schaffen und etablieren."

Seit ihrer Schulzeit hat Maria viel Zeit im Ausland verbracht. Sie besuchte ein Internat in Australien, absolvierte weitere Praktika im Ausland und begann ihr Studium in London. Diese Internationalität kam ihr von Anfang an zugute, sowohl in ihrer Ausbildung als auch bei der Wahl ihrer Arbeitgeber und Jobs.

„Das Unternehmertum meines Vaters hat mich stark geprägt. Er hat mich immer ermutigt, neue Herausforderungen anzunehmen, und diese Einstellung war wichtig für die verschiedenen Schritte, die ich gemacht habe." Maria studierte an der London School of Economics und sammelte während dieser Zeit erste Erfahrungen im Marketing bei

Unternehmen wie Hugo Boss und Google. Damals, zumindest bei Hugo Boss, gingen gerade die ersten E-Commerce-Geschäfte an den Start. Bei Google beriet sie deutsche Kunden zu ihren Werbestrategien.

„Ich habe E-Commerce von Grund auf gelernt und auch Prozesse etabliert, indem ich herausgefunden habe, welche Tools benötigt werden. Damals war es schon schwierig zu wissen, welches Content-Management-System verwendet werden sollte. Wie viel können wir intern machen und wie viel müssen wir mit Agenturen teilen? Die wichtigste Erkenntnis für mich war, mich nicht zu sehr auf das Agenturgeschäft zu verlassen. Das Zweite war die Effizienz flacher Hierarchien, die ich bei Google deutlich gesehen habe. Bei Hugo Boss war es sehr, sehr politisch, sehr top-down vom Management und auch sehr stark von der deutschen Zentrale aus kontrolliert."

Nach ihrem Studium ging sie nach Berlin und stieg bei Rocket Internet ein. Das Unternehmen befand sich damals in einer spannenden Wachstumsphase und war noch nicht an die Börse gegangen. Es war zu dieser Zeit ein Top-Player, und Maria wollte einmal die komplette Start-up-Erfahrung sammeln. Da es damals bereits über 130 verschiedene Ventures bei Rocket Internet gab, war sie als Beraterin für unterschiedliche Start-ups tätig, insbesondere in den Bereichen PR, Kommunikation und Online-Marketing, sodass kein Arbeitstag wie der andere war.

Ihr wurde sehr schnell viel Verantwortung übertragen, wodurch sie einen guten Einblick in verschiedene

Unternehmen, Teams und Kulturen erhielt. Diese Perspektive erwies sich als großer Vorteil, als sie nach Singapur ging, um bei Zalora zu arbeiten, dem asiatischen Schwesterunternehmen von Zalando, das ebenfalls zu Rocket Internet gehörte. „Das war der eigentliche Ausgangspunkt, um die Fähigkeiten zu erwerben, internationale Teams zu führen und agil genug zu sein, um bei Rocket nicht unterzugehen und das Arbeitstempo zu bewältigen."

Nach zwei Jahren kehrte sie aus Singapur zurück und heuerte bei Amazon in München an. Während Daten und der Tech-Stack wiederkehrende Themen für Maria sind, weiß sie auch den Wert und die Kraft der Markenbildung zu schätzen. Wenn das Marketing von Performance und Daten dominiert wird, leiden oft Branding und Kreativität. Budgets für das Markenmarketing zu bekommen wird zu einem Kampf. Das hat sie bei Amazon gelernt, einem Unternehmen, das sie dafür bewunderte, wie ausgereift sein kompletter Technologie-Stack bereits war.

„Alles war im Haus. Das bedeutet, dass sie keinerlei Abhängigkeit von anderen Akteuren hatten. Da aber immer mit Zahlen argumentiert wird, war es schwierig, wieder in Richtung Branding zu gehen und entsprechende Budgets zu bekommen."

Auf die Frage nach den größten Herausforderungen des heutigen Marketings beginnt Marias Antwort mit der fortschreitenden Segmentierung der verschiedenen Online-Marketing-Kanäle. In der Vergangenheit, so stellt sie fest, haben wir nur über Social, Display und Search gesprochen. Jetzt gibt es sogar in Social-Media-Teams Rollen wie Analyst, Content-Creator und Kampagnenmanager. Sie sieht, dass das Ganze immer granularer und das Marketing immer spezialisierter wird.

„Ich denke, wir müssen aufpassen, dass wir uns nicht zu sehr spezialisieren, damit es noch Generalisten gibt, die für andere einspringen können, die auch das große Ganze im Blick haben, die die stärksten Herausforderungen des Unternehmens kennen."

Eine zweite, nicht minder große Herausforderung ist Omnichannel, eine Markenpräsenz über verschiedene Marketingkanäle und Einkaufsplattformen hinweg. Omnichannel ermöglicht es, E-Commerce und physische Geschäfte zu kombinieren und dieselben Aktivitäten und Werbeaktionen parallel durchzuführen. Andernfalls, so glaubt sie, würde der Kunde irregeführt und die Markenpositionierung verschleiert.

Der dritte Punkt ist die Personalisierung. Aus ihrer Sicht erwartet der Kunde von heute eine personalisierte Kommunikation. Dies erfordert erhebliche Investitionen in First-Party-Daten und die Navigation in einem nahezu undurchdringlichen Dschungel von Tools. Sie hat erlebt, dass allein im Marketing jedes Jahr bis zu 20 neue Tools an Bord kommen. „Manchmal schauen wir uns erst im Nachhinein an, wie sie miteinander kommunizieren können. Welche Anschlussmöglichkeiten gibt es? Wie können diese Tools abteilungsübergreifend eingesetzt werden?"

Dadurch entstehen einfach mehr isolierte Silos als in der Vergangenheit, glaubt sie. Bei der Einführung von Tools, insbesondere in Marketingorganisationen, müssen ihrer Meinung nach noch mehr Entscheidungsträger aus verschiedenen Abteilungen an einem Tisch sitzen, um Synergien zu schaffen, sich gegenseitig zu unterstützen und mehr Prozesse zu automatisieren.

Außerdem wollen die Verbraucher auch, dass Unternehmen und Marketeers die richtigen Werte etablieren, sei es Nachhaltigkeit, Vielfalt, Kreislaufwirtschaft oder etwas ganz anderes. „Es ist so unglaublich wichtig, jetzt zu investieren, um auch in Zukunft relevant zu sein. Es ist nicht in jeder Branche und in jedem Unternehmen authentisch, sich vom ersten Tag an mit diesen Werten zu assoziieren. Aber es ist wichtig, gerade jetzt stark in diese Themen zu investieren, auch wenn es durch Kooperationen geschieht, auch wenn es nur kleine Schritte sind. Denn in den nächsten fünf bis zehn Jahren wird es eine Grundvoraussetzung sein."

Wenn es um Branding geht, betrachtet Maria die Marke nicht als eine eigene Einheit, sondern als ein Ökosystem, in das der Kunde eintritt. Marken schwanken aus ihrer Sicht ständig zwischen Neuerfindung und Authentizität. Ihre Fragen lauten daher:

⊙ Inwieweit können sich Marken neu erfinden?

⊙ Wie bleiben sie authentisch und wie kann das Marketing die richtigen Markenbotschafter ins Boot holen?

⊙ Wie können Marketeers die Kunden ansprechen, die Kaufbereitschaft und Interesse an der Marke haben, damit Marken nicht zu breit zielen oder die falschen Influencer einsetzen?

⊙ Wie können Marken sicherstellen, dass sie nicht zu weit in eine Richtung gehen, mit der sie sich möglicherweise nicht mehr identifizieren?

Heutzutage ist die Marketingleitung zwischen kreativen Prozessen und Analysen gefangen, was Agilität umso wichtiger macht. Für Maria ist die Zeit der starren Top-down-Führung also eindeutig vorbei.

„Es gibt immer mehr horizontale Führung. Ich finde es wichtig, Mentor für das Team zu sein und als Chief Marketing Officer auch der jüngeren Generation Raum, Entscheidungskompetenz und einen Platz am Tisch zu geben." Damit einher geht für sie auch die Etablierung einer Kultur, die das Scheitern zulässt. „Wenn sich niemand traut, den Status quo zu verbessern oder Verbesserungen vorzuschlagen, kommen wir nicht weiter."

Für das Profil des zukünftigen CMO erwartet Maria, dass die Kombination eines kreativen Analysten mit der Schnittstelle zwischen Branding und Lifestyle im Bereich Marketing, aber auch Daten, immer relevanter wird.

„In Vorstandssitzungen kann der Chief Digital Officer die Gedankengänge des CMO fast immer mit Daten widerlegen. Und so sollte es nicht sein. Ich denke, eine Person, die das Beste aus beiden Welten hat und in beiden Bereichen gut ausgebildet ist, ist das Profil der Zukunft."

Im Marketing müsse es vor allem darum gehen, den Werterahmen und die Markenpositionierung zu definieren. Danach kann die Marketingabteilung die richtigen Kanäle für die Kommunikation und die Budgetplanung für E-Commerce und Offline-Verkäufe festlegen, einschließlich des prozentualen Umsatzanteils, der online oder offline generiert wird.

Je nach Unternehmen schätzt Maria, dass der Einfluss des Marketingteams auf den Umsatz zu 80 bis 90 Prozent nachvollziehbar oder messbar ist.

„Ich finde es sehr wichtig, das in einem Zug zu diskutieren und die richtigen Teams an Bord zu haben." Sie plädiert daher für eine Kombination und eventuell sogar Zusammenlegung von Sales-, E-Commerce- und Marketingteams.

Ein weiterer Faktor im Hinblick auf ihre Prioritäten sind Führungsqualitäten. Sie erkennt in den Teams eine neue Generation, die noch anspruchsvoller ist, noch mehr durch Herausforderungen lebt und sich einbringen möchte. Daher müssen sich Führungskräfte entsprechend weiterbilden, um mit dieser Generation gut zusammen-zuarbeiten und ihr das richtige Terrain zu geben. Dies hängt eng mit Agilität zusammen, einer weiteren Priorität, bei der es darum geht, das Unternehmen neu zu erfinden und zu prüfen, wie es relevant bleiben kann.

Performance-Marketing: eine Marketingstrategie, die auf messbare Ergebnisse (→ Conversion Rate, → Key Performance Indicator) ausgerichtet ist und Daten zur Entscheidungsfindung nutzt

In Marias idealer Welt sollten CMOs die Kreativteams, den E-Commerce sowie die Media- und Performance-Marketing-Teams leiten, einschließlich Öffentlichkeitsarbeit, CRM und Daten.

„Alles muss aus einer Hand verwaltet werden. Sonst gibt es zu viele Silos. Marketing und Vertrieb sollten an einem Tisch sitzen, und PR-Teams oder CRM-Teams sollten sich bewusst sein, was sie an messbaren Online- und Offline-Verkäufen generieren."

Um erfolgreich zu sein, brauchen CMOs und ihre Teams eine datengesteuerte Denkweise, Kundenorientierung, Kreativität und Agilität.

Takeaways

① Daten sind alles, aber Werte stehen an erster Stelle.

② Hüten Sie sich vor den neuen Silos, die durch die Fragmentierung des digitalen Marketings entstehen.

③ Die Zeit der Top-down-Führung ist vorbei. Neue Führungskompetenzen sind gefragt.

④ Die neue Generation ist noch anspruchsvoller.

92

Maurizio Barucca — Head of Marketing, Barmer

„Man muss einfach strategisch sehr gut arbeiten und offen für Kreativität sein, um überhaupt eine Chance zu bekommen."

Maurizio Barucca

Head of Marketing, Barmer

— Aufgewachsen in Frankfurt am Main und Hamburg
— Inspiriert durch seinen italienischen Vater pflegt er eine enge Beziehung zu Italien
— Trainee und Stipendiat bei Axel Springer
— Studium der Marketing-, Kommunikations- und Wirtschaftswissenschaften in Erfurt, Pavia und Venedig

Marketeers machen es sich im Bereich Promotion oft zu bequem und vernachlässigen die anderen drei Ps (Place, Price, Product) im klassischen Marketingmix. Viele finden sich schließlich in der Bedeutungslosigkeit wieder und verlieren entweder ihren Platz am Vorstandstisch oder kommen gar nicht erst dorthin. Wer sich zu sehr auf Branding und Werbung konzentriert, gerät oft schnell in Vergessenheit.

Maurizio Barucca vermeidet diese Falle geschickt, indem er die untergeordnete Rolle der Promotion im Marketing anerkennt. Er betont, wie wichtig es ist, strategisch, vernetzt und in einem ganzheitlichen System zu arbeiten, das aus so grundlegenden Komponenten wie Technologie und Infrastruktur, Organisationskultur, Agilität und einer klaren Vision für die Marke besteht.

Nur so kann Marketing heute effektiv funktionieren.

Effektives Marketing setzt voraus, über das neue Kaufverhalten der Verbraucher, den Wettbewerb und die Marktszenarien nachzudenken und die Erkenntnisse zur Entwicklung einer starken unternehmerischen Teammentalität zu nutzen. Dieses Vorgehen trug dazu bei, die Marke und das Unternehmen Barmer voranzutreiben und gleichzeitig mit wichtigen Abteilungen in Kontakt zu treten, um Ansichten auszutauschen und Strategien abzustimmen. Intensive Markenarbeit ist ein Motor für Veränderungen und ihr erfolgreicher Einsatz erfordert heutzutage die Bewältigung von Komplexität und den schnellen Aufbau neuer Marktkompetenzen.

„Alle Branchen stehen zunehmend im Wettbewerb und befinden sich mitten in der digitalen Transformation. Mit der digitalen Transformation stellt sich die Frage, ob dieser Trend anhält und ob wir flexibel genug sind, um ihn aufzugreifen und darauf zu reagieren."

Angesichts der Marktdynamik haben Marketingprofis daher keine andere Wahl, als über dieses spezielle „P" hinauszudenken. Das Marketing ist eine der ersten Abteilungen, die sich intensiv mit neuem Verbraucherverhalten, dem Markt und seinen Wettbewerbern auseinandersetzen. Es kann relativ schnell erkennen, wann das Unternehmen seine Strategie überdenken muss.

Bei der Barmer bedeutet dies auch, von einzelnen Marketingsäulen zu zusammenhängenden, konsistenten Markenerlebnissen überzugehen, die aus Storytelling und durch Technologie und Daten ermöglichten Erlebnissen bestehen. Die Marke muss „live gehen" und ihre „Show" über das Ökosystem und alle Berührungspunkte hinweg ausstrahlen. Das gilt heutzutage für die meisten Branchen, aber diese Strategiearbeit ist hochkomplex.

„Zusätzlich zu den geschäftlichen Grundlagen brauchen wir ein tiefes Verständnis der digitalen Technologie, der Strategieszenarien und Wettbewerbstaktiken, um Veränderungen zu antizipieren und vorausschauender zu arbeiten. Denn Szenarien können sich schnell komplett ändern, es kann zu Verschiebungen durch Wettbewerber oder taktische Änderungen kommen. Das gilt sogar für den

Purpose: der Grund für die Existenz eines Unternehmens, der als Grundlage für das Marketing verwendet wird; wird heute häufig als bestimmender Teil des Markenauftritts eines Unternehmens verwendet und schließt Themen wie Nachhaltigkeit und soziale Verantwortung von Unternehmen ein

Key Performance Indicator (KPI): ein messbarer Indikator für das angestrebte Ziel

Krankenversicherungsmarkt, der sich vergleichsweise langsam bewegt."

Darüber hinaus beeinflussen Schockwellen aus dem großen Ganzen die Agenda. Der ständige Krisenmodus in Wissenschaft und Wirtschaft verändert heute die Anforderungen an Marketing und Innovation.

Neben der digitalen Transformation der Gesellschaft verändern auch der Klimawandel und die globale Pandemie die Art und Weise, wie Menschen über ihr Leben und die Gesellschaft denken – und damit auch über Unternehmen und Marken. Sie wollen, dass Unternehmen verantwortungsvoll handeln. Bei der Barmer ist dies eine wichtige Aufgabe, die zur Definition eines starken Purpose und zu taktischen Veränderungen in der Kommunikation geführt hat.

Wichtig ist auch die Orchestrierung von Aufgaben, die für Maurizio eine soziale Frage darstellt. Kooperatives Arbeiten mit einer vertrauensvollen, starken Fehlerkultur und dem Teamgedanken, sowohl im Marketing als auch bei den Agenturen, wo sich alle zugehörig fühlen, kann im besten Fall in eine Phase des Flows führen.

„Das ist uns schon mehrfach gelungen, und es ist auch befriedigend, weil wir neben einer sehr positiven Entwicklung der KPIs auch große Wellen von Auszeichnungen erleben. Wir gewinnen viele Awards, was selbstverständlich ein sehr bestärkendes Feedback aus der Kreativbranche für das gesamte Team ist."

Objectives and Key Results (OKRs): ein Framework für die messbare Zielsetzung und Ausrichtung in Teams und Organisationen

Maurizio findet es spannend, Wege zu finden, um eine vertrauensvolle und empathische Kultur zu schaffen, in der alle kooperativ arbeiten – einschließlich der Dienstleister, die sich der Marke zugehörig fühlen, in einen Flow kommen und gute Arbeit abliefern. Die Grundlage dafür sind eine visionsbasierte Führung und die Umsetzung eines klaren Modells von Objectives and Key Results (OKRs), die durch ein gutes Steuerungssystem und Check-ins operationalisiert werden.

„Das ist nicht so einfach und es wird auch nicht immer funktionieren. Aber es funktioniert als Ziel und Anspruch. Auch das sagen wir den Agenturen: Sie tragen die gleiche Verantwortung wie wir. Sie sind keine verlängerte Werkbank, sondern wir sind unseren Partnern gegenüber sehr transparent und klar in Bezug auf Ziele, Erfolge und Auswirkungen. Wir wollen Taktiken und Auswirkungen richtig adressieren, damit sie auf einer ganz anderen Ebene mit uns mitdenken können, als erweitertes Management oder als Sparringspartner. Es ist eine sehr offene Kultur, was schön ist."

Maurizio hat sowohl einen Agentur- als auch einen Unternehmenshintergrund. Er startete seine Karriere auf Unternehmensseite und kehrte nach Stationen in der Agentur- und Beratungswelt mit seinem Einstieg bei der Barmer 2015 auf die andere Seite des Tisches zurück. Mit rund 9 Millionen Versicherten ist sie eine der beiden größten Krankenkassen in Deutschland. Als er zur Barmer kam, hatte das Unternehmen bereits begonnen, die Marke und ihre Positionierung weiterzuentwickeln. Maurizio begann im

agil: ein iterativer Ansatz für die Softwareentwicklung, der verwendet wird, um auf Veränderungen zu reagieren; wird auch in anderen Kontexten eingesetzt, zum Beispiel im Marketing

Scrum: ein → agiles Framework für die Entwicklung von Software und anderen Produkten

Digitalbereich und übernahm dann schnell andere Aufgaben. Er verantwortete das gesamte Kampagnenmanagement und arbeitete an der Markenpositionierung, der Markenplattform und der gesamten Kommunikationsstrategie.

„Selbstverständlich haben wir dann nach und nach alles digitalisiert. Wir haben ein neues Strategie-Set für die Website, für die Kommunikation und die Botschaften aufgesetzt, sind mehr ins TV gegangen, in den Online-Bereich, und so hat sich alles entwickelt. Wir haben auf dieser großen ‚Strategieblume' aufgebaut, die wir für uns definiert haben, also die Disziplinen, die wir auf- und ausbauen wollten. Bei der Barmer konnte ich alles anwenden, was ich im operativen Bereich gelernt habe: Positionierungsmodelle, Markenmodelle, viele verschiedene Dinge."

Die Barmer ist relativ schnell auf ein agiles Marketingmodell umgestiegen. Sie hat das Entwicklungsframework 2017 auf den Scrum-Prozess umgestellt, der kontinuierliche Arbeit ermöglicht. Die Hierarchien wurden abgeflacht, und alle wurden miteinander vernetzt. Die einzelnen Teams haben die Silos aufgebrochen, sodass alle kontinuierlich an der Optimierung arbeiten. Wie Maurizio anmerkt, waren dies Veränderungen zum Positiven.

Im Nachhinein betrachtet Maurizio seine Entscheidung, bei der Barmer anzuheuern, als Wendepunkt für ihn. Dabei spielten mehrere Aspekte eine Rolle. Der erste war das Agenturleben. Er hatte sich gefragt, ob er an mehreren Unternehmen und Marken arbeiten oder sich auf ein

„Projekte sind viel größer, schneller und umfangreicher geworden und
brauchen eine vernetzte
Denkweise, damit man aus
dem Ganzen nicht ein
Monster macht."

Unternehmen konzentrieren und wirklich Teil davon sein wollte. Er musste auch seine Work-Life-Balance in den Griff bekommen. Abgesehen davon sieht er seine Agenturzeit als eine unglaubliche Lehrzeit. „Durch die vielen unterschiedlichen Kunden und Projekte lernt man einfach sehr viel in sehr kurzer Zeit."

Bereits während seiner Ausbildung bei Axel Springer interessierte er sich für den digitalen Bereich. Dort konnte er bei einem der reichweitenstärksten Portale Deutschlands einsteigen und alles von der Pike auf lernen. Er durchlief verschiedene Ebenen, blieb auf der Führungsschiene und bewegte sich dabei stets in Richtung digitale Produktentwicklung.

„Ich habe zunächst das Geschäftsmodell kennengelernt, aber auch am Relaunch von Bild.de mitgewirkt. Wie integriert man Publishing-Geschäftsmodelle in eine digitale Website?" Irgendwann wurde Maurizio Leiter der Produktentwicklung und des Innovationslabors. Zu dieser Zeit entstand Second Life. Er schlug vor, mit einem kleinen Innovationsbudget eine Boulevardzeitung in dieser virtuellen Welt zu produzieren. Sein Chef sagte: „Lass es uns versuchen. Warum nicht?" Und los ging es mit einem kleinen Team.

„Es war sehr interessant, weil es neben der Produktentwicklung oder den innovativen Projekten, an denen ich damals arbeitete, nebensächlich erschien. Doch was als so kleines Projekt begann, explodierte plötzlich zu etwas Großem. Wir haben es in die Nachrichten geschafft, wir waren auf dem Spiegel-Cover, die New York Times hat uns interviewt. Es war unglaublich."

Nach vier Jahren bei Axel Springer war es für ihn an der Zeit, weiterzuziehen. Er ging zu radicalfuture, einer Boutique-Forschungsagentur, die ihm den gewünschten Freiraum gab, um weiterhin in der digitalen Produktentwicklung zu arbeiten. Dabei nutzte er einen großen Pool von Methoden wie Design Thinking. Außerdem machte er sich daran, den Bereich der Marktforschung zu professionalisieren, insbesondere Zukunfts- und Trendforschung sowie qualitative und quantitative Methoden.

Nach radicalfuture kam Greenkern, und was zuvor eher kreative Methoden und Produktentwicklung waren, wurde zu klarer und harter Strategiearbeit. „Da hat ein Denk- und Logikprozess begonnen, der sehr klar strukturiert war. Das hat mir geholfen, alle Bausteine und Erfahrungen, die ich zuvor gesammelt hatte, noch einmal anzuwenden."

Doch die Vereinbarkeit von Beruf und Familie gewann an Bedeutung, als er Vater wurde. Als frischgebackener Papa stellte er sich die Frage, ob er diese neue Rolle mit dem Job im Agenturalltag vereinbaren könne oder ob dies automatisch zu Konflikten in seiner Beziehung führen würde. Außerdem hatte er sehr viel gelernt, sehnte sich aber auch wieder nach Kontinuität.

Bei der Barmer freute er sich, ein gutes Managementteam vorzufinden, das hoch motiviert war, das Unternehmen und die Disziplin weiterzuentwickeln. „Klar, es ist eine

Körperschaft des öffentlichen Rechts. Wie groß ist also der Drang, sich weiterzuentwickeln, wie groß ist die Offenheit und wie groß ist das Vertrauen in mich? Wie aktiv kann ich mich an diesem Prozess beteiligen?"

Früher wäre eine Krankenkasse für ihn nicht infrage gekommen. Doch die Herausforderung klang so reizvoll, dass er mit seiner Familie von Berlin nach Wuppertal zog.

Der Krankenversicherungsmarkt selbst ist stark reguliert und war lange geprägt von Intransparenz. Versicherer haben kaum Möglichkeiten, sich zu differenzieren, da der Produktkatalog sehr ähnlich ist. Wie auch das klassische Marketing anderer Unternehmen sieht sich die Barmer mittlerweile mit Phänomenen wie einer Stärkung der Verbrauchermacht durch die digitale Evolution konfrontiert, die über Vergleichsportale, direkte Vertragsabschlüsse und Rankings wahrgenommen wird. Die Transparenz für Verbraucher ist heute viel größer.

„Man muss einfach strategisch sehr gut arbeiten und offen für Kreativität sein, um überhaupt eine Chance zu bekommen. Wir befinden uns in einem stark regulierten Markt mit sehr geringer Bewegungsfreiheit. In diesem Rahmen wollen wir das Unmögliche möglich machen: nämlich in einem relativ einheitlichen Markt eine eigene, hochattraktive Marke aufzubauen. Um diese Herausforderung zu meistern, nutzen wir alle uns zur Verfügung stehenden Mittel und glauben fest an herausragende Kreativität als Alleinstellungsmerkmal."

Eine zweite Herausforderung besteht darin, dass die Barmer im digitalen Bereich mit einer viel stärkeren Fragmentierung der Kanäle arbeiten muss. Soziale Medien sind ein Beispiel, wo sich viele Möglichkeiten ergeben, wie zum Beispiel TikTok. Dementsprechend braucht es viel mehr Fachwissen. „Wir haben dort viel schnellere Zyklen und Geschwindigkeiten."

Die dritte Herausforderung betrifft die Daten. Durch die stärkere Einbindung von Daten und Technologie müssen sie im Backend sehr aufmerksam sein. „Projekte sind viel größer, schneller und umfangreicher geworden und brauchen eine vernetzte Denkweise, damit man aus dem Ganzen nicht ein Monster macht."

Die nächste große Herausforderung ist das Thema Kampagnen und die Professionalisierung der Disziplinen. Dazu gehören Strategie, Insights und Messung. Diese sind eng mit der technologischen Infrastruktur und der Gestaltung des Backbones verflochten, zu dem auch Datenschutz und Automatisierung gehören. Darüber hinaus müssen die Fähigkeiten der Mitarbeiter und die Organisationskultur aufrechterhalten werden.

„Wir müssen uns innerhalb einer agilen Organisation mit agilen Arbeitsweisen auseinandersetzen, aber was heißt das? Eine agile Kultur entwickelt sich kontinuierlich weiter und optimiert Prozesse und Ergebnisse. Das ist alles schön und gut, aber das ganze System kann ins Wanken geraten, wenn man sich zu stark auf Verbesserungen und zu wenig auf die Errungenschaften der Vergangenheit konzentriert.

Irgendwann, besonders während einer Pandemie, wird jeder überempfindlich für das Gefühl, dass nichts ausreicht, nichts gut genug ist. An diesem Punkt sind wir gerade – wir müssen die agile Kultur verstehen und den richtigen Weg finden."

All dies zum richtigen Zeitpunkt und im richtigen Tempo ist in unserem volatilen Umfeld von entscheidender Bedeutung und wird letztendlich darüber entscheiden, ob wir scheitern oder erfolgreich sein werden.

„In diesen Zeiten des Wandels für die Barmer als gesetzliche Krankenkasse zu arbeiten, ist sinnvoll genug, aber zu sehen, dass Marke und Unternehmen bereits große Schritte in die Zukunft gemacht haben, ist auch befriedigend. Es beweist, dass wir auf dem richtigen Weg und in der Lage sind, Stärke und Umsetzung in Einklang zu bringen."

Takeaways

① Promotion, Branding und Werbung sind die kleinsten Teile des Marketings.

② Marketing muss strategisch, vernetzt und in einem ganzheitlichen System arbeiten.

③ Alles erodiert, alle Branchen stehen zunehmend im Wettbewerb und befinden sich in der digitalen Transformation.

④ Agenturen sollten die gleiche Verantwortung tragen und nicht als verlängerte Werkbank betrachtet werden.

Isabelle Conner — Group Chief Marketing & Customer Officer, Generali

„Die wichtigste Veränderung, die ich in den letzten 15 Jahren miterlebt habe, sind die sich ständig weiterentwickelnden Kundenbedürfnisse."

Isabelle Conner

Group Chief Marketing & Customer Officer, Generali

— Hat einen dualen französischen und amerikanischen Hintergrund
— Hat in den USA und vielen europäischen Ländern gearbeitet
— Studierte Politikwissenschaft und Internationale Beziehungen
und begann ihre Karriere als Finanzreporterin
— Hat für ING, Zurich, Deutsche Bank und Generali gearbeitet

Finanzdienstleistungen und insbesondere die Versicherungsbranche gelten oft als eine harte, klinische Branche. Isabelle Conner, Group Chief Marketing and Customer Officer bei Generali, würde dieser Darstellung widersprechen. Für sie ist eine lebenslange Beziehung zum Kunden ein wesentlicher Bestandteil einer Marketingstrategie, weil sich die Kundenbedürfnisse ändern.

Da sie drei Jahrzehnte lang im Finanzdienstleistungssektor tätig war, hat sie eine weitreichende Perspektive dafür, wie sich sowohl die Branche als auch ihr Marketing verändern. Eine Geschäftsfrau, die halb Französin, halb Amerikanerin ist und ihre Zeit zwischen Mailand und Südfrankreich aufteilt, hat auch eine gewisse internationale Sicht auf die Dinge, die in ihrer Existenz verankert ist.

Isabelle hat Politikwissenschaft und Internationale Beziehungen studiert. Sie begann ihre Karriere als Finanzreporterin in Paris, bevor sie in den USA auf die andere Seite des Tisches wechselte. „Ich wollte an einem pulsierenden und internationalen Ort leben, also entschied ich mich für New York", erinnert sie sich.

Sie war zwei Jahre im Produktmanagement tätig, bevor sie in den Vertrieb wechselte. Innerhalb weniger Jahre leitete sie den Vertrieb für eine große Region mit 13 Bundesstaaten und 6.000 Maklern, die Altersvorsorgeprodukte verkauften.

„In dieser Funktion habe ich gelernt, wie man Produkte verpackt, präsentiert, die Aufmerksamkeit der Leute auf sich zieht und verkauft", sagt sie. Obwohl sie die Jahre im

Vertrieb genossen hat, wollte sie auch die eher strategische und kreative Seite des Geschäfts ausloten. Das blieb hängen. In den letzten zwei Jahrzehnten hat sie Marketingfunktionen für Arbeitgeber wie Deutsche Bank Private Banking, ING und Zurich geleitet.

Der Job bei ING brachte sie zurück nach Europa, und seitdem ist sie in Amsterdam, London und Zürich zu Hause gewesen. Vor acht Jahren wechselte sie zu Generali und ließ sich in Mailand nieder. „Ich habe das unglaubliche Glück, all diese Kulturen aus nächster Nähe erlebt zu haben", sagt sie.

Neben dieser kosmopolitischen Erfahrung wurde ihr Denken auch durch die Menschen geprägt, mit denen sie zusammengearbeitet hat. Vor allem von dem Mann, den sie als ihren Mentor bezeichnet, Frank Cennamo.

„Er war ein Guru des Finanzdienstleistungsmarketings, und ich hatte das große Glück, dass er mich unter seine Fittiche nahm. Ich war begeistert von seiner Fähigkeit, strategisch zu denken", sagt sie. „Er hat die Aufmerksamkeit der Leute in einer Zeit erregt, in der viele dachten, dass es beim Marketing um Veranstaltungen und Broschüren gehe. Ich habe beobachtet, wie er Marketing im Dienste des Unternehmens einsetzte, um den Umsatz zu steigern."

Diese Erkenntnis bereitete sie auf die Veränderungen vor, die sie im Finanzdienstleistungsmarketing sieht.

„Vor 15 Jahren ging es beim Marketing viel mehr um die Marke und insbesondere darum, sie durch Werbung und

Owned Media:
Marketingkanäle,
die einer Marke
gehören und von ihr
kontrolliert werden,
im Gegensatz zu
→ Earned Media und
→ Paid Media

Earned Media: eine
Promotion (→ vier Ps),
die weder Werbung
(→ Paid Media) noch
Branding → Owned
Media) ist

Sponsoring zu fördern. Alles war gebuchte Medialeistung. Heute nutzen wir Inhalte auf Owned- und Earned-Media-Kanälen, unterstützt durch Daten und Analysen."

Daten und ihre Rolle sind für sie ein wichtiges Thema, wie wir noch sehen werden. Sie weist jedoch darauf hin, dass wir bisher nur über den werblichen Teil der Gleichung gesprochen haben. Produkte werden zunehmend von der Evolution der Verbraucher vorangetrieben.

„Die wichtigste Veränderung, die ich in den letzten 15 Jahren miterlebt habe, sind die sich ständig weiterentwickelnden Kundenbedürfnisse und -erwartungen, die von Marken außerhalb der Finanzdienstleistungsbranche geprägt werden. Heute geht es bei Produkten viel mehr um Lösungen, die den Verbrauchern helfen vorzubeugen, sie zu schützen und sie in allen Aspekten ihres Lebens zu unterstützen."

Und die Antwort auf diese Herausforderung liegt in den Daten. Zugegeben, Daten sind ein weit gefasster Begriff, aber für Isabelle besteht der Schlüssel darin, aus den Daten Erkenntnisse zu gewinnen, die es einem Marketeer ermöglichen, das Produkt, die Dienstleistungen, den Preis und die Erfahrungen, die der Kunde macht, zu personalisieren.

„Und all das erreicht man, indem man sich die Daten zunutze macht. Wir haben viele neue Werkzeuge, die wir vor 15 Jahren noch nicht hatten, wie etwa CRM oder die 360-Grad-Sicht auf den Kunden. Dies sind mächtige Hilfsmittel, die es

Customer Journey:
die gesamte
Geschichte der
Interaktion zwischen
Kunden und
Unternehmen

uns ermöglichen, den Kunden in Echtzeit ganzheitlich zu betrachten, sodass wir ihn proaktiv beraten können. Es ist gut, den vergangenen und gegenwärtigen Wert eines Kunden zu verstehen, aber die Prognose seines zukünftigen Werts hilft uns, seine Bedürfnisse zu antizipieren."

Für sie ist es wichtig, dass CMOs die Customer Journey genau verstehen, an jedem Berührungspunkt und über jeden Kanal hinweg, sowohl in der digitalen als auch in der physischen Welt.

„Marketeers müssen funktionsübergreifend zusammenarbeiten, um digitale End-to-End-Lösungen zu entwickeln, die zur Automatisierung dieser Experiences beitragen und mehr Self-Service-Lösungen rund um die Uhr ermöglichen. So kann Versicherung unkomplizierter werden."

Isabelle glaubt fest an die Kraft der Verbraucherforschung. „Jedes Quartal befragen wir 100.000 Kunden in 24 Märkten. Und wir sehen deutlich, dass die Kunden nach Personalisierung suchen."

One size fits all ist Geschichte. Die Menschen wollen, dass Marken konsequent auf ihre spezifischen Bedürfnisse eingehen.

Wie manifestiert sich das in Isabelles eigener Arbeit?

„Versicherungen werden oft als kalt und kompliziert empfunden. Verbraucher suchen jedoch professionellen Rat.

„Kunden zahlen unsere Gehälter, also sollten wir sicherstellen, dass sie von unserer Experience, unseren Angeboten und unserer Beratung begeistert sind."

Je besser wir also unsere Kunden kennen, desto besser können wir ihr zukünftiges Verhalten vorhersagen und desto relevanter können wir in ihrem Leben werden und desto mehr können wir einen Mehrwert bieten. Und wenn wir dieses Versprechen einlösen, haben wir selbstverständlich auch das Recht, mehr zu verlangen. Wir können eine Premiummarke werden, indem wir qualitativ hochwertige Beratung und maßgeschneiderte Lösungen und Dienstleistungen anbieten."

Sie ist auch der Meinung, dass der Wert genauso wichtig ist wie der Preis, da Kunden online recherchieren und offline abschließen. „Schon vor dem Abschluss können wir die Marke so positionieren, dass sie personalisierte Beratung bietet", sagt sie.

„Wir können viel tun, um den Verbrauchern schon *vor* dem Abschluss ein Gefühl der Vertrautheit und des Vertrauens in das zu vermitteln, was sie kaufen."

Die Vermittler sind nach wie vor die wichtigste Schnittstelle zu ihren Kunden und machen den Großteil des Geschäfts aus.

„Sicherlich bewegt sich die Welt hin zu digitalen Lösungen, aber in unserem Geschäft ist die Rolle der Vermittler absolut entscheidend. Sie sind die primären lebenslangen Partner unserer Kunden und damit der wichtigste Berater. Wir haben sehr erfolgreiche Vertreter, die seit 25 Jahren mit uns zusammenarbeiten und große Versicherungsbestände verwalten. Wir können sie dabei unterstützen, ihre Kunden

Key Performance Indicator (KPI):
ein messbarer Indikator für das angestrebte Ziel

regelmäßig zu kontaktieren, eine jährliche Überprüfung durchzuführen oder einen Finanzcheck anzubieten."

„Wir schaffen digitale Kontaktmomente als Teil des Wertversprechens, damit der Vermittler und die Marke glänzen und der Kunde das Gefühl hat, einen Mehrwert zu erhalten. Es ist ein partnerschaftliches Beziehungsmodell."

Generali legt auch großen Wert auf Kundenbindung.

„Die Stärke eines Konzerns wie Generali liegt darin, dass wir 67 Millionen Kunden haben. Wir müssen sicherstellen, dass wir diese Beziehungen vertiefen. Je mehr wir in der Lage sind, durch relevante Kontakte einen Mehrwert zu schaffen, je mehr wir Lösungen personalisieren, desto mehr Geschäfte werden wir wahrscheinlich damit machen."

Strukturell legt das von ihr als CMO geleitete zentrale Team die Strategie fest und entwickelt Frameworks, Blueprints und digitale Plattformen, aber die direkte Kommunikation mit den Kunden wird lokal abgewickelt. Die Funktion des zentralen Teams bleibt es, die Umsetzung der Strategie zu steuern und zu überwachen.

„Wir haben eine Strategie – der lebenslange Partner unserer Kunden zu werden – und innerhalb dieser Strategie gibt es einen sehr gut ausgearbeiteten Rahmen mit granularen KPIs, denen unsere Märkte folgen können."

In diesem Rahmen zieht das gesamte Unternehmen an einem Strang, um drei wichtige Versprechen zu erfüllen:

- alles durchgängig mühelos und kunden-
  freundlich zu gestalten
- die angebotenen Produkte und Dienstleistungen
  zu personalisieren
- Beratung in physischer und digitaler Form zu erbringen

Diese Versprechen werden anhand einer Reihe von KPIs überwacht. Die Frameworks werden durch eine wachsende Anzahl digitaler Tools unterstützt.

Das Unternehmen hat einen Mobile & Web Hub aufgebaut, mit einer Reihe von Tools, die es den Märkten ermöglicht, Inhalte und Dienste für Kunden digital schnell und effizient bereitzustellen. Damit wurde die Zeit, die eine Geschäftseinheit für das Onboarding von Design und IT-Entwicklung benötigt, um 40 Prozent reduziert – und die Onboarding-Kosten um 70 Prozent.

Jetzt folgt ein Agent Hub, der zwar noch in einem frühen Stadium ist, aber bereits deutliche Kosten- und Time-to-Market-Einsparungen bringt. Die Vermittler haben Zugang zu qualitativ hochwertigeren und nützlicheren Tools, die ihre eigene Experience und die ihrer Kunden verbessern.

„Innerhalb unseres Rahmens gibt es selbstverständlich Flexibilität. So kann sich ein Markt im Vergleich zu einer anderen Region für eine bestimmte lokale Umsetzung seiner Marketing-Aktivitäten entscheiden. Aber die Strategie ist die Strategie, und ihre Grundpfeiler sind nicht verhandelbar."

Relationship Net Promoter Score (RNPS): zielt darauf ab, die Kundenbindung anhand einer auf die Kundenbeziehung bezogenen Kennzahl zu messen, im Gegensatz zu einem transaktionalen NPS

Jeder CEO hat eine Balanced Scorecard, die sich auf den Relationship Net Promoter Score (RNPS) und den Mehrfachbesitz von Generali-Produkten konzentriert.

Die Idee, das Wachstum durch Partnerschaften voranzutreiben, prägt das aktuelle Denken von Generali. Man denkt dabei an die Rolle, die Geräte wie Gesundheitstracker über die Überwachung der eigenen Fitness hinaus spielen, oder an die Telematik im Auto, die einem hilft, sicherer zu fahren – und daraus finanzielle Vorteile zu ziehen. Auch hier müssen Versicherungen nicht kalt und kompliziert sein – sie können durch regelmäßigen Kontakt und Beratung fürsorglicher gestaltet werden, argumentiert Isabelle. Je zugänglicher das Unternehmen durch die Technologie ist, desto tiefer wird wahrscheinlich die Beziehung zu den Kunden.

Und der CMO steht dabei im Mittelpunkt.

„Durch die schiere Menge an Themen, die man beherrschen muss, ist diese Rolle sehr komplex geworden. CMOs müssen mit dem ständigen Wandel von Trends, Kundenbedürfnissen und Technologien Schritt halten. Und sie müssen andere in der Organisation dazu bringen und inspirieren, der Transformationsbewegung zu folgen."

Das Thema Transformation steht auch bei Isabelle ganz oben auf der Agenda. Ein Finanzdienstleistungsunternehmen mit dem klaren Ziel, ein echter Partner auf Lebenszeit für seine Kunden zu sein, muss sich ständig neu erfinden.

vier Ps: die Schlüsselfaktoren des Marketings im klassischen Marketingmix: Product, Price, Place und Promotion

„Wir spielen eine immer aktivere Rolle dabei, Kunden zu unterstützen, die ein nachhaltigeres Leben führen möchten", sagt sie.

Generali engagiert sich intensiv in der Marktforschung, um den Charakter und die Bedürfnisse des verantwortungsbewussten Verbrauchers zu verstehen, der nach Schätzungen von Isabelle etwa zwölf Prozent der Bevölkerung ausmacht. Diese Zahl steigt jährlich an.

„Wir wollen ganz konkret verstehen, wie sie ihr Leben leben wollen, wie dieses Leben aussehen würde, wofür sie einen Aufpreis zahlen würden und wie wir ihnen das bieten können."

„Hier gibt es die Möglichkeit, mehr zu tun", sagt sie. Und die Forschung ist im Gange, um dies zu beweisen.

Isabelle sieht eine klare Entwicklung in den traditionellen „vier Ps" des Marketings. „Wir müssen mit dem Buchstaben C – wie ‚customer' – beginnen: dem Kunden. Kunden zahlen unsere Gehälter, also sollten wir sicherstellen, dass sie von unserer Experience, unseren Angeboten und unserer Beratung begeistert sind."

In ihrer Marketing-Vision des 21. Jahrhunderts beschreibt sie vier neue Szenarien:

- ⊙ Aus **Produkt** wird **Lösung.** Kunden sind daran interessiert, wie das Produkt ihr Problem löst und wie es ihr Leben verbessert.

117

- Aus **Preis** wird **Wert.** Kunden sind zwar preisbewusst, aber auch qualitätsbewusst.

- Aus **Promotion** wird **Bildung.** Die Aufgabe des Marketings besteht darin, bestehenden und potenziellen Kunden Inhalte, Informationen und Ratschläge bereitzustellen, die ihnen helfen, den Wert einer Lösung zu verstehen. Das schafft ein Gefühl von Vertrautheit und Vertrauen.

- Aus **Place** wird **Personalisierung.** In der heutigen Online-Welt ist der physische Ort weniger wichtig als die Erfüllung der individuellen Bedürfnisse der Kunden.

Während diese neuen Bereiche durch ihre Relevanz für die entstehenden Kundenbedürfnisse neues Wachstum bieten können, ist Isabelle der Meinung, dass sich die Rolle des CMO weiterentwickeln muss.

„Der CMO ist auch der Chief Growth Officer. Wenn er seine Arbeit gut macht, wirkt es sich auf die gesamte Wertschöpfungskette aus. Wachstum muss auf einer Wertsteigerung für das Unternehmen und den Kunden beruhen."

Ihre Inspiration sind Menschen, die furchtlos in ihren Überzeugungen sind und eine Kategorie umkrempeln können.

„Was auch immer man von Elon Musk halten mag, man muss den Mut eines Mannes bewundern, der aus Südafrika kommt und glaubt, dass er die US-Automobilindustrie umkrempeln kann. Was für ein Selbstvertrauen!"

Für sie sind dies grundlegende Merkmale transformativer CMOs. Aber es gibt auch noch andere Eigenschaften, die sie brauchen.

„Die Marketeers von heute brauchen neben sehr granularem Fachwissen auch ein breites Spektrum an Fähigkeiten. Das bedeutet, dass sie ein starkes Netzwerk von, wie ich es nenne, ‚geliehenen Köpfen' benötigen – sie müssen in der Lage sein, mit externen Unternehmen zusammenzuarbeiten, die über das nötige Fachwissen verfügen, auf das sie für bestimmte Kompetenzen zurückgreifen können."

Sie warnt auch davor, sich in technischen Details zu verlieren, wenn man sich eher auf Kreativität konzentrieren und sein Team und die gesamte Organisation für die Transformation begeistern sollte.

„Daten sind der Klebstoff, aber wir müssen auch weiterhin die Vermittler sein, die fesselnde Geschichten erzählen und unsere Leute führen. Daten und Technologie sind Wegbereiter, aber unsere Mitarbeiter sind die Leidenschaft und Kraft unserer Marke."

Zu den Schlüsselqualifikationen, nach denen sie sucht, gehört die Fähigkeit, eine strategische Vision zu formulieren und die Menschen dafür zu begeistern sowie ein charismatisches, funktionsübergreifendes Bindeglied zwischen Menschen zu sein.

„Ein CMO braucht die Unterstützung anderer Funktionen. Sie müssen Fachleute aus verschiedenen Bereichen wie Finanzen, Recht, IT, Betrieb, Vertrieb, Produkte usw. beeinflussen. Vor einem Jahr haben wir eine wesentliche Änderung an der Art und Weise vorgenommen, wie wir Wertversprechen steuern. Heute werden sie von den Produkt- und Marketingteams gemeinsam entwickelt. Das war ein bedeutender kultureller und operativer Wandel."

Wie man sieht, zeigt Isabelles Einfluss auch die Bedeutung von Geduld. „Manchmal scheint der Fortschritt langsam zu sein, und es gibt Herausforderungen zu bewältigen. Man braucht Resilienz und Tatendrang, und manchmal dauert es Jahre und erfordert Dutzende von Calls und Meetings, aber es gibt wunderbare Momente, in denen sich Menschen aufraffen und sich der Transformationsbewegung anschließen!"

„Das sind die lohnendsten und schönsten Momente für mich als CMO."

Takeaways

① Marketeers müssen interne Verbindungsglieder und interne Evangelisten für den Wandel sein.

② Unterschiedliche Kunden haben unterschiedliche Anforderungen an hybride, physische und digitale Berührungspunkte – stellen Sie sicher, dass Sie sie genau verstehen.

③ Entwickeln Sie robuste Datenpraktiken, um das Potenzial der Daten zum Nutzen des Kunden und des Unternehmens freizusetzen.

④ Haben Sie ein vertrauenswürdiges Netzwerk von Partnern mit Kernkompetenzen, auf die Sie zurückgreifen können und die Sie bei der Beschleunigung des Wandels unterstützen.

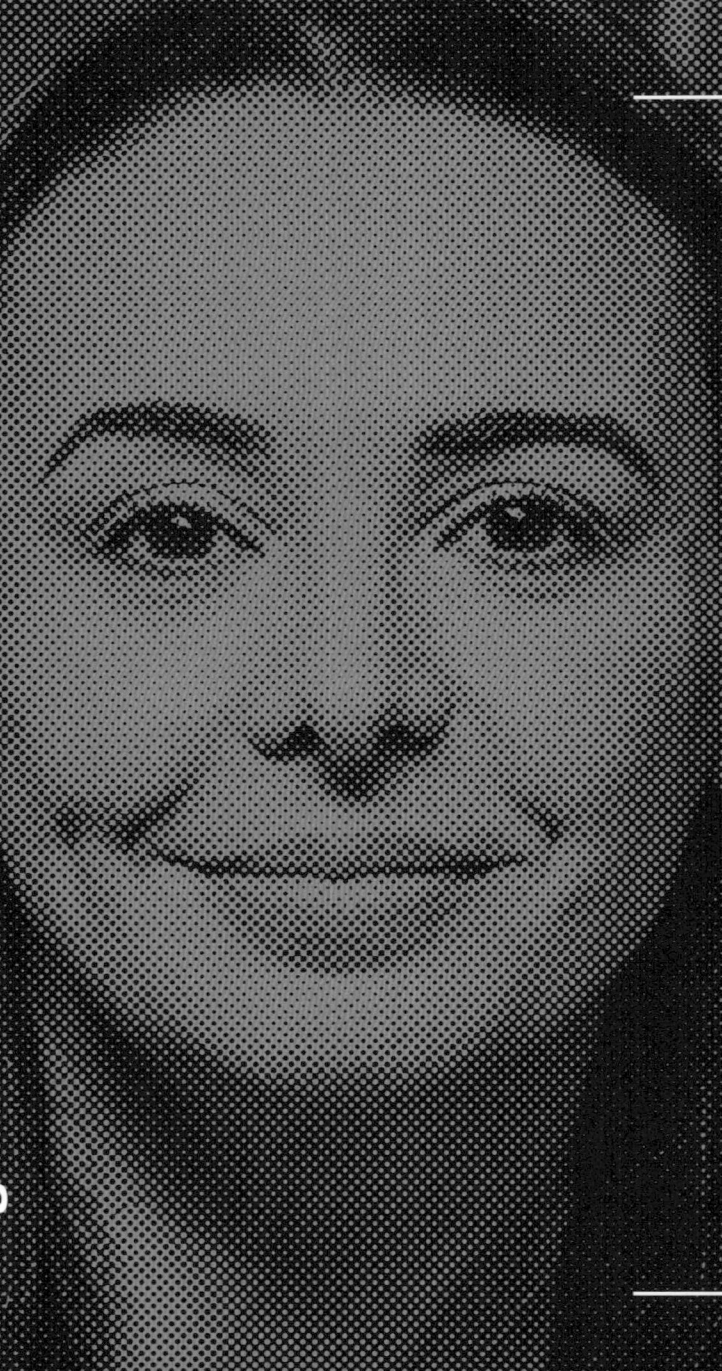

122

Patricia Corsi — Global Chief Marketing, Digital and Information Officer, Bayer Consumer Health

„Wenn Sie Ihre Leute intern nicht überzeugen können, wie wollen Sie dann die Menschen außerhalb überzeugen?".“

Patricia Corsi

Global Chief Marketing, Digital and Information Officer, Bayer Consumer Health

— Stammt aus einer langen Reihe von Unternehmern im Gastgewerbe
— Wurde in Brasilien geboren und studierte dort Marketing
— Hat für Unilever, Heineken, Kraft Foods und Bayer gearbeitet
— Ist Jurypräsidentin der Health & Wellness Cannes Lions im Jahr 2022

Es ist vielleicht unvermeidlich, dass wir in einem Buch über die Zukunft des Marketings einen Großteil unserer Zeit damit verbringen, uns mit den bedeutenden Veränderungen und Entwicklungen zu befassen, die auf uns zukommen. Aber Patricia Corsi, Global Chief Marketing, Digital & Information Officer bei Bayer Consumer Health, möchte uns an die Grundlagen erinnern. Ohne solide Fundamente wird nichts Gutes gebaut. Wenn man sie richtig legt, hat man eine solide Basis für Innovationen.

Und für sie reicht diese Lektion bis in ihre Kindheit zurück.

„Ich bin die Tochter und Enkelin von Unternehmern, aber ich bin die Erste in meiner Familie, die eine Universität besucht hat. Mein Großvater war Koch, dann baute er ein Hotel und dann war er Hotelbesitzer", erklärt sie.

Ihr Vater folgte der Tradition und baute eine Reihe von Restaurants in ihrer Heimat Brasilien auf. Und sie lernte von diesen beiden, als sie aufwuchs.

„Ich bin in einem Umfeld aufgewachsen, in dem die Eigentümermentalität alles durchdrang", sagt sie. „Die Liebe zum Detail, die Besessenheit, dafür zu sorgen, dass sich die Menschen während ihres Aufenthalts wohlfühlen."

Ihr Großvater war Chefkoch. Er hat die Küche nie verlassen, obwohl ihm das Hotel gehörte, weil er der Meinung war, dass Essen ein wesentlicher Bestandteil des Hotelerlebnisses ist. Ihr Vater war ein Gastronom, der nicht kochte – aber

besessen von der Auswahl der Zutaten für die Küche war.
Dies hatte Auswirkungen auf Patricia.

„Ich habe dadurch wirklich verstanden, wie wichtig ein gutes
und starkes Fundament ist", sagt sie. „Es ist vielleicht nicht
sexy. Es ist vielleicht nicht das, worüber die Leute auf
Konferenzen sprechen, aber genau das macht Erfahrungen
großartig. Es hat mir geholfen, als Marketeer einen klaren
Kopf zu behalten. Nicht nur das, es hält mich auch davon ab,
glitzernden Dingen nachzujagen oder dem Ego eine größere
Rolle zu überlassen, als es haben sollte."

Im Gegensatz dazu wandte sie sich jedoch vom
Unternehmertum ab und dem Marketing zu, als sie sich
entschloss, Teil einer der ersten Kohorten zu werden, die in
den 1990er Jahren an brasilianischen Universitäten
Marketing und Werbung studierten.

„Und ich muss sagen, die meisten Leute dachten, das wäre
Arbeit für Hippies und seltsame Leute. Weißt du, ehrliche
und anständige Leute würden Ingenieurwesen und
Jura studieren. Aber es hat wirklich Spaß gemacht, Teil
von etwas Neuem zu sein."

Sie ist sehr stolz auf die Errungenschaften der Brasilianer im
Marketing und spricht ausführlich über die brasilianischen
Gewinner der Cannes Lion Awards.

Ihre Karriere führte sie zu Sony, wo sie vier Jahre in der
Musikabteilung arbeitete und lernte, wie unberechenbar die
großen Hits in der Branche sein können, selbst wenn die

Grundlagen stimmen. Aber sie war rastlos, mehr zu entdecken, und so nahm sie eine Stelle als Management-Trainee bei Johnson & Johnson an.

„Es ist ein faszinierendes Unternehmen, denn wenn man sich ihr Credo ansieht, sprechen sie seit 150 Jahren über Nachhaltigkeit. Wenn man also an ein Unternehmen denkt, das ein gutes Gespür für die Rolle von Marken und Gesundheit in unserem Leben hat, dann ist es dieses."

„Sie waren sehr darauf bedacht, die Bedürfnisse der Verbraucher zu verstehen. Sie waren sehr gut in den Grundlagen: die Menschen zu verstehen, die sie bedienen, sicherzustellen, dass die Qualität der Produkte ihren Erwartungen entspricht, und gleichzeitig dafür zu sorgen, dass die Auswirkungen des Unternehmens auf die Umwelt und die Gesellschaft verstanden werden."

Als Beispiel führt sie ein brasilianisches Programm an, das es jungen Erwachsenen mit Down-Syndrom ermöglicht, halbtags zu arbeiten und die andere Hälfte in einer Sonderschule zu verbringen, damit sie sich besser in die Gesellschaft integrieren können.

Initiativen wie diese erinnerten sie an ihren Vater: „Er war immer sehr präsent in der Gemeinschaft, unterstützte Waisenkinder oder Bedürftige in der Nähe seiner Restaurants", sagt sie.

Aber auch hier zog sie weiter, in Richtung Konsumgüter, und ging zu Kraft Foods, kurz nach der Übernahme von Nabisco.

Diese Fusion schuf einen Schmelztiegel der Kulturen, ohne dass ein einziger Ansatz vorherrschen würde – noch nicht.

Was für eine Chance.

„In diesem Unternehmen habe ich gelernt, schnell innovativ zu sein und Dinge mit großartigen Marken auf den Markt zu bringen. Es war sehr schnelllebig und voller Möglichkeiten. Es war wunderbar. Aber es war auch anstrengend."

Für jeden, der viel Zeit in einem großen Unternehmen verbracht hat, mag dieses schnelllebige, agile Umfeld unplausibel erscheinen. Große Unternehmen sind notorisch anfällig für schleppende Veränderungen. Patricia argumentiert jedoch, dass es in hohem Maße ein Produkt dieses besonderen Moments war: Kraft selbst war immer noch im Besitz von Philip Morris, das vor allem als Tabakunternehmen bekannt ist. Die Nabisco-Leute mussten sich sowohl auf die Übernahme als auch auf einen Umzug von Rio de Janeiro in den Süden Brasiliens einstellen.

„Es war auch ein Unternehmen, das von jungen Leuten dominiert wurde, die etwas leisten wollten und sehr wettbewerbsorientiert waren", erinnert sie sich. „Und der Markt wuchs. Es ist wunderbar, in wachsenden Märkten zu sein. Wenn man schläft und nichts tut, wird man vielleicht fünf Prozent wachsen, und wenn man nicht schläft und viel tut, wächst man vielleicht zehn Prozent."

Brasilien öffnete sich damals wirtschaftlich, was sie als großen Moment für Innovationen bezeichnet.

„Es war klar, dass die Gelegenheit da war", erinnert sie sich.
„Wenn man nichts unternimmt, wird es jemand anderes
tun. Es ist also nicht so, als würde die Gelegenheit dort sitzen
und auf dich warten."

Ein Umzug nach Europa zerstörte jedoch diese
gemütliche Welt.

„Wenn man dort schläft und nichts tut, fällt man um zehn
Prozent. Und wenn man wie ein Pferd arbeitet, ist man
vielleicht sogar quitt." Zumindest war das ihre anfängliche
Wahrnehmung, als sie in einer globalen Rolle in
Großbritannien landete.

Doch nun arbeitete sie für Unilever, was an ihre Zeit bei
Johnson & Johnson erinnerte. Während dieses Unternehmen
in Sachen Nachhaltigkeit eine Vorreiterrolle einnahm,
dachte Unilever über Vielfalt und Inklusion nach. Sie
erinnert sich gerne an die Gelegenheit, an wirklich weltweit
führenden Marken zu arbeiten und neue Initiativen zu
entwickeln. Und obwohl sie zugibt, dass das Unternehmen
in letzter Zeit einige schwierige Presse hatte, ist ihr klar, dass
sie das Unternehmen immer noch mag, das sie vor sechs
Jahren verlassen hat.

„Ich habe mich nie in einer Position befunden, in der ich
etwas tun musste, zum Beispiel für Nachhaltigkeit, weil ich
einen Bonus wollte", sagte sie. „Es gab eine innere
Überzeugung, dass es getan werden musste, verwurzelt in
der Vision des Gründers. Das kann ein wunderbarer
Katalysator für Veränderungen sein."

Unilever bleibt der Vision von William Lever verpflichtet, hat viele seiner Reden digitalisiert und online verfügbar gemacht. Für Patricia kann eine klare, vom Gründer geleitete Vision im besten Fall den Wandel beflügeln, im schlimmsten Fall aber auch verhindern. Während ihrer Zeit bei Heineken gab es zum Beispiel die überkommene Weisheit, dass Biermarken niemals Sponsoren von Autorennen werden oder ein alkoholfreies Bier auf den Markt bringen würden. „Das kam nicht von den Gründern", sagt sie. Jetzt ist Heineken 0.0, eine alkoholfreie Biermarke, ein Erfolg und Heineken bleibt ein wichtiger Sponsor der Formel 1.

„Es stimmt mit der Botschaft überein, dass man niemals Auto fährt, wenn man trinkt – und sie nutzen Formel-1-Fahrer, um die Botschaft auf wirklich ansprechende Weise zu vermitteln. Ich bin mir sicher, dass es intern zahlreiche Debatten hinter verschlossenen Türen gab, bei denen Leute sagten, dass dies im Widerspruch zu dem steht, was uns unsere Führungskräfte in der Vergangenheit gesagt haben", sagt sie. „Aber man kann sich nicht aussuchen, wo man innovativ oder konservativ sein will. Entweder man ist seiner Zeit voraus, oder man ist es nicht."

Es überrascht vielleicht nicht, dass sie in einigen Aspekten des Sprachgebrauchs sehr genau ist. Sie weist darauf hin, dass der Nachteil einer Abteilung mit dem Namen „digital" darin besteht, dass sie alles andere implizit als „analog" definiert.

„Wir müssen uns bewusst sein, dass das, was wir kommunizieren, mit der Zeit zur Realität wird, und das ist es, woran sich die Leute orientieren werden. Wenn man ständig kommuniziert, dass man innerhalb der Markenteams ‚digital‘ braucht, kommuniziert man auch, dass alles andere nicht digital ist.“

Und das zählt in ihrem aktuellen Job bei Bayer, der Marketing und Digital verbindet. „Es ist wunderbar und erfrischend, weil die Person vor mir nicht die Verantwortlichkeiten des Digital Officer hatte. Also hatte ich die Gelegenheit, bei null anzufangen, was im Marketing ungewöhnlich ist.“

Sie schlägt vor, dass ein inkrementeller Ansatz für die digitale Transformation der richtige Weg nach vorne sein kann, weil er dazu beiträgt, Menschen zu inspirieren, sich mit auf die Reise zu begeben. Anstatt sich auf den Aufbau eines Imperiums zu konzentrieren, indem man erst das Personal und dann die Struktur aufbaut und erst dann mit der Umsetzung beginnt, fängt man schnell und klein an und baut von dort aus weiter.

„Wir machen das sozusagen im Vorbeigehen“, sagt sie, „weil damit auch die Motivation des Teams und das Engagement der Abteilung einhergehen. Wenn die Leute sehen, dass etwas passiert, muss man nicht so hart kämpfen, um die nötigen Ressourcen zu bekommen, die man nicht schon hat.“

Wenn man mit einer guten Grundlage beginnt, entwickeln sich die Dinge von selbst. Und die Grundlage, die sie geschaffen hat, ist das Mantra, die Wissenschaft hinter der Produktpalette zu vermenschlichen.

130

„Wir haben wunderbare Menschen, durch unsere Korridore laufen Nobelpreisträger, aber wenn niemand davon weiß, tun wir unsere Arbeit nicht, den Menschen zu helfen, und diesen Luxus haben wir im Gesundheitswesen nicht."

Es gebe ein starkes Verantwortungsbewusstsein, das mit der Arbeit im Bereich Verbrauchergesundheit einhergeht, fügt sie hinzu, da man Menschen befähigt, sich selbst um ihre Gesundheit zu kümmern. Und das beginnt bei der Grundlage, bei der Wissenschaft.

„Die Leute haben sich nicht mit Wissenschaftlern beschäftigt. Wenn dem so wäre, hätten wir Shows namens *Keeping Up With The Scientists,* nicht *Keeping Up With The Kardashians.* Die Leute kennen die Namen von ihnen allen, aber sie wissen nicht, wer den Impfstoff erfunden hat, der das Leben ihres Kindes gerettet hat." Mit Covid-19 hat sich das geändert, und es gibt nun einige Rockstars der Wissenschaft. Patricia sieht es als ihre Aufgabe an, sie im Rampenlicht zu halten und sie nicht einfach in Vergessenheit geraten zu lassen, wenn die Pandemie vorüber ist.

„Kurz gesagt sind es die langweiligen Basics, die Basics, die niemand gerne macht, die unsexy sind. Es ist kein NFT. Niemand kommt zu dir und sagt: ‚Bitte gib mir eine solide Grundlage.' Sie wollen Innovation, sie wollen alles tun, was im Marketing gerade in Mode ist."

Es geht ihr eindeutig nicht um die auffälligen, schlagzeilenträchtigen Initiativen. Stattdessen sieht sie Wert in den Daten und dem Verständnis, wo ein ungedeckter

131

Bedarf besteht, beispielsweise für jemanden mit einer schweren Allergie. Und dann muss man wissen, wo diese Menschen sind, wie man sie mit dem richtigen Produkt erreicht und mit welcher Botschaft man sie anspricht.

„Es hat keinen Sinn, mit Menschen zu sprechen, die nicht schwanger sind und keine Kinder wollen, wenn man Vitamine und Nahrungsergänzungsmittel hat, von denen wir wissenschaftlich bewiesen haben, dass sie die Wahrscheinlichkeit verringern, dass ein Baby mit Geburtsfehlern geboren wird."

Die Daten müssen in einer Sprache formuliert sein, die mit den Zielen des Marketings übereinstimmt.

„Manchmal ist die Lösung das Produkt", sagt sie, „und manchmal ist die Lösung das Produkt plus Dienstleistungen. Und der Service kann zum Beispiel Bildung sein."

In den frühen Tagen der Pandemie, als es noch keine Impfstoffe gab, gab es vier Möglichkeiten, Immunität aufzubauen:

- ⊙ Schlaf
- ⊙ Bewegung
- ⊙ gesunde Ernährung
- ⊙ Vitamine

Als erstes Unternehmen, das Vitamin C synthetisiert hat, ist es Patricia zufolge die Aufgabe von Bayer, die Verbraucher aufzuklären. Wenn es das nicht tut, verpasst es eine

Gelegenheit sowohl für das Unternehmen als auch dafür, Menschen durch eine schwierige und dunkle Zeit zu helfen, meint sie.

„Ich bin sicher, dass es in Ihrem Buch viele Marken mit Purpose geben wird", sagt sie. „Aber wenn es um Gesundheit geht, findet man selten eine Marke, die keinen Sinn hat." Sie weist darauf hin, dass viele von ihnen gegründet wurden, um sich mit sehr spezifischen Problemen zu befassen, von Kriegsverletzungen bis hin zu Mangelernährung. Es gibt eine gewisse Zurückhaltung im Bereich Verbrauchergesundheit, über Marken und den Nutzen, den sie stiften, zu sprechen – eine Zurückhaltung, die sie ganz sicher nicht teilt.

Was braucht der CMO der nächsten Generation ihrer Meinung nach also?

„Nun, man muss wirklich etwas bewegen wollen. Vielleicht nicht wie Apple eine Delle ins Universum schlagen, aber zumindest eine Community positiv beeinflussen. Begeisterung ist auch wichtig. Man muss in der Lage sein, die Menschen auf diese Reise mitzunehmen."

Die Fähigkeit, Menschen innerhalb und außerhalb des Unternehmens zu beeinflussen, ist ihrer Meinung nach entscheidend.

„Wenn Sie Ihre Leute intern nicht überzeugen können, wie wollen Sie dann die Menschen außerhalb überzeugen? Wenn Sie die Leute nicht überzeugen können, die ihren monatlichen Gehaltsscheck auf der Basis der Tatsache

erhalten, dass wir dieses Geschäft vorantreiben, stellen Sie
sich vor, wie begrenzt Ihre Fähigkeit ist, Leute zu
überzeugen, die kein eigenes Interesse daran haben, wie
hoch Ihr Aktienkurs sein wird."

Um herauszufinden, wie man diese Kreativität und diesen
Einfluss intern entfesseln und Menschen dazu
ermutigen kann, Risiken einzugehen, wurde ein internes
Programm mit dem passenden Namen „Creative Unleash"
ins Leben gerufen. Agenturen können ihr Ideen
vorschlagen, und wenn sie davon begeistert ist, wird
sie die Hälfte der Kosten für die Initiative mit der
jeweiligen Region teilen. Sie werden so zu
Partnern im Risiko.

„Und wir testen nicht. Wir machen keine Tests. Wir lassen
nicht zu, dass die Verbraucherforschung die Entscheidung
für uns trifft, aber sie müssen verstehen, dass ich natürlich
auch das Risiko mittrage, wenn ich das tue. Wenn etwas
schiefläuft. Auch dafür bin ich verantwortlich."

Das ist Führen durch Engagement – und Einfluss. Ist das
also die Blaupause für den CMO-Erfolg von heute?

„Es gibt kein Rezept oder eine Blaupause dafür,
was ein CMO ist. Ich kann Ihnen garantieren, dass meine
Stellenbeschreibung anders ist als die des CMO von
Unilever, der anders ist als der CMO von Burger King, der
anders ist als ... Diese Fähigkeit, durch Einfluss
und nicht nur durch Handeln zu führen, ist allerdings eines
der Dinge, die ich bei den besten CMOs finde."

Sie schätzt auch diejenigen, die sowohl international gelebt als auch gearbeitet haben.

„Das bedeutet, dass sie die Fähigkeit gezeigt haben, sich anzupassen und zu lernen. Vielleicht ein Sinn für Lernfähigkeit. Wenn man in ein Land zieht, dessen Sprache man nicht spricht, das eine andere Kultur, eine andere Religion und Menschen hat, die anders aussehen als man selbst, passt das sehr gut zu Werten wie Mut, Neugier und so weiter. Das sind Fähigkeiten, die gut zusammenspielen."

Aber es gibt auch eine subtilere Eigenschaft, die sie sucht: das, was sie „wertebasierte Menschen" nennt. Sie deutet vorsichtig an, dass die CMO-Rolle in Verruf geraten ist, weil es zu viele Leute gibt, die sich auf das Rampenlicht konzentriert haben und selbst zu leuchtenden Marketingstars geworden sind.

„Deshalb ist es wichtig, Menschen mit einer ausgewogenen Ansicht darüber zu haben, dass das, was sie tun, positive Auswirkungen auf die Menschen, die Gesellschaft und das Unternehmen haben sollte. Die Leute können die Branche erlernen, aber sie müssen diese Qualitäten in sich haben."

Und Neugier und Anpassungsfähigkeit werden in den kommenden Jahren noch wichtiger werden.

„Ich denke, die Welt wird immer schwieriger zu navigieren als je zuvor. Als ich vor 25 Jahren in diesem Metier anfing, waren wir immer sehr froh, wenn wir eine Kampagne hatten, die TV, Kino, Outdoor, vielleicht Radio oder eine Zeitschrift

umfasste. Wenn wir vier davon oder drei davon hatten, war
es ein wunderbarer Tag im Paradies."

„Und es gab keine Diskussion über den Purpose. Über
Nachhaltigkeit wurde nicht diskutiert. So etwas gab es nicht.
Sie wissen schon, unternehmerische Verantwortung. Wenn
man jetzt an die Komplexität denkt, mit der wir heute in
Bezug auf Kanäle, Zweck und Nachhaltigkeit konfrontiert
sind, mache ich mir Sorgen, dass sich einige Leute dabei
verlieren, sich durch die lange Liste von Ideen zu arbeiten,
anstatt zu verstehen, welche Rolle sie als Treiber von
Veränderungen spielen."

Für Patricia besteht ein enormer Unterschied zwischen der
Aufforderung, etwas für die Umwelt zu tun, und der
Aufforderung an die Menschen, etwas zu tun, was sich
positiv auf die Umwelt auswirkt, und es dann
auch zu tun.

„Das Erste fühlt sich wie eine Last an", sagt sie. „Das Zweite
fühlt sich an, als würde sich die Welt für dich öffnen."

Es ist der Unterschied zwischen Diktieren und Inspirieren.
Und das ist eine starke Grundlage für das Marketing
des 21. Jahrhunderts.

Takeaways

① Die besten CMOs sind auch
interne Influencer.

② Bei der Aktivierung Ihres Teams
geht es mehr um Inspiration und
Vertrauen als um Befehle.

③ Daten können eine großartige
Quelle für Marketingeinblicke sein:
Sie ermöglichen es Ihnen,
die brachliegenden Bedürfnisse
Ihres Publikums zu finden.

④ Bei einer Transformation führen
kleine, schnelle und inkrementelle
Veränderungen langfristig zu
großen Ergebnissen.

⑤ Die Grundlagen sind die
heimlichen Helden des
Markenaufbaus.

138

„Wir tun Dinge, die normale Unternehmen niemals tun würden."

John Schoolcraft — Global Chief Creative Officer, Oatly AB

John Schoolcraft

Global Chief Creative Officer, Oatly AB

— Geboren in Idaho, aufgewachsen in Seattle in einer Zeit lange vor Grunge
— Hat alle möglichen seltsamen Jobs gemacht, unter anderem als Wachmann für Alice Cooper
— Begann für eine Wirtschaftszeitung zu schreiben, entdeckte aber bald das Werbetexten für sich
— Arbeitete für eine Reihe von Agenturen, bevor er zu Oatly kam

John Schoolcraft ist der Ansicht, dass das Modell der Beziehung von Agentur und Kunde grundlegend gestört ist. Als er 2012 zu Oatly kam, hat er deshalb die Marketingabteilung abgeschafft. Er sagt oft, nur halb im Scherz, dass seine Motivation darin bestand, es all den Marketingdirektoren heimzuzahlen, die seine beste Arbeit ruiniert hatten. In seiner heutigen Funktion ist er nicht CMO, sondern Chief Creative Officer, und Oatly hat überhaupt keinen CMO. Stattdessen leitet er ein Team von Kreativen im Unternehmen selbst.

Für das 2014 eingeführte Rebranding von Oatly arbeitete John mit der schwedischen Agentur Forsman & Bodenfors und ihrem Creative Director Martin Ringqvist zusammen, der später als Executive Creative Director zu Oatly kam, sowie mit Lars Elfman, der inzwischen als Global Design Director bei Oatly tätig ist. Dies war jedoch kein typisches Agentur-Kunden-Setup. Stattdessen arbeiteten die Kreativen als vollständig integrierte Teams.

„Unsere Beziehung war überhaupt nicht wie zwischen Agentur und Kunde", beschreibt John ihre damalige Arbeitsweise. „Ich bin einfach nach Göteborg gefahren und wir drei haben so lange gearbeitet, bis wir dachten, wir hätten etwas, das Weltklasse ist. Es gibt keine Präsentation, kein Verkaufen. Wir haben einfach zusammengearbeitet. Martin und Lars waren wie ein Teil von Oatly, obwohl sie bei Forsman & Bodenfors waren. Wenn sie in unsere Büros in Malmö kamen, hatten sie Zugang zu all unseren Unterlagen, all unseren Budgets, und sie konnten Meetings buchen und mit jedem sprechen, mit dem sie wollten. Volle Transparenz."

Oatly nennt seine hauseigene Agentur „The Oatly Department of Mind Control". Mit den Händen fest am Steuer genießen Kreative die volle Kontrolle über jeden Berührungspunkt zwischen Marke und Konsument und haben gleichzeitig viel kreative Freiheit. So hat Toni Petersson das Unternehmen aufgestellt, nachdem er 2012 die Geschäftsführung von Oatly übernommen hatte. Damals gab es den Hafermilchhersteller bereits fast zwei Jahrzehnte.

Vor dem Relaunch sah und fühlte sich die Marke Oatly wie ein niederländischer multinationaler Konzern an, obwohl sie ein Pionier für pflanzliche Milchalternativen war. Heute ist es eine Lifestyle-Marke in dem Sinne, dass sie in das Leben ihrer Kunden passt. Der Erfolg ihres Marketings führte zu einem enormen Wachstum, einem Börsengang im Mai 2021 und einem Umsatz von 643 Millionen US-Dollar im Jahr 2021. Im Jahr 2020 zog Oatly einige Kritik auf sich, weil Blackstone als Investor an Bord kam. Mitte 2021 lag die Marktkapitalisierung bei rund zehn Milliarden US-Dollar. Im April 2022 waren es weniger als drei Milliarden Dollar.

Im Januar 2021 schaltete Oatly seine erste Super-Bowl-Werbung. Sie hatten das Geld, um den Slot zu kaufen – aber nicht, um einen Spot im Super-Bowl-Stil zu drehen. Also wiederholten sie einen alten Werbespot, der den CEO zeigt, wie er inmitten eines Haferfeldes in Schweden einen selbst geschriebenen Song singt mit Texten wie „Wow no cow", ein Slogan, den Oatly oft verwendet. Angeblich war Petersson in seiner Jugend (kurzzeitig) ein Popstar in Japan. Sehr bald hatte der Werbespot den Ruf, die schlechteste Super-Bowl-

[1] — **Schoolcraft, John** (2021). Nine years without a marketing department. How stupid is that? OnBrand, June 2021.

Werbung zu sein, die viele Fernsehzuschauer je gesehen hatten. Oatly hatte sogar 500 kostenlose T-Shirts mit der Aufschrift „I Totally Hated That Oatly Commercial" vorbereitet, die während des Super Bowl innerhalb von drei Minuten vergriffen waren.

„Wir hatten die Absicht, entweder der schlechteste oder der beste Super-Bowl-Spot aller Zeiten zu sein, und wir haben für beides Schlagzeilen bekommen", erinnert sich John. „Es gab genauso viele Leute, die ihn als einen der besten aller Zeiten bezeichneten."

John sieht die Rolle der Kreativabteilung darin, Oatly unkopierbar zu machen. Aus seiner Sicht bringt die Abschaffung der Marketingabteilung in einem Unternehmen eine Reihe von Vorteilen mit sich. Erstens entfällt dadurch die Notwendigkeit des Briefings. „Alle Ihre Kreativen sind immer auf dem neuesten Stand", erklärt er. „Sie interagieren mit allen anderen im Unternehmen." Bei Oatly schafft dies eine Kultur der Zusammenarbeit und des Vertrauens. Zweitens können sich die Kreativen voll und ganz auf die Details konzentrieren, um Weltklasse zu sein – und müssen ihre Zeit nicht damit verbringen, zum Beispiel darüber zu diskutieren, was der CEO denken könnte. [1]

In den meisten Unternehmen interagiert der Marketingleiter mit einer Reihe von Agenturen für Werbung, PR, Events, Media oder Social Media und sorgt so für ein ständiges Hin und Her von Briefings, Studien zur Markenbekanntheit, Zielgruppenbefragungen, Ideenpräsentationen, Freigaben und so weiter. Laut John gibt es bei Oatly nichts von alledem.

Die Kreativabteilung entscheidet über Strategie, kreativen Ansatz und Umsetzung und gibt die Idee frei, wenn sie sie für ausgereift hält. Um dies tun zu können, steht sie in ständigem Austausch mit Vertrieb, Innovation, Produktentwicklung, Beschaffung und Produktion, Personalwesen und Finanzabteilung.

„Wir müssen nichts mehr für interne Präsentationen erstellen", betont John. „Wir können Sachen für echte Menschen machen, nicht für Tabellenkalkulationen oder Investoren-Decks." [1] Oatly ist ein Unternehmen mit einer starken Meinung darüber, was in der Lebensmittelindustrie falsch läuft, mit der Wirtschaft im Allgemeinen und im Kapitalismus.

Und es hält sich nicht zurück: Es teilt seine Ansichten umfassend und offen. So finden Verbraucher die Meinung von Oatly direkt auf der Produktverpackung. „Damit werden nicht alle glücklich sein. Aber das ist uns egal." Aus Johns Sicht ist es das, was Oatly menschlich macht und nicht zu einem Logo.

In Schweden muss Oatly den sogenannten Milchkrieg mit den großen Molkereiunternehmen ausfechten. Im Jahr 2019 startete Arla eine Kampagne, die pflanzliche Getränke wie Oatly aggressiv abtat und sogar Namen wie *brölk* oder *pjölk* für Produkte erfand, die als minderwertig gelten sollten gegenüber Milch, die auf Schwedisch *mjölk* heißt. Oatly nahm den Fehdehandschuh auf, registrierte diese Namen und brachte sie auf seinen Verpackungen an, sattelte also quasi huckepack auf die Kampagne von Arla auf.

„Ich habe die Werbebranche geliebt und gleichzeitig gehasst. Ich hasste die Unsicherheit der Kunden."

agil: ein iterativer Ansatz für die Softwareentwicklung, der verwendet wird, um auf Veränderungen zu reagieren; wird auch in anderen Kontexten eingesetzt, zum Beispiel im Marketing

Das Ziel des Unternehmens ist es, Menschen dazu zu inspirieren, ihr Leben zu verändern, den gesellschaftlichen Wandel voranzutreiben und auf diese Weise seine Produkte zu verkaufen. „Wir tun Dinge, die normale Unternehmen niemals tun würden", rühmt sich John. Einmal verschenkte er persönliche Dinge, wie ein Fahrrad und alte Ausgaben von *National Geographic*, durch Botschaften auf der Innenseite von Verpackungskartons.

Die Markenpositionierung von Oatly ist eindeutig die einer Herausforderermarke und eines schnell wachsenden Unternehmens. Als solches kann es sich eine spitze Positionierung leisten, die einige potenzielle Kunden ärgert oder beleidigt. John unterteilt die Geschäftswelt einerseits in gute vs. böse und andererseits in verängstigte vs. furchtlose Unternehmen. Oatly strebt danach, so gut wie möglich und gleichzeitig so furchtlos wie möglich zu sein.

Aber abgesehen von der Positionierung, ist der organisatorische Ansatz von Oatly – das Abschaffen der Marketingabteilung – für etablierte, traditionelle Marken machbar? John benutzt das Wort „agil" nicht, aber seine Praxis folgt agilen Prinzipien. Die agile Bewegung, die ihren Ursprung in der Softwareentwicklung hatte, hat sich inzwischen auf andere Disziplinen ausgeweitet und die Start-up-Szene tief durchdrungen. Oatly nutzte erfolgreich das Start-up-Drehbuch, um seinen kometenhaften Aufstieg zu meistern. Obwohl es bereits seit fast zwei Jahrzehnten existierte, als Petersson und Schoolcraft es übernahmen, war es damals noch ein relativ kleines Unternehmen.

Größe ist hier jedoch nicht der entscheidende Faktor. Es ist Angst, oder besser gesagt ihr Fehlen, die die Stärke der Marketingstrategie von Oatly ausmacht. Für die meisten etablierten Unternehmen treibt die Angst vor Risiken die Kosten der Risikovermeidung in die Höhe. Furchtlos zu sein wäre viel zu riskant. Daher entwickeln etablierte Unternehmen alle möglichen Kontrollmechanismen, Prozesse und Verfahren, um Risiken in Schach zu halten. Ein integrierter Ansatz, bei dem die Arbeit von Kreativagenturen nach innen verlagert wird oder maß-geschneiderte Agenturen eingerichtet werden, ist dann immer noch möglich und kann durchaus helfen, Bürokratie und Overhead zu reduzieren. Aber er wird keine Furchtlosigkeit erzeugen.

Bevor er zu Oatly kam, war John bereits ein erfahrener Kreativer mit einer fast zwei Jahrzehnte langen Karriere in der Agenturwelt. Da er für Kunden wie IKEA, Sony, McDonald's, Carlsberg, Audi und Volkswagen gearbeitet hatte, kannte er die Beziehung zwischen Agentur und Kunde von der einen Seite des Tisches aus, bevor er auf die andere wechselte. „Ich habe die Werbebranche geliebt und gleichzeitig gehasst. Ich hasste die Unsicherheit der Kunden."

Zwischendurch gründete er seine eigene Agentur in Spanien. Damals dachte er, das Problem seien die Account-Manager. Also hatte er keine. „Und dann wird dir klar, wow, als Kreativer musst du jetzt der Account-Manager sein, weil jemand mit dem Kunden sprechen muss." Als kreativer Mensch ist John die lebende Antithese des heute üblichen datengesteuerten Marketeers. Aber auch er ist stark auf den

Verbraucher fokussiert. Was er wirklich hasst, sind Overheads und Ablenkungen – Marketingleute, die sich mehr Gedanken darüber machen, was ihren Chef oder den CEO glücklich macht, als darüber, was die tatsächlichen Verbraucher denken.

John strahlt einen rebellischen Geist aus, den er für ein Produkt seiner Kindheit hält. Er landete in der Werbebranche, die an sich schon rebellisch ist, nur um sich dann in der Position eines Rebellen wiederzufinden. Zusammen mit seinem Freund Toni Petersson formte er Oatly zu einem rebellischen Unternehmen um.

Gemeinsam fassten sie den Entschluss, so ziemlich alles zu ändern. Sie wollten den Unternehmergeist zurückbringen, während sie am technischen Know-how festhielten. Also schrieben sie ihre Pläne in ein physisches Buch: das Change Book. Es war ihre Strategie für das Unternehmen – und das haben sie in den ersten 30 Tagen im Unternehmen getan.

Im Kern drehte sich alles um die Stimme.

„Wir sind kein Unternehmen mit einem Logo. Wir sind eine Gruppe von Menschen, die anderen Menschen dabei helfen will, ein paar Entscheidungen in ihrem Leben zu treffen, die gut für ihren Körper und den Planeten sind", sagte er.

„So haben wir geredet. So haben wir gehandelt. Das haben Sie bekommen, wenn Sie uns geschrieben, angerufen oder auf Facebook kontaktiert haben."

[2] — **Recke, Martin** (2021). The rise of leadership and the demise of management. NEXT Insights.

Purpose: der Grund für die Existenz eines Unternehmens, der als Grundlage für das Marketing verwendet wird; wird heute häufig als bestimmender Teil des Markenauftritts eines Unternehmens verwendet und schließt Themen wie Nachhaltigkeit und soziale Verantwortung von Unternehmen ein

Heute muss sich das Unternehmen trotz seiner kritischen Haltung gegenüber dem Kapitalismus an die Regeln halten, wie John einräumt. „Das heißt nicht, dass wir nicht genauso rebellisch und aktiv sein und nach neuen Wegen suchen können. Es sind die gleichen Leute, die hinter dem Unternehmen stehen und Dinge tun. Das Einzige, das wir anders gemacht haben, ist, dass wir erfolgreich geworden und gewachsen sind."

Der Umgang mit den Auswirkungen des Wachstums bringt viele organisatorische Probleme mit sich, räumt er ein. „Aber sich treu zu bleiben, konzentriert zu sein, immer eine Stimme zu haben, die weder wankt noch ängstlich ist, die furchtlos ist, für die richtigen Dinge zu kämpfen, den Menschen, die dort arbeiten, und auch den Verbrauchern einen zu Sinn geben, das geht nicht verloren." Das Entscheidende ist, einen CEO zu haben, der die Magie dahinter versteht, betont John. Es ist eine Frage der mutigen Führung, nicht so sehr des Managements. [2]

Oatly hatte einen klaren Purpose, lange bevor es im Marketing in Mode kam, einen zu haben. Das ist einer der Gründe, warum die Hafermilchmarke zu einer Ikone des modernen Marketings geworden ist. Die Verbraucher von heute verlangen von Marken, mit denen sie interagieren, einen Zweck. „Aber wir haben es nicht getan, um ein Produkt zu verkaufen", betont er. „Wir dachten nur, es sollte einen sinnvollen Grund dafür geben, sowohl für die Verbraucher, die das Produkt kaufen, als auch für die Mitarbeiter des Unternehmens."

John Schoolcraft — Global Chief Creative Officer, Oatly AB

Takeaways

① Oatly hat die Beziehung zwischen Agentur und Kunde erfolgreich transformiert.

② Die Abschaffung des Briefings kann helfen, eine Menge Overhead einzusparen.

③ Die Unternehmensgröße ist nicht der entscheidende Faktor, wohl aber die Furchtlosigkeit.

④ Es ist entscheidend, einen CEO zu haben, der deren Magie versteht.

150

Lena Jüngst — Co-Founder & Chief Evangelist, air up

„Wie kann man Risiken eingehen, ohne Risiken einzugehen? Das ist Wunschdenken. Wer innovativ sein will, muss Risiken eingehen. Es geht nicht anders."

Lena Jüngst

Co-Founder & Chief Evangelist, air up

— Aufgewachsen in einer großen Familie mit
vielen Geschwistern und starkem Familienzusammenhalt
— Sehr verbunden mit der Natur, insbesondere rund um München
— Fühlte sich schon immer zur Kunst hingezogen
und wollte etwas Kreatives studieren
— Studierte Produktdesign in Schwäbisch Gmünd und Lund

[1] — **Schasche, Stefan** (2021). Top-50: Deutschlands stärkste Start-up-Marken. W&V.

Brand ist das größte Schlagwort aller Zeiten. So viele Leute sprechen über Marken, besonders im Marketing. Und doch glaubt Lena Jüngst, dass dies das am meisten unterschätzte Thema in der deutschen Unternehmenswelt ist: „Ich denke, dass Start-ups oft aus Versehen eine gute Marke entwickeln", sagt sie.

Das gilt allerdings nicht für ihr eigenes Start-up, das sie in ihren Zwanzigern mitgegründet hat. air up produziert ein innovatives Trinksystem, das Wasser durch Duft aromatisiert – ohne Zucker oder künstliche Inhaltsstoffe. Möglich machen das sogenannte Aroma-Pods, die auf die Flasche gesteckt werden, und dann beginnt der Zauber: Sobald man durch den Strohhalm trinkt, zieht man mit dem Wasser auch aromatisierte Luft in den Mund und anschließend in den Rachenraum.

Von dort aus setzt das psychologische Phänomen des „retronasalen Riechens" ein, die Aromamoleküle gelangen in unser olfaktorisches System und werden als Geschmack wahrgenommen. Kurz gesagt, unser Gehirn denkt, dass wir Kirsche, Limette oder Apfel schmecken, aber wir trinken tatsächlich reines Wasser. air up hat über 25 dieser Aroma-Pods im Portfolio, um das bestmögliche Sortiment für Verbraucher zu bieten, die mehr Abwechslung und Spaß beim Wassertrinken wünschen.

Im Jahr 2021 belegte air up den ersten Platz in einem Marken-ranking der Top-50-Start-ups in Deutschland. [1] Das Ranking attestiert air up ein starkes Branding und Design in einem Markt, der von großen Getränkemarken dominiert wird. Obwohl die Markenbekanntheit von air up noch nicht sehr hoch ist, konnte das Unternehmen in wichtigen Punkten wie Nachhaltigkeit, Einzigartigkeit und Innovation punkten.

Wenn man Lena zuhört, versteht man, dass das kein Zufall war. Ironischerweise räumt sie ein, dass air up am Anfang auch ohne Marke erfolgreich gewesen wäre. Es war und ist ein innovatives, ungewöhnliches Produkt, und das allein reichte aus, um die Neugier der Menschen zu wecken. Aber dieser Effekt lässt mit der Zeit nach, und selbstredend ist Neugier kein Rezept für dauerhaften Erfolg. Das ist der Moment, in dem die Marke relevant wird. Der schwierige Teil besteht dann darin, diese Marke auf ein neues Niveau zu heben, sie groß zu machen und skalierbar aufzubauen.

„Wenn dieser anfängliche Hype weg ist, passen viele Start-ups ihre Preise an, aber das ist auch nicht nachhaltig. Dann kommen die Rabattcodes."

Sie hat schon oft mit Leuten über Branding gesprochen, die letztlich keinen Plan hatten. „Sie sagen, lasst uns eine Marke aufbauen. Und wie willst du das machen? Wir machen irgendwie ein cooles Logo. Und dann bringen wir schöne Fruchtbilder auf unsere Verpackungen und dann ist es eine Marke. Aber das ist keine Marke. Wir können es so machen, aber es wird nicht den Unterschied bringen."

In Lenas Familie prallen zwei Seiten aufeinander. Die eine Seite ist extrem künstlerisch, die andere der klassische deutsche Beamtentyp. Sie fühlte sich schon immer zu den Künsten hingezogen und wollte etwas Kreatives studieren.

„Ich habe viel gezeichnet, es hätte mir total Spaß gemacht. Es gab die Möglichkeit, Kunst zu studieren. Aber das war zu abstrakt, und ich wollte ein Handwerk lernen. Grafikdesign war meine erste Wahl, dann kam ich zum Produktdesign, was ich super spannend fand. Die Kombination aus Handwerk und Kreativität, mit einem Produkt am Anfang zu stehen und auf kreative, innovative Weise eine Lösung für ein Problem finden zu müssen, das reizt mich immer noch am meisten."

Sie studierte an der Hochschule für Gestaltung in Schwäbisch Gmünd, die sich als Schule in der Bauhaus-Nachfolge versteht, mit dem ausgeprägten Verständnis, dass beim Design „form follows function" gilt.

„Das hat mich manchmal etwas eingeschränkt, aber andererseits finde ich es immer noch bewundernswert, dass sie den Studenten vermittelt haben, dass man bestimmte Ideale und Werte in seine Arbeit einbringen kann und sollte."

Die Universität Lund, an der sie ein Auslandssemester verbrachte, ist bekannt für ihre enge Verbindung zu IKEA, entwickelt daher viele Möbel und bringt viele Möbeldesignideen hervor. Als gelernte Produktdesignerin hat Lena ein klares Verständnis für das sensible Zusammenspiel von Produkt und Marke. Über das Produktdesign kam sie zum Thema Markenaufbau.

„Als ich die Verpackung entworfen habe, ging es darum, wie wir unsere Grafik gestalten, wie wir kommunizieren wollen, wofür wir als Marke stehen, wen wir ansprechen wollen und welche positive Wirkung wir in die Welt bringen wollen." Darüber hinaus übernahm sie Kommunikation und PR, weil dies ebenfalls eng mit Markenaufbau verbunden ist.

Das dritte Thema – ihr Lieblingsthema – ist die Produktvision. „Ich denke darüber aus der Perspektive des Unternehmens und der Marke nach. Wo kann es in Zukunft hingehen? Wir gehen jetzt sozusagen aus Produktsicht die nächsten logischen Schritte. Und dort sind auch die Teams. Aber diese Vision aufzubauen – Wo könnte die Reise noch hingehen? Was würde aus verschiedenen Perspektiven Sinn ergeben? Wo ist das Potenzial? –, das ist es, was ich herauszufinden helfe."

Heute ist die größte Käufergruppe von air up die Gen Z, die junge Generation zwischen 18 und 25 Jahren. Sie wissen sogar, dass sie eine starke Käuferschicht haben, die jünger als 18 Jahre ist, auch wenn es dazu keine konkreten Daten gibt.

„Der Grund, warum sie uns kaufen, ist, dass unser Produkt einen verantwortungsvollen Konsum mit einem guten Erlebnis- und Convenience-Faktor verbindet, was normalerweise unmöglich erscheint. Ich denke, es gibt ein unglaubliches Potenzial für die Produktentwicklung in der Zukunft, die Bedürfnisse der Verbraucher mit dem zu verbinden, wie wir heute Produkte mit einem stärkeren Verantwortungsbewusstsein entwickeln sollten."

Aber sie meint auch, dass die Technologie, die air up entwickelt hat, Geschmack durch Duft, bis jetzt nur an der Oberfläche gekratzt hat. „Es gibt noch unglaublich viel Potenzial. Aber die langfristige Vision ist es, neue Produkte für eine neue Generation zu entwickeln." Als Leitprinzip verwendet Lena den Ansatz des Life-Centered Design. Sie hat den Begriff erst vor ein paar Jahren entdeckt und festgestellt, dass er gut beschreibt, was wir heute von der Produktentwicklung erwarten können.

Life-Centered Design berücksichtigt die Bedürfnisse der Konsumenten, aber anders als Customer Centricity oder Human-Centered Design auch die Auswirkungen, die das Produkt letztlich auf Umwelt und Gesellschaft hat. Human-Centered Design hat ihrer Ansicht nach dazu geführt, dass Produkte immer Convenience-orientierter werden. Die Wahlmöglichkeiten der Verbraucher haben dramatisch zugenommen, sodass es zig Millionen Variationen einzelner Produkte gibt. Das schafft Umweltprobleme und führt dazu, dass wir viele Dinge tun, die für uns selbst nicht mehr unbedingt gesund sind.

Lena hält Life-Centered Design für einen viel zeitgemäßeren Ansatz zur Produktentwicklung, da der größte Hebel am Ursprung des Produkts liegt. Doch bei ihren Praktika während des Studiums stellte sie fest, dass Produktdesigner normalerweise nicht die Entscheidungsgewalt haben, diesen Hebel in Bewegung zu setzen. Es gibt ein finanzielles Konzept, und gewisse Rahmenbedingungen sind so stark ausgearbeitet, dass die Kreativen nur einen engen Rahmen haben und nicht viel ändern können.

„Man kann höchstens noch ein bisschen versuchen, über das Material zu entscheiden. Aber wenn die Herstellung auch nur einen Cent mehr kostet, dann wird das Konzept leider gekippt. Ich glaube, das entspricht einfach nicht mehr unserer Zeit."

Lena räumt gerne ein, dass es unglaublich komplex ist, lebenszentrierte Designprinzipien in die Praxis des Produktdesigns umzusetzen. Am Anfang muss man Produkte auf Grundlage von Hypothesen entwerfen. Im Fall von air up kann man jetzt mit einem Pod fünf Liter Wasser aromatisieren, was deutlich weniger Plastik bedeutet, als wenn man andere aromatisierte Getränke trinken würde.

„Natürlich muss man sich am Ende den gesamten Prozess im Detail anschauen. Leider kann man das nur wirklich sagen, wenn man die Lieferkette, die Logistik, die Endmaterialien und so weiter im Blick hat. Die vollständige Ökobilanz über den Materialeinsatz, die Emissionen der Produktion und die Recyclingfähigkeit des Produkts hinweg wird unglaublich komplex."

Die Arbeit mit Hypothesen bringt die Herausforderung mit sich, Risiken eingehen zu müssen, und dies erfordert den Aufbau des notwendigen Rahmens um sie herum, um Sicherheit zu haben. Die Produktentwicklung muss Wetten eingehen, aber sie müssen auf eine bestimmte Fallhöhe begrenzt sein.

„Wie kann man Risiken eingehen, ohne Risiken einzugehen? Das ist Wunschdenken. Wer innovativ sein will, muss

Risiken eingehen. Es geht nicht anders. Aber man kann es begrenzen. Und das ist die große Herausforderung."

Aber wie groß ist am Ende der Hebel, wenn man es mit einer Lieferkette zu tun hat? Und wenn es um Skalierungsfragen geht, wie viel Raum bleibt dann noch für Optimierungen?

Lena beteuert, dass die Prozesse einfach viel länger dauern. Am Anfang konnte air up aus finanziellen Gründen nicht in Europa produzieren, aber auch weil es keine Produktionsstätten in Europa gab, die mit den gewünschten Materialien produzierten. Was aus Nachhaltigkeitssicht freilich nicht so cool war.

„Wir haben immer gesagt: ‚Wir wollen das so schnell wie möglich ändern.' Und das tun wir gerade. Obwohl es uns erst seit drei Jahren gibt, sind wir dabei, unsere Produktion näher an unsere Kunden zu bringen. Den ersten Schritt haben wir bereits Ende 2021 getan, als wir eine Pod-Produktionsstätte in der Türkei eröffnet haben. Eine weitere ist in den Niederlanden geplant. Und das ist erst der Anfang: Bis Ende 2022 wollen wir den Großteil unserer Produktion nach Europa holen."

Lena sieht es als Vorteil an, dass sie in ihrem Gründerteam unterschiedliche Sichtweisen und Hintergründe haben. Von Anfang an konnten sie den Fortschritt aus verschiedenen Blickwinkeln betrachten und jeder konnte sein Fachwissen einbringen. Das ist ihrer Meinung nach der Grund, warum air up nicht nur eine stabile finanzielle Situation aufbauen konnte, was einer einzelnen Person niemals möglich gewesen wäre, sondern auch eine stabile Marke, stabiles Marketing, stabile Produktion und Logistik.

„Dass dies parallel passiert, ist selten, denn in der Start-up-Welt gibt es den Mythos, dass man mit kleinen Teams startet. Diese kleinen Teams bestehen in der Regel aus Personen mit ähnlichen Profilen. Normalerweise haben sie einen kaufmännischen Hintergrund und möchten unbedingt gründen. Das birgt die Gefahr, extrem einseitig zu denken. Der Vorteil, kreative Leute im Team zu haben, ist, dass sie eine viel stärkere Verbindung zum Kunden haben."

Der Vorteil von air up ist also, dass sie kundenorientiert denken. Und ja, das ist nur ein Teil des lebenszentrierten Designs. Branding wird aus Lenas Sicht wichtiger und relevanter, weil Verbraucher nicht mehr das Billigste oder Praktischste bevorzugen, sondern Produkte kaufen wollen, mit denen sie sich identifizieren können und die ihren Werten entsprechen. Und diese Identifikation bekommen Marken nur, wenn sie sich entsprechend positionieren und stringent kommunizieren.

„Wie wichtig das ist, wird oft unterschätzt. Vor allem in Deutschland, wo es einen extremen Fokus auf Technologie gibt. Ich habe überhaupt nichts gegen die deutsche Unternehmerkultur. Sie macht vieles richtig, es wird oft viel mehr nachgedacht und werteorientierter entschieden. Aber es gibt eine gewisse Skepsis gegenüber dem ganzen Thema Marketingentwicklung, warum auch immer. Ich verstehe es nicht, aber es wird nicht ernst genommen. Wenn ich das höre, zucke ich mit den Schultern und denke: „Ja, das kann man machen, aber dann bleibt man auf der Strecke.'"

Lenas Grundsatz lautet: Marke ist keine Meinung. Wenn man etwas entwirft, sagen die Leute gern, was sie schön finden. Solche Meinungen interessieren sie wenig, solange sie nicht von der Zielgruppe geäußert werden. Einen visuellen Auftritt zu gestalten und mit den Grundwerten, Prinzipien, der Herkunft des Unternehmens und der Unternehmenskultur zu verknüpfen, ist ein äußerst abstrakter Prozess. Es ist nicht immer einfach und der Erfolg stellt sich erst mit langer Verzögerung ein.

Takeaways

① Es ist möglich,
verantwortungsvollen Konsum
mit einem guten Erlebnis-
und Convenience-Faktor
zu verbinden.

② Marketeers sollten sich mit
den Prinzipien des
lebenszentrierten Designs
auseinandersetzen.

③ Wer innovativ sein will, muss
Risiken eingehen.

④ Marke ist keine Meinung.

162

Jakob Berndt — Co-Founder, Tomorrow

„Ich glaube, dass diese Zeiten des Informations-overkills und der Sinnsuche der Menschen ein Zeitalter sind, das nach Marken schreit."

Jakob Berndt

Co-Founder, Tomorrow

— Ein waschechter Hamburger, wenn auch in Henstedt-Ulzburg geboren
— Anfang der 1980er-Jahre in einem politisch engagierten Haushalt aufgewachsen
— Engagiert sich für soziale Belange und setzt sich für deren Verbesserung ein
— Hat Angewandte Kulturwissenschaften studiert, weil es eine große Bandbreite an Themen abdeckt

Jakob Berndt hat Marketing noch nie besonders wissenschaftlich betrieben. Die heutige Marketing-Fachliteratur
kann er nicht zitieren. Er sieht sich als jemanden, der seinem
Instinkt vertraut, und nur bedingt als Marketeer. Diese
Sichtweise bringt er auch in seine Arbeit bei Tomorrow ein,
wo er für das Marketing verantwortlich ist. Er ist eher
ein sozialer Unternehmer, der Marketing einsetzt, um sein
Unternehmen voranzubringen.

„Es ist ein Instrument, um uns für Menschen anschlussfähig
zu machen. Denn was wir hier tun, ist kein Selbstzweck,
sondern verknüpft mit dem, was die Menschen da draußen
beschäftigt, mit ihren realen Bedürfnissen sowie ihren
sozialen und emotionalen Bedürfnissen. Wie können wir als
Unternehmen, als Marke, als Dienstleister darauf eine
Antwort finden? Diese Brücke muss das
Marketing bauen."

Gewiss, es sind ungewöhnliche Zeiten mit einer digitalen
Medienlandschaft, die die Rezeption verändert hat.
Die Halbwertszeit von Know-how ist extrem kurz. Kanäle,
die vorgestern das heißeste Ding waren, können sich
heute als obsolet erweisen. Für Tomorrow als junges Start-up
ist es sehr herausfordernd, in eine Branche einzusteigen,
die sich ebenfalls schnell verändert. Angesichts
großer Wachstumsambitionen wollen sie trotzdem viele
Geschichten erzählen und müssen
Vertrauen aufbauen.

In seiner unternehmerischen Laufbahn, zuerst mit
Lemonaid und ChariTea und jetzt mit Tomorrow, hat Jakob

Purpose: der Grund für die Existenz eines Unternehmens, der als Grundlage für das Marketing verwendet wird; wird heute häufig als bestimmender Teil des Markenauftritts eines Unternehmens verwendet und schließt Themen wie Nachhaltigkeit und soziale Verantwortung von Unternehmen ein

immer wieder Marken aufgebaut, deren innerster Kern sich um „Change" oder „Purpose" dreht, oder wie auch immer man es nennt. Ein Thema, mit dem viele andere Markeninhaber jetzt auch von außen konfrontiert werden und das sie zwingt, sich zu positionieren. Für ihn hat es immer damit angefangen.

„Insofern finde ich es eine spannende Entwicklung. Man kann heute kein Marketing mehr betreiben und eine Marke aufbauen, ohne zumindest teilweise die Frage zu beantworten, warum man existiert und was der Daseinszweck in der Welt ist."

Im Vergleich dazu war ihm die datengetriebene Sichtweise des Marketings relativ neu. Beim Marketing gibt es heute mehr oder weniger zwei Schulen: Die eine ist sehr performanceorientiert und besteht darauf, Daten als Entscheidungsgrundlage heranzuziehen, da wir eigentlich alles messen können. Die andere ist die klassische Schule, die aus der Branding-Ecke kommt und in erster Linie fordert, dass eine Marke eine Daseinsberechtigung hat. Sie muss ein Bedürfnis erfüllen und es braucht ein Produkt, alles andere ist zweitrangig. Diese Schulen scheinen zu kollidieren und nicht jeder kann sie zusammenbringen.

Das ist tatsächlich ein Spannungsfeld für Tomorrow, das sie innerhalb der Organisation spüren. „Wie wir Daten relativ kurzfristig für den Erfolg nutzbar machen und dennoch langfristig eine Marke aufbauen, die Substanz hat, sich aus einer Idee und einer Überzeugung speist und daher Dinge von sich aus tut und nicht als Reaktion auf oder im Abgleich mit irgendwelchen Proxys, die mir die Daten geben würden – das ist für uns gerade ein spannender Balanceakt." Jakob fühlt sich in der letztgenannten Schule sehr zu Hause. Dort kommt er als Mensch her, aber sie ist auch sein erlerntes Handwerk. Ihm ist also wichtig, eine klare Vision davon zu haben, welche Rolle man spielen will, und dann aus dieser Position heraus zu handeln. Seine ersten Schritte in die Agenturwelt machte er als studentische Hilfskraft mit Recherchearbeiten in der Beratung einer mittelständischen Agentur in Hamburg. Da er gerade erst sein Studium der Angewandten Kulturwissenschaften begonnen hatte, konnte er wenig bis gar kein Marketingwissen beisteuern.

Doch schon bald merkte er, dass ihn der Bereich Marken-kommunikation reizte. Als sich ihm also die Möglichkeit bot, bei Jung von Matt einzusteigen, schlüpfte er zunächst als Student in den Bereichen PR und New Business unter, wo er dem Vorstand assistierte. Auch damals verfolgte er noch keine große Strategie, fand aber das Umfeld und den hohen Standard von Marketing und Kommunikation bei Jung von Matt attraktiv.

Nachdem während des Studiums klar wurde, dass ihn die Agentur halten wollte und er selbst tiefer in die Materie einsteigen wollte, begann er direkt nach dem Studium, in der strategischen Planung zu arbeiten. „Ehrlich gesagt passte das nicht in den großen Masterplan, zumindest nicht auf meiner Seite." Er merkte relativ früh, dass er sich mit der Figur des strategischen Planers nur bedingt identifizieren konnte.

„Ich fand es frustrierend, nur diesen kleinen Teil der Wertschöpfungskette und sogar der Kommunikations-
Wertschöpfungskette bespielen zu dürfen. Und diese
mangelnde Selbstwirksamkeit, dass man einfach Papiere
ohne Ende produziert hat, die dann meist gescheitert
sind, weil man kreativ doch einen anderen Weg gegangen ist
oder der Vorstand des Kunden sich für etwas ganz anderes
entschieden hat. Dieses Input-Output-Verhältnis war
also extrem frustrierend."

Deshalb hatte er mit Freunden schon ein paar erste Schritte
unternommen und ein kleines Online-Portal für Kunst und
eine Galerie eröffnet. Das war kein unternehmerischer
Impetus, er wollte einfach etwas tun und sichtbar
werden. In vielerlei Hinsicht war es kein erfolgreiches
Unterfangen, schon gar nicht öffentlich
oder wirtschaftlich.

Und dann klopfte Paul Bethke, Jakobs Freund seit der
Schulzeit, an die Tür mit einer vagen Idee für eine fair
gehandelte Limonade, deren Erlös wohltätige Zwecke auf der
ganzen Welt unterstützen könnte. Er wusste, dass Jakob
auch nicht mit der Agenturwelt verheiratet war. Und dann
wurde Jakob klar, dass dieses neue Projekt – mittlerweile
weltweit bekannt als Lemonaid – alles mit sich bringen
würde, womit er sich beschäftigen wollte.

„Es hatte Popkultur, es hatte einen kulinarischen Aspekt, es
hatte ein weißes Blatt Papier. Es war offensichtlich, welche
Kraft da Kommunikation freisetzen kann, und das nicht nur
im Sinne einer coolen Kampagne, sondern wenn man hier

den richtigen Marketingansatz verfolgt, kann man ihm und einer ganzen Organisation Leben einhauchen und dann wirklich Wirkung zeigen."

Seine Arbeit in der Agentur ließ zu wünschen übrig. Innerhalb einer Dienstleisterstruktur war er ein kleines Rädchen in einem Laden mit über 1.000 Kollegen. Deshalb wollte er dieses Kapitel seiner Karriere unbedingt abschließen, als sich ihm eine neue Gelegenheit bot. „Nicht im Groll. Ich habe viel gelernt, ich habe dort tolle Leute kennengelernt, aber so wollte ich nicht arbeiten."

Er wusste von Anfang an, dass Marketing ein wichtiger Schwerpunkt für Lemonaid sein würde, vielleicht sogar der wichtigste. Die Gründer erkannten, dass Marketing unerlässlich war für ihren einzigartigen Ansatz, ein alltägliches Konsumprodukt mit einer sozialen Mission aufzuladen und es auf einen Markt zu bringen, der in vielerlei Hinsicht bereits gesättigt war. Niemand schrie nach einem neuen Erfrischungsgetränk.

Um ohne großes Kapital oder Branchenkenntnisse erfolgreich zu sein, ist ein umfassendes Marketing erforderlich, von Namensgebung, Branding, Design und Verpackung bis hin zu Markteinführungsstrategien, Kommunikationsstrategien und Inhalten. Ja, all das. Lemonaid hat erst sehr spät mit Werbung im klassischen Sinne begonnen, es musste zunächst eine Marke mit einer Daseinsberechtigung aufbauen, die die Brücke schlägt zwischen Zeitgeist und Verbraucherbedürfnissen auf der einen Seite und dem, was die Gründer antrieb, auf der anderen Seite.

Sie wollten viele Flaschen verkaufen. Schließlich war es ihr Ziel, viele Euros zu sammeln, um viele Projekte zu unterstützen. Marketing musste das Bindeglied sein, das Produkt übersetzen, es für Menschen verständlich machen und eine Sogwirkung erzielen. Sie gingen an die Sache heran mit einer soliden Vorstellung davon, was eine Marke können und repräsentieren muss, gepaart mit ihrer eigenen subjektiven Vorstellung davon, was sie spannend finden würden, vom Geschmack bis zum Design.

„Wir haben uns sehr darauf verlassen zu sagen, dass wir hier tolle Sachen machen wollen. Wir wollen Sachen machen, die wir und unser direktes Netzwerk aufregend finden. Nur dann kann das eine Kraft haben. Wir haben keine Marktforschung betrieben, es war viel Bauchgefühl gepaart mit ein bisschen handwerklichem Geschick. Und guten Leuten, die wir an Bord geholt haben, großartige Designer einer Top-Agentur in Schweden. Wir haben bei Jung von Matt ein paar kreative Leute gefunden, die mit uns am Anfang einige lustige Ideen entwickelt haben. Außer uns waren da noch ein paar andere tolle Leute. Ich glaube, das war das Potpourri."

Es gab viele unternehmerische Herausforderungen. Sie waren ein kleines Team – die Mitgründer Jakob, Paul und Felix Langguth – und hatten so etwas noch nie gemacht. Sie hatten zwar ein paar Business Angels gefunden, die sie bei den ersten Schritten finanziell unterstützten, aber es war kein klassisch finanziertes Projekt. Sie mussten also relativ schnell ein Geschäftsmodell aufbauen, das aus eigener Kraft laufen und wachsen konnte. Am Anfang waren es drei, vier große Baustellen: Produktion und Logistik, Vertrieb und dann natürlich Marketingkommunikation – der Aufbau von Bekanntheit fast ohne Geld.

Für Jakob war Lemonaid ein großes Abenteuer, das erst zu Ende ging, als sich die Führungsriege nicht mehr ganz einig war, wohin die Reise gehen sollte. „Ich hatte das Gefühl, dass nicht genug von meiner Energie nach vorne und in die Gestaltung floss. Stattdessen war sie nach innen gerichtet, um Dissens zu bewältigen. Mir wurde klar, dass ich wieder ein weißes Blatt Papier brauchte, um Neuland zu betreten, eine neue Herausforderung für mich zu finden."

Dann nahm er sich eine Auszeit, sortierte sich selbst, betrieb ein bisschen Business-Coaching und reiste mit seiner Familie. Er engagierte sich bei SOS Méditerranée, einer NGO, die sich um Flüchtlinge kümmert, und wurde dort Vorstandsmitglied, weil ihm das Thema Migration und Flucht schon immer sehr am Herzen lag.

Dann traf er auf die beiden Jungs, Inas Nureldin und Michael Schweikart, mit denen er heute Tomorrow macht. Inas und Michael hatten die ersten Schritte gemacht, um Digitalisierung und nachhaltige Finanzen zusammen- zudenken, und erkannt, dass sie und Jakob sehr gut zusammenarbeiten könnten. Die beiden wussten, dass sie für dieses gewagte Projekt jemanden mit Marketing- perspektive brauchten. Einer von ihnen kam aus dem

Softwarebereich und der andere aus der Finanzberatung, sodass die Produkt- und die Finanzperspektive gegeben waren.

Jakob erinnert sich: „Uns war klar, dass wir eine Marketingkomponente brauchen würden, wenn wir uns auf ein – vielleicht im Nachhinein betrachtet – noch kühneres Abenteuer als Lemonaid zehn Jahre zuvor einlassen wollten. Und gleichzeitig wurde mir klar: ‚Huch, ich habe keine Ahnung von Fintech. Ich mache mich so ein bisschen lustig darüber.' Ich musste mich in das Thema einlesen, bevor ich die beiden Jungs zum Kaffee traf."

Er wusste nicht, was vor sich ging, weder in „Fin" noch in „Tech". Aber das haben seine Mitgründer mitgebracht. Sie sahen darin einen großen Hebel. Diese Idee, eine Herausforderrolle zu übernehmen und diesen Markt zu verändern, reizt ihn noch immer.

Rund vier Jahre nach dieser Entscheidung ist Tomorrow zu einer Organisation mit etwa 120 Mitarbeitern und mehr als 110.000 Kunden herangewachsen. Sie sind führend im Markt und haben bewiesen, dass digitales nachhaltiges Banking seine Daseinsberechtigung hat.

„Andererseits stehen wir erst ganz am Anfang der Reise. Unsere Mission ist es, das Thema nachhaltiges Banking in die Mitte der Gesellschaft zu bringen. Und wenn man weiß, dass es allein in Deutschland 100 Millionen Girokonten gibt, stehen wir mit 100.000 noch nicht ganz im Zentrum. Insofern haben wir noch viel Arbeit vor uns. Wir haben einfach den Ehrgeiz, uns noch viel breiter aufzustellen. Heute sind wir ein Konto, morgen werden wir Investmentlösungen anbieten."

Langfristig will Tomorrow den Menschen ein umfassendes finanzielles Zuhause bieten. Die vielleicht größte Herausforderung ist, dass das Start-up noch den gesamten Markt aufrollen muss, der ihrer Meinung nach riesig ist, wo aber noch viel Aufklärungsarbeit zu leisten ist.

„Es ist eben anders als bei Energie, Mobilität und Ernährung, wo das ganze Thema nachhaltiger, bewusster Konsum schon viel mehr Mainstream ist. Bei Finanzen müssen wir zuerst ein Problembewusstsein und dann gleichzeitig Vertrauen und Bewusstsein für diese Marke schaffen, um sie zu konvertieren. Da wartet ein unglaublicher Marketingjob."

Ein guter Marketeer muss heute, findet Jakob, extrem lernfähig sein. Der Kontext, in dem Marketing agiert, ändert sich so wahnsinnig schnell, dass niemand mehr ein guter Marketeer sein kann, wenn er nicht darauf reagieren kann. Es wird deutlich komplexer.

„Ich glaube, dass diese Zeiten des Informationsoverkills und der Sinnsuche der Menschen ein Zeitalter sind, das nach Marken schreit. Gleichzeitig bieten die digitalen Möglichkeiten nicht nur die Chance, sondern machen es sogar zur Pflicht, auf Datenbasis zu arbeiten. Das muss man ausbalancieren. Wenn man der Entscheidungsträger ist, muss man das entweder in einer Person tun können, oder man muss einfach dafür sorgen, dass man jemanden dafür an seine Seite stellt."

Jakob glaubt, dass die Frage nach dem Zweck oder der Rolle einer Marke in der Welt zuallererst beantwortet werden muss. Es mag auch heute noch Akteure geben, die diese Antwort nicht haben und einfach von ihrer schieren Marktdominanz zehren. Aber Marken können heute nicht mehr konkurrieren und einen erfolgreichen Case aufbauen, wenn sie diese Frage nicht beantworten und dann auch für die Kommunikation übersetzbar machen können. Zudem muss die Digitalität der Ursprung aller medialen Aktivitäten sein.

Organisationen können heute nicht mehr mit einem Fünf- oder Drei- oder gar Einjahresplan arbeiten, sondern in viel kürzeren Zyklen. Sie müssen viel mehr experimentieren, Impulse setzen, sehen, was sie daraus lernen können, und dann iterativ weiterarbeiten.

„Ich muss viel schneller Schlüsse aus meinem eigenen Handeln ziehen können. Das ist etwas, was ich in dieser Welt heute für entscheidend halte, denn alles ist viel zu dynamisch, komplex und innovativ, als dass ich mir jetzt eine Dreijahresstrategie ausdenken könnte. Das kann man machen, aber es ist zum Scheitern verurteilt."

Was bei Tomorrow derzeit gut funktioniert, sind die Projekte, bei denen die Teams interdisziplinär arbeiten, wo sie wirklich Leute von der Markenstrategie über die Kreation und Performance bis hin zum Produkt in einem kohärenten, schlüssigen Set-up haben. Dort entstehen in kurzer Zeit mit effizienten Mitteln gute Sachen, die fast alle Metriken stärken.

„Diese Durchlässigkeit und interdisziplinäre Arbeit über den eigenen Unternehmenskontext hinaus funktioniert auch viel besser mit Agenturen und anderen Akteuren, wenn alle virtuell in einem Raum zusammenarbeiten und nicht klassisch linear, wo hier etwas entsteht und dann durch den Wasserfall weitergereicht wird und am Ende irgendeine Agentur bunte Bilder malen muss, um es zu legitimieren."

Takeaways

① Wir befinden uns in einer Zeit, die nach Marken schreit.

② Die digitalen Möglichkeiten machen es zur Pflicht, auf Datenbasis zu arbeiten.

③ Die Frage nach dem Zweck einer Marke muss zuerst beantwortet werden.

④ Organisationen müssen in viel kürzeren Zyklen arbeiten.

176

Ynzo van Zanten — Post-Purpose Preacher,
ehemaliger Chief Evangelist bei Tony's Chocolonely

„Ich war fasziniert von Strategie, Kommunikation und Nachhaltigkeit, und ich glaube fest an das umfassende Zusammenspiel der drei Bereiche."

Ynzo van Zanten

Ynzo van Zanten — Post-Purpose Preacher, ehemaliger Chief Evangelist bei Tony's Chocolonely

— Begann seine Karriere als Berater bei Accenture
— Arbeitete zeitweise als Universitätsdozent und Berater
— Hat für Innocent Drinks und Tony's Chocolonely gearbeitet
— Arbeitet jetzt an der Lösung von realen Problemen in Lieferketten

Das Negative zu verkaufen, das Fehlen von etwas, ist immer eine schwierige Sache, verglichen mit dem Verkauf der einem Produkt innewohnenden Vorzüge. Aber was, wenn die Abwesenheit, die man verkaufen will, die der modernen Sklaverei ist? Zu viele weit verzweigte Lieferketten werden in irgendeiner Weise von Sklavenarbeitern gestützt, und Ynzo van Zanten hat einen Großteil des letzten Jahrzehnts damit verbracht, diese Abwesenheit in den Produkten zu verkaufen, die Tony's Chocolonely produziert.

„Schokolade frei von Sklaverei" ist alles andere als ein offensichtliches Verkaufsargument, doch Ynzo ist seit Langem fasziniert von der komplexen Psychologie, die den Kaufentscheidungen der Verbraucher zugrunde liegt. Er studierte Betriebswirtschaft an der Universität und interessierte sich sowohl für den Moment, in dem sich Angebot und Nachfrage überschneiden, als auch für die Gründe, warum Menschen ihre jeweilige Wahl treffen, sowie für die Methodik und Psychologie, die diesen Entscheidungen zugrunde liegen.

Er verbrachte eine Weile damit, dies zu erforschen, während er für eine, wie er es scherzhaft nennt, „langweilige Beratungsfirma mit grauen Anzügen" arbeitete, was ihm die Augen öffnete: „Es ist eine ethische, legale Art, Job-Hopping zu betreiben, während man im selben Unternehmen bleibt, oder? Denn als Berater sieht man sehr viele Unternehmen von innen." Er stellte jedoch fest, dass sich die Arbeit von der Unternehmensberatung zur IT-Beratung entwickelte, was für ihn ein Signal war, dass es an der Zeit war weiterzuziehen.

„Mir hat es immer Spaß gemacht, die Lücke zu schließen zwischen dem Wissen der Technikfreaks – den Jungs, die wussten, was möglich ist – und den Leuten, die etwas damit zu tun hatten, es zum Kunden zu bringen. Mein ganzes Leben lang habe ich sozusagen immer diese Brücken zwischen dem Wissen und der Umsetzung gebaut."

Er ging auf Reisen und begegnete einem, wie er es nannte, „Typ mit der rosa Haut eines Briten, der Sonnenschein erlebt hat …". Es stellte sich heraus, dass dies eines der ersten Teammitglieder von Innocent Drinks war, einer britischen Getränke- und Smoothie-Marke, die für ihren ungewöhnlichen Werbetextstil bekannt war, und Ynzo blieb mit ihm befreundet.

„Ich war zur richtigen Zeit am richtigen Ort. Das war genau der Moment, in dem Innocent darüber nachdachte, entweder in weitere Kategorien einzusteigen oder die gleichen Produkte in mehr Ländern anzubieten, und sie hatten sich gerade für Letzteres entschieden. Und so brachten zwei Holländer diese britische Marke schließlich auf das europäische Festland", erinnert er sich.

Durch diese Arbeit begann Ynzo, die Ideen zu erkunden, die den Rest seiner Karriere vorantreiben würden: „Ich war fasziniert von Strategie, Kommunikation und Nachhaltigkeit, und ich glaube fest an das umfassende Zusammenspiel der drei Bereiche", erklärt er.

Vor 15 Jahren waren diese Ideen in vielen Unternehmen noch nicht so weit verbreitet, und er sah eine Aufgabe für sich darin, Unternehmen dabei zu helfen. Es war die Zeit, als Al Gores Film „An Inconvenient Truth" die Diskussionen in den Vorstandsetagen veränderte und sich die Idee der sozialen Verantwortung von Unternehmen in Richtung Nachhaltigkeit entwickelte.

Für Ynzo war das jedoch immer noch zu sehr auf Initiative ausgerichtet. „Als Unternehmen müssen Sie Ihre Strategie nicht als singuläre Übung betrachten, sondern als eine dynamische, fortlaufende Sache, über die Sie nachdenken müssen. Sie müssen erkennen, was Nachhaltigkeit als integraler Bestandteil Ihrer Strategie bedeutet", erklärt er. „Und sobald Sie erkennen, dass es sich um ein und dasselbe handelt, müssen Sie überlegen, wie Sie dies Ihren Kunden und intern, aber auch Ihren Lieferanten erklären."

Und das war etwas, was er als Berater, Autor und Universitätsdozent weiter erforschte. Doch dann ergab sich die Gelegenheit, das auf eine Weise in die Tat umzusetzen, der er einfach nicht widerstehen konnte.

„Mein Freund, mit dem ich bei Innocent Drinks zusammengearbeitet hatte, kaufte den Minderheitsanteil und später den Mehrheitsanteil an einer kleinen Schokoladenfirma in den Niederlanden, Tony's Chocolonely. Und von diesem Moment an wurde ich ihr externer Berater im Bereich der Grundwerte, der Positionierung und der Chancen des Unternehmens."

Er tat dies jahrelang, während er seine Freiheit als unabhängiger Berater genoss, bevor er sich schließlich dazu

Paid Media:
Marketing, vor allem
Promotion, mittels
bezahlter Werbung;
wenn es keine
Bezahlung gibt,
handelt es sich
entweder um
→ Earned Media oder
um → Owned Media

Earned Media: eine
Promotion (→ vier Ps),
die weder Werbung
(→ Paid Media) noch
Branding → Owned
Media) ist

**Key Performance
Indicator (KPI):**
ein messbarer
Indikator für das
angestrebte
Ziel

verleiten ließ, als Markenbotschafter ins Unternehmen zu kommen – als die Person, die allen in der Wertschöpfungskette die Kernwerte des Unternehmens erklären sollte.

„Denn bei Tony's haben wir bis vor Kurzem keinen einzigen Cent für Paid Media ausgegeben, es war immer Mundpropaganda. Verstehen Sie mich nicht falsch: Earned Media gibt es nicht umsonst und keine Paid Media zu betreiben bedeutet nicht, dass man kein bezahltes Marketing betreibt. Aber es gab keine Anzeigen oder Werbespots."

Sie haben diese Haltung inzwischen gelockert, da sie erkannt haben, dass sie nach 15 Jahren, in denen sie andere kreative Wege gefunden hatten, um Verbraucher zu erreichen, an die Grenzen ihrer Möglichkeiten ohne Paid Media gestoßen waren.

Seine Rolle umfasste jedoch auch ausgerechnet das Personalwesen. Ynzo verabscheut den Begriff HR zutiefst und weist darauf hin, dass man, wenn man Menschen als Ressourcen betrachtet, eigentlich gar nichts von Personalmanagement versteht.

„Ich sage immer, dass jeder, der in meiner Umgebung den Begriff ‚HR' oder ‚KPI' verwendet, irgendwo auf der Welt einen Welpen tötet", sagt er. „Das hat die Leute auch gezwungen, anders über den ganzen alten Begriff HR zu denken, weil ich fest davon überzeugt bin, dass es bei Human Resources um Menschen und Kultur sowie Menschen und Kultur als Team geht."

„In jedem guten Unternehmen sind es die Kultur und die Menschen, die die Strategie bestimmen."

Und Beziehungen sind ein entscheidender Teil davon.

„So glauben wir bei Tony's beispielsweise fest an langfristige Beziehungen. Das hat nicht nur mit den Bauern zu tun, die ihre Bohnen liefern, das hat mit dem Operations-Team zu tun, es geht um das Impact-Team – aber es geht auch um Marketing, denn das ist der Kern dessen, worum es uns geht." Und dazu gehört auch die Investition in langfristige Beziehungen zu ihren Kunden. Der Aufbau dieser Beziehungen liegt in der Verantwortung des gesamten Unternehmens, nicht nur eines Teams.

„Wenn du deine Geschichte richtig erzählst, sie zum Markenzeichen machst, bleibt sie den Menschen im Gedächtnis", sagt er. „Für mich ist Marketing also nichts, was man in einer Tabelle betreibt, was von einem Marktanteil von 47,1 Prozent zu einem Marktanteil von 47,2 Prozent führt – das nenne ich Cubicle Marketing. Die eigentliche Aufgabe besteht darin, deine Geschichte zu erzählen. Warum willst du diese Geschichte erzählen? Um etwas in der Welt zu bewirken."

Sklavereifreie Schokolade ist nicht nur eine Werbebotschaft, sondern es geht darum, die Sklaverei Schritt für Schritt aus der Welt zu schaffen.

Das ist zum Teil der Grund, warum Ynzo sich gerade von Tony's trennte, als wir uns unterhielten. Die Sklaverei in der

Schokoladenlieferkette ist nur ein Problem, das weltweit angegangen werden muss, und seine alte Berater-Wanderlust kam wieder zum Vorschein. „Ich nehme mir etwas Zeit, um loszulassen", sagte er, „weil ich zu dieser lebenden Wikipedia von Tony's geworden bin. Aber die Pandemie war ein Katalysator für den Blick auf die Systeme und die systemischen Fehler in der Gesellschaft, und ich möchte etwas dagegen tun."

Es ist ein schwieriger Prozess für ihn, denn er beschreibt seine und Tony's DNA als zusammengehörig wie heißer Kakao und Marshmallows. Als er 50 wurde, wurde ihm klar, dass er nur noch ein paar Jahre mit seinen Kindern zu Hause verbringen würde, und das waren langfristige Beziehungen, in die er ebenfalls investieren wollte. Das heißt aber nicht, dass er seinen langfristigen Fokus auf die systemische Veränderung von Unternehmen aufgibt.

„Unternehmen müssen erkennen, dass sie einen höheren Zweck haben, als nur wirtschaftlich erfolgreich zu sein."

Sie müssen kommerziell erfolgreich sein, sonst können sie keine Veränderung bewirken. Allerdings müssen sie auch mehr als das sein.

„Als Menschen neigen wir dazu, an dem festzuhalten, was wir haben und was wir tun, einfach weil wir daran gewöhnt sind, in einer bestimmten Routine zu leben. Wir lieben die Komfortzone. Aber wenn sich die Welt um uns herum so drastisch verändert, wie sie es tut, müssen wir erkennen, dass es in Ordnung ist zu sagen, dass unsere Entscheidungen in der Vergangenheit vielleicht nicht die besten waren, basierend auf dem, was wir jetzt wissen."

Dies erfordert jedoch die Kraft, das Ego loszulassen, das verlangt, an früheren Entscheidungen festzuhalten.

„Es geht darum, die Verantwortung für das zu übernehmen, was in den Lieferketten passiert, aber nicht die Verantwortung für alles zu übernehmen", erklärt er.

Das Internet hat eine entscheidende Rolle dabei gespielt, die Existenz von Sklaverei in der Schokoladenlieferkette auf eine Weise aufzudecken, die vorher nicht möglich war. Sobald dies geschehen war, zeigte sich die Notwendigkeit, Verantwortung dafür zu übernehmen, wenn man auf Basis dieser positiven Wirkung verkaufen wollte. Dies steht für Ynzo in krassem Gegensatz zum normalen Ansatz, bei dem der Verbraucher ein billigeres Produkt will, das Unternehmen also einen günstigeren Preis vom Lieferanten verlangt, der diese Kostensenkung dann in der Kette nach unten durchdrückt.

„Der Bauer kann sich nicht umdrehen und verlangen, dass der Kakaobaum die Bohnen billiger wachsen lässt, also wird der Bauer unter Druck gesetzt", sagt er. „Und sie werden in eine Situation gezwängt, in der es fast keine andere Wahl gibt, als Kinder auszubeuten und sie unbezahlte Arbeit auf den Kakaofeldern verrichten zu lassen. Dies ist ein Systemfehler, und wenn man es den Verbrauchern erklärt, sind sie mehr als bereit, Verantwortung zu übernehmen und einen fairen Preis zu zahlen."

184

Hinter dieser Kommunikationsarbeit steckt jedoch eine enorme Menge an Systemarbeit. Schokolade besteht aus verschiedenen Hauptzutaten:

- Kakaomasse
- Kakaobutter
- Zucker
- Milchpulver

Es dauerte Jahre, bis Tony's die Lieferkette für die Kakaomasse so weit zurückverfolgen konnte, dass das Unternehmen den Bauern, die die Bohnen für die Masse lieferten, höhere Preise zahlen konnte.

„Bei der Kakaobutter hat es noch ein paar Jahre länger gedauert, weil die Hersteller sagten, es sei nur ein generisches Fett, das unser System durchläuft, also können wir es nicht rückverfolgbar machen", erinnert er sich. Aber Tony's Chocolonely hat die Arbeit investiert.

„Und dann wurde unsere Kakaobutter rückverfolgbar, und wir haben eine Pressemitteilung veröffentlicht, in der es heißt: ‚Gute Nachrichten, unsere Tafeln werden teurer!' Und wir haben in der Pressemitteilung erklärt, dass unsere Tafeln teurer wurden, weil wir jetzt auch die zusätzliche Abgabe bezahlen konnten, die die Landwirte auf den Referenzpreis für ein existenzsicherndes Einkommen bringt, an den wir so sehr glauben. Die Verbraucher verstehen wirklich, dass sie, wenn sie Teil dieses Wandels sein können, mehr als glücklich sein können, einen Cent mehr für eine Tafel Schokolade zu zahlen, die dem Landwirt am Anfang der Wertschöpfungskette einen fairen Preis ermöglicht."

Die etablierten Unternehmen konnten dies nicht tun, weil sie fest davon überzeugt waren, dass diese Kette nicht zurückverfolgt werden kann – weil sie nie zurückverfolgt worden war. Aber das Team war bereit, an den Ursprung zu gehen, an die Elfenbeinküste und nach Ghana, und direkt mit den Bauern zusammenzuarbeiten, anstatt sich auf bestehende Mechanismen zu verlassen.

„Man übernimmt keine Verantwortung, wenn man sagt, dass das System nun einmal so funktioniert", sagt er. „Stattdessen muss man nach der Antwort suchen und tiefer in die Wertschöpfungskette vordringen."

Er vermutet, dass viele Unternehmen Angst vor dieser persönlichen, emotionalen Verbindung haben, denn sobald man anfängt, in das System einzudringen, tauchen alle möglichen Probleme auf.

„Ich glaube, dass viele Leute bei einigen dieser Ideen nervös werden. Denn sobald man anfinge, Nachhaltigkeit, Fairness und eine gute Behandlung der Produzenten und der Lieferanten in den Marketingmix einzubauen, würden viele sagen: Das macht uns sehr anfällig. Wenn jemand in dieser Kette etwas findet, das nicht funktioniert, dann wird er sich an uns rächen."

Tatsächlich konnte Tony's Anfang 2022 selbst einen Sturm überstehen, als die Presse über die Entdeckung von

Purpose: der Grund für die Existenz eines Unternehmens, der als Grundlage für das Marketing verwendet wird; wird heute häufig als bestimmender Teil des Markenauftritts eines Unternehmens verwendet und schließt Themen wie Nachhaltigkeit und soziale Verantwortung von Unternehmen ein

Kinderarbeit in ihrer Lieferkette berichtete, indem es transparent darlegte, wie es passiert ist und wie es plante, dagegen vorzugehen.

„Wenn man einmal auf den Feldern in der Elfenbeinküste gestanden hat und eine langfristige Beziehung zu diesem stolzen Bauern aufgebaut hat, der Kakaobohnen anbaut, ändern sich die Dinge. Man versteht ihre Kämpfe und ihre Probleme. Es wird persönlich, und ich denke, das ist gut so, weil es dich in eine Situation versetzt, in der du deine Arbeit ernster nimmst und dich mehr verantwortlich fühlst, etwas zu verändern."

Kommerziell bedeutet dies auch, in den berühmten Worten von Steve Jobs, dorthin zu eilen, wo der Puck sein wird, nicht dorthin, wo er ist:

„Es wächst eine ganze Generation heran, die nach einem anderen System sucht. Diese Generation sucht nach mehr Glück, sucht nach mehr Empathie. Sie sucht nach mehr Frieden. Sie sucht nach mehr Liebe. Und gleichzeitig gibt es eine ganze Generation von Unternehmen, die auf den Purpose-Zug aufspringen, die Purpose-Marketing nachahmen, ohne zu erkennen, dass dies nicht das ist, wonach die Verbraucher suchen."

Was suchen sie? Die Fähigkeit, ihre Werte durch die Wahl ihres Lebensstils zu leben, meint Ynzo.

„Es klafft eine immer größere Lücke zwischen dem, wonach die Verbraucher suchen, und dem, was Unternehmen im

Bereich des Purpose-Marketing liefern. Sie müssen begreifen, dass all diese Menschen Hilfe suchen, die zu werden, die sie eigentlich werden wollen."

„Es geht darum, etwas zu bewirken, nicht nur darum, Geld zu verdienen. Nachhaltigkeit und finanzieller Erfolg sind keine Gegensätze, und das ist der Fehler, den die Leute machen. Wenn man sich davon löst, kann man erkennen, dass beides ein und dasselbe sein kann und sich sogar gegenseitig befruchten kann."

Und um nur ein weiteres Stück konventionellen Denkens in Frage zu stellen: Ynzo glaubt nicht, dass ein Unternehmen einen Markt beherrschen muss, um einen großen Einfluss zu haben.

„Ziemlich naiv sagten wir anfangs: ,Okay, wir brauchen 100 Prozent Marktanteil, um das System zu ändern', und im Laufe der Zeit wurde uns klar, dass wir unsere Aufgabe wahrscheinlich schneller erfüllen würden, wenn wir 100 Prozent der Unternehmen auf dem Markt dazu bringen, das zu tun, was wir tun. Ein großer Teil unserer Strategie bestand also darin, andere, konkurrierende Unternehmen zu inspirieren, die gleiche Verantwortung zu übernehmen."

Wir sollten uns bei grundlegenden Menschenrechten nicht differenzieren, argumentiert er. Wir können uns bei Branding, Verpackung, Produktqualität und Marktpositionierung differenzieren, aber nicht bei den Menschenrechten.

„Jetzt arbeiten wir mit vielen Marken in der Tony's Open Chain Platform zusammen, die wir vor ein paar Jahren eingeführt haben. Wir sagen, wir arbeiten bei Kakaobohnen zusammen, und wir konkurrieren bei der Schokolade, die wir daraus herstellen. Aber am Anfang der Wertschöpfungskette geht es nicht um Konkurrenz, sondern um Zusammenarbeit."

„Ich sage immer, wir müssen die Schokolade mit dem besten Geschmack herstellen, aber es ist wahrscheinlich nicht die beste Schokolade der Welt. Es gibt bestimmt irgendwo in den Alpen einen winzigen Hersteller in seiner Hütte, der ein noch besser schmeckendes Produkt herstellt als wir. Er verdient fünf Dollar die Woche, aber es ist eine hervorragende Schokolade. Aber wir haben die beste Schokolade, die für den Durchschnittsverbraucher in den Regalen des durchschnittlichen Einzelhändlers zu finden ist, oder? So können Sie überall, wo Sie durch einen Supermarkt gehen, eine bewusste Wahl treffen."

Ynzo scheut jedoch die Vorstellung, dass Tony's ein „soziales Unternehmen" ist. „Ich habe begonnen, den gesamten Begriff des sozialen Unternehmertums abzulehnen. Und warum? Weil ich denke, dass alle finanziell erfolgreichen Unternehmer ihre moralische Verantwortung ernst nehmen sollten. Sie sollten der Gesellschaft oder dem Planeten, dort wo sie ihren eigenen kommerziellen Erfolg erzielen, etwas zurückgeben." Er akzeptiert eher die Idee von B Corps – einem Zertifizierungssystem für Unternehmen, die hohe Standards in Bezug auf soziale und ökologische Leistung, Transparenz und Rechenschaftspflicht erfüllen.

„Bis jetzt gab es immer nur diese verstreuten Initiativen und die David-gegen-Goliath-Mentalität", sagt er. „Aber jetzt schaffen die B Corps meiner Meinung nach diese brüderlichen Bande, die wir brauchen, um all diese verstreuten Initiativen zusammenzuhalten."

Letztendlich erfordert ein grundlegender Systemwandel jedoch die Transformation größerer Unternehmen, und er glaubt, dass das Marketing eine entscheidende Rolle dabei spielt, diese Transformation bei allen Beteiligten zu begleiten: Lieferanten, Hersteller, Verbraucher und interne Mitarbeiter.

„Wir können zeigen, dass es in Ordnung ist, die Strategie neu zu definieren. Es ist in Ordnung, Zwecke neu zu definieren, also ist es in Ordnung, die gesamte Idee des kommerziellen Erfolgs neu zu definieren. Das ist ein anstrengender Prozess. Das ist in einem neuen Unternehmen, wie es Tony's war, relativ gesehen, oder wie es seinerzeit Innocent war, leichter zu bewerkstelligen als in einem bestehenden Unternehmen."

„Aber es wird von den Unternehmen oft als Ausrede benutzt, sich nicht zu ändern, oder? Dass es ihnen schwerfällt, sich zu ändern. Nun, das ist keine Entschuldigung. Was Innocent Drinks tut, wird weniger Einfluss haben als das, was Coke als Ganzes bewirken könnte, aber es ist wichtig, diese kleinen Initiativen zu ergreifen, damit sich die großen Unternehmen ändern können."

Takeaways

① Die Zeiten des Greenwashing
(und des „Purpose-Washing")
sind vorbei: Sie müssen es in Ihre
Strategie integrieren.

② Transparenz ermöglicht es
Ihnen, emotionalere Beziehungen
zu Kunden aufzubauen – und
schwierige Nachrichten leichter
zu überstehen.

③ Die Arbeit, die Sie in das
Verständnis und die Rück-
verfolgung Ihrer Lieferketten
investieren, zahlt sich
langfristig aus.

④ Purpose-orientierte
Unternehmen müssen auch
finanziell nachhaltig sein.

192

Debora van der Zee-Denekamp — Vice President Foods Benelux, Unilever

„Das Lebensmittelsystem hat einen der größten Einflüsse auf das Klima und ist daher eines der großen Einflüsse, mit denen wir den großten Einfluss haben können, indem wir es zum Besseren hin verändern."

Debora van der Zee-Denekamp

Vice President Foods Benelux, Unilever

— Studium der Ökonometrie an der Erasmus-Universität Rotterdam
— Postgraduiertenstudium in Markenmanagement
an der Universität Groningen
— Arbeitet seit fast 20 Jahren bei Unilever
— Verbrachte vier Jahre in Südafrika, wo sie als Category
Director für Subsahara-Afrika tätig war

Purpose: der Grund für die Existenz eines Unternehmens, der als Grundlage für das Marketing verwendet wird; wird heute häufig als bestimmender Teil des Markenauftritts eines Unternehmens verwendet und schließt Themen wie Nachhaltigkeit und soziale Verantwortung von Unternehmen ein

Obwohl Purpose-basierte Unternehmen ein klares Thema für das nächste Jahrzehnt sind, scheint es manchmal wie eine Diskussion, die hauptsächlich um innovative Start-up-Marken und herausfordernde Scale-ups wie Tony's Chocolonely geführt wird. Können die großen Akteure mit ihren großen Hierarchien und etablierten Prozessen doch nicht so viel bewirken? Nun, Debora van der Zee-Denekamp würde das bestreiten.

Sie ist eine entschiedene Befürworterin der Idee, dass große Unternehmen große Veränderungen – sogar Bewegungen – im Verbraucherverhalten bewirken können, und zwar zum Besseren hin.

„Ich denke, wir haben eine große Verantwortung, den Wandel voranzutreiben, denn wir haben Einfluss auf so viele Menschen", sagt sie. „Wir sehen viele Teller in vielen Haushalten und können daher viel Veränderung und Effizienz bewirken. Manchmal kann man die Welt verändern, indem man das ändert, was auf den Tellern der Menschen landet."

Sie hat die Daten, um das zu belegen – denn Daten sind ihr Hintergrund. Mathematik und Ökonometrie scheinen vielleicht nicht der naheliegendste Weg ins Marketing zu sein, aber für sie hat er funktioniert.

„Daten und Data Science werden immer wichtiger, und das hat mir in meiner gesamten Karriere geholfen, aber besonders heute und in Zukunft noch mehr, denke ich." Doch das bedeutet nicht, dass sie ein Marketeer der

Tabellenkalkulationen und Zahlen ist. „Oh, ich liebe Zahlen, aber ich liebe auch Kreativität und Ästhetik."
Und das scheint fast perfekt zum Marketing des 21. Jahrhunderts zu passen. Sie weist darauf hin, dass es beim Marketing oft um kleine Veränderungen geht, die zusammen eine große Wirkung haben können, und das gilt für jede zweckorientierte Bewegung ebenso wie für das Markenmarketing.

„Bei der Arbeit in der globalen Lebensmittelbranche lernt man so viel über Kulturen und Menschen", sagt sie. Unilever hat sie in die ganze Welt geschickt, darunter vier Jahre nach Südafrika, und sie erinnert sich an Abendessen in Townships in diesem Land und mit Familien in Kenia sowie in den USA. Das waren sehr unterschiedliche Erfahrungen.

„Im Marketing geht es viel um Empathie und Verständnis. Und ja, im Essen steckt viel Emotion. Aber es ist auch sehr bodenständig in Bezug auf die Auswirkungen und den Unterschied, den es für die Nachhaltigkeit bewirken kann. Das Lebensmittelsystem hat einen der größten Einflüsse auf das Klima und ist daher eines der Dinge, mit denen wir den größten Einfluss haben können, indem wir es zum Besseren hin verändern."

Als Beispiel nennt sie die Überarbeitung der Rezepte einiger ihrer Produkte in den Niederlanden, wo sie ansässig ist, damit mehr Gemüse verwendet wird. Es hilft den Menschen, sich auf einen Schlag gesünder und nachhaltiger zu ernähren.

Allerdings schimpft sie hier nicht nur auf die Gemüseverweigerer unter den Holländern. Auch eine britische Erfindung – das Sandwich – macht sie für Gesundheitsprobleme verantwortlich. Zu oft enthält es kein Gemüse, und plötzlich versuchen die Menschen, ihren gesamten täglichen Gemüsebedarf in eine Mahlzeit zu packen: das Abendessen.

Aber kann sich ein großes Unternehmen wirklich schnell genug bewegen, um einen bedeutenden, marktführenden Einfluss zu haben? Bis zu einem gewissen Grad, meint Debora. Doch sie können wirklich etwas bewirken, wenn sie anfangen, mit Partnern in ihren Lieferketten und sogar mit ihren Konkurrenten zusammenzuarbeiten.

„Ja, kleinere Unternehmen sind normalerweise schneller, und ich denke, wir sollten auch schneller sein, aber wir werden nie so schnell sein wie ein kleines Start-up. Aber was wir haben, ist Skalierung. Also, ich glaube nicht, dass wir es alleine schaffen können, aber ich denke, wir können eine führende Rolle spielen, weil wir so viel zu bieten haben, was große, systemische Veränderungen angeht."

„Wir müssen mit diesen Start-ups sowie anderen Partnern wie Universitäten zusammenarbeiten, um den Wandel, den wir brauchen, wirklich von Anfang bis Ende voranzutreiben." Aber man müsse bei den Verbrauchern beginnen, sagt sie. „Nun, ich bin schließlich ein Marketeer."

Teure Lösungen für den Verbraucher haben per definitionem nur begrenzte Auswirkungen und bringen uns

Fast Moving Consumer Goods (FMCG): Produkte des täglichen Bedarfs, auch bekannt als Konsumgüter (Consumer Packaged Goods, CPG)

wahrscheinlich nicht dorthin, wo wir hinmüssen, in Bezug auf die Umwelt.

„Ich denke, unsere Verantwortung besteht darin, es den Verbrauchern leicht zu machen, ihre Wahl für ihre Gesundheit und die Gesundheit des Planeten und des gesamten Ökosystems zu treffen. Also müssen wir am Ende die nachhaltige Wahl zur schmackhafteren, gesünderen und erschwinglichen Option machen."

Und eine Sache, die sie beunruhigt, ist, dass es für den Verbraucher anscheinend schwieriger und nicht leichter wird, da der Lärm in diesem Bereich immer lauter wird.

„Es gibt eine Menge Botschaften und viele Logos. Mittlerweile gibt es weltweit rund 450 Umweltzeichen. Diese Komplexität ist eine Konstante, aber sie ist wirklich verwirrend. Woher sollen die Leute wissen, was gut ist und was nicht? Das ist die eigentliche Aufgabe für uns als Marketeers – die Dinge einfach und verständlich zu erklären. Und wir müssen ihnen helfen, die richtigen Entscheidungen zu treffen."

Und das beginnt mit einer Mischung aus Empathie und Wissen: der Empathie zu verstehen, was Menschen im Grunde wollen, und dem Wissen zu verstehen, warum Menschen diese Entscheidungen treffen.

Und auch hier betont sie, vielleicht überraschend für jemanden in einem der größten FMCG-Unternehmen der Welt, die Notwendigkeit, mit anderen zusammenzuarbeiten.

„Das Letzte, was wir brauchen, ist, dass jeder von uns etwas anderes sagt."

„Partnerschaften sind für unseren Erfolg – und den jedes Unternehmens – von entscheidender Bedeutung. Solange wir uns alle über die Strategie und das Narrativ im Klaren sind und wissen, wohin wir alle wollen, kann dies nur dazu beitragen, die Bewegungen zu schaffen, die wir brauchen."

Bei Unilever beginnen diese Kommunikationsstrategien bei den Marken. Die Strategie der Marke bildet die Grundlage für Innovationsprogramme, Kampagnen, Aktionen und so weiter. Und dann gibt es noch eine Marketingstrategie, die all das untermauert. Aber es gibt auch ein zentrales Streben nach Nachhaltigkeit auf Unternehmensebene – und die verschiedenen Marken des Unternehmens können dabei ihre jeweils eigene Rolle spielen.

„Also geht es uns bei Lebensmitteln darum, auf mehr pflanzliche Mahlzeiten umzusteigen", sagt sie. „Die Strategie ist global, aber die Umsetzung kann sehr individuell und sehr lokal sein. Und das bedeutet, rauszugehen und herauszufinden, was wirklich im Markt passiert, und das kann von Markt zu Markt sehr unterschiedlich sein."

„Man kann den Umsetzungsplan nicht einfach von der Zentrale aus entwickeln."

Die Verlagerung von Entscheidungsbefugnissen auf die Regionen ist also eine Möglichkeit, wie große Marken

anfangen können, etwas von der Agilität von
Herausforderermarken zu erreichen.

„Es ist immer gut, die Entscheidungen über die Umsetzung
von Menschen treffen zu lassen, die nahe an der Basis
sind. Sie wissen am besten, was zu tun ist. Solange
sich alle an einer gemeinsamen Strategie orientieren, kann
man den Menschen, die in unterschiedlichen
Umgebungen arbeiten, viel Eigenverantwortung geben.
Die Markenmanager vor Ort in einem Land wissen,
was dort am besten funktioniert, für ihre
eigenen Verbraucher."

Kreativität wird also nicht zentral verwaltet, sondern
durch die Organisation kaskadiert? „Ja, wenn die Mitarbeiter
sich befähigt fühlen, setzt das viel Eigenverantwortung und
Kreativität frei, um das Richtige zu tun und eine lokale
Wirkung zu erzielen."

Und wo kommen die Daten ins Spiel?

„Es geht darum, Chancen zu erkennen und Märkte
vorherzusagen. Das wird in Zukunft noch wichtiger werden,
da die KI immer besser wird."

„Es hilft uns, unsere Zielgruppe zu verstehen. Es hilft uns,
spezifischere Zielgruppen zu erreichen. Es ermöglicht
künftig stärker personalisierte Innovationen, aber
auch Kommunikation und Aktivierung. Mit der Nutzung von
Technologie und Daten können wir immer
besser werden."

Und so kann sie mit Gewissheit sagen, dass es bei Purpose nicht nur um Altruismus geht, sondern auch um ein gutes Geschäft.

„Wir messen natürlich die Leistung unserer Marken und wir sehen, dass Marken mit Purpose im Durchschnitt 70 Prozent schneller wachsen und viel profitabler sind."

Und selbst alteingesessene Marken können das vorantreiben. Sie nennt das Beispiel einer Super-Bowl-Werbung für Hellman's, in der es um die Reduzierung von Lebensmittelabfällen ging: „Make taste not waste".

„Als große Marke können wir das Momentum haben, auf unterhaltsame Weise etwas zu bewirken, und wir erreichen mit dieser Botschaft über den Super Bowl viele Menschen. Und das bedeutet, dass wir viele neue Leute für die Bewegung gewinnen."

Verbraucherstudien zeigen, dass 90 Prozent der Menschen Produkte mit weniger Verpackung kaufen möchten – aber nur 20 Prozent tun dies auch. Dies ist die Lücke, die sie zu füllen sucht.

„Um auf Hellman's zurückzukommen, wir sprechen nicht nur über Lebensmittelverschwendung, sondern bieten auch Hilfe an. Wir geben den Leuten Informationen darüber, wie man mit Resten kocht, und helfen ihnen zu erkennen, welche Rezepte man mit übrig gebliebenen Eiern und ein paar Gemüsesorten im Kühlschrank zubereiten kann."

Es verkauft Hellman's, trägt aber auch dazu bei, den kulturellen Wandel voranzutreiben und Lebensmittelverschwendung zu minimieren.

Doch die Zeiten ändern sich. Der FMCG-Markt hat sich durch die Pandemie verändert. Es gibt mehr Menschen, die sich beliefern lassen, und weniger Einkäufe im physischen Einzelhandel. Dieser Trend wird sich ihrer Meinung nach in nächster Zeit nicht umkehren. Vielmehr erwartet sie eine Beschleunigung des Wandels. Zum einen sieht sie den Aufstieg der digitalen Gesundheit – was wir früher „quantified self" genannt haben – als einen Schlüsseltrend.

Im Moment konzentriert sich die Technologie hauptsächlich auf die Verfolgung von Aktivitäten, aber Debora sieht eine Zukunft voraus, in der Geräte beginnen, Menschen beispielsweise auf einen niedrigen Eiweißspiegel aufmerksam zu machen. Das sind verwertbare Informationen – und darauf zu reagieren, ist ein potenzieller Markt für sie.

„Wenn wir die Trends verstehen, können wir unsere Angebote so ändern, dass die Menschen ihre Gewohnheiten nicht ändern müssen, um bessere Entscheidungen zu treffen."

Sie gibt jedoch zu, dass es eine inhärente Spannung zwischen Data Science und Kreativität gibt, und dass man sicherstellen muss, dass die Datenanalyse nicht in eine Analyselähmung führt.

„Was wichtig ist und schon immer war, ist Neugier. Neugier auf Menschen, auf Mode und Trends, aber auch Neugier auf die Erkundung neuer Kanäle. Aber diese Neugier muss mit Empathie verbunden sein, damit man versteht, was Menschen antreibt, und erkennen kann, wo es eine Lücke gibt zwischen dem, was die Leute sagen, und dem, was sie tun."

Tatsächlich sieht sie diese anhaltende Neugier, diese Offenheit für neue Ideen und Einsichten als entscheidend für die Marketeers der Zukunft an. „Das braucht man, um wirklich zu verstehen, was Menschen antreibt und wie sie letztendlich ihre Entscheidungen treffen", sagt sie. „Sind sie bereit, Einfluss zu nehmen, etwas in der Welt zu verändern und eine Bewegung zu starten? Das erfordert einen gewissen Mut, den nicht jeder hat."

Und dieser Mut bedeutet, etablierte Marken nicht als kostbare, zerbrechliche Objekte zu betrachten, die mit äußerster Vorsicht behandelt werden müssen. Sie müssen lebendige, pulsierende Dinge sein.

„Wenn eine Marke für etwas steht, kann sie weiter innovativ sein. Sie kann sich ständig neu erfinden, wenn sich die Bedürfnisse der Verbraucher ändern", sagt Debora. „Und als CMO liegt es an Ihnen, dafür zu sorgen, dass die gesamte Marketing-Community im Unternehmen sicherstellt, dass sich die Marke immer wieder neu erfindet, um auf lange Sicht relevant zu bleiben. Sonst haben Sie verloren."

Takeaways

① Große, etablierte Marken haben aufgrund ihrer Größe das Potenzial, große Veränderungen zum Guten hin zu bewirken.

② Partnerschaften sind für den Erfolg eines jeden Unternehmens unerlässlich.

③ Sie können viel bewirken, indem Sie den Menschen die richtige Entscheidung leicht machen.

④ Lassen Sie nicht zu, dass die Analyselähmung Ihre Kreativität erstickt, sondern kennen Sie Ihre Daten in- und auswendig.

⑤ Nutzen Sie diese Daten zusammen mit einem ausgeprägten Gefühl der Empathie für die Verbraucher.

204

Martin Drust — Brand, Digital, Strategy, FC St. Pauli

„Ich denke, dass es für das Marketing ganz wesentlich ist zu verstehen, wie sich Menschen tatsächlich verhalten und wie sie Dinge nutzen."

Martin Drust

Brand, Digital, Strategy, FC St. Pauli

— Storyteller mit Karriere in Werbung und digitalem Marketing
— Langjähriger Fan, Mitglied und Dauerkarteninhaber des FC St. Pauli
— Hinterfragt die totale Ökonomisierung der Gesellschaft
— Muss dennoch die kommerziellen Aspekte des Fußballs mit einer antikommerziellen Haltung in Einklang bringen

Viele Menschen glauben, unsere Welt sei grundlegend kaputt. Martin Drust glaubt das auch. Aber er besteht auch darauf, dass jemand, der von Grund auf gut ist, die Welt zum Besseren verändern kann. Ein guter Mensch zu sein und gut zu sein in dem, was man tut, macht einen Unterschied aus, vor allem in einer toxischen Umgebung. Das ist seine Interpretation der TV-Serie *Ted Lasso,* eines Überraschungserfolgs von Apple TV+.

Ted Lasso, die Titelfigur der Serie, ist ein American-Football-Trainer, der als Coach einer Fußballmannschaft in der britischen Premier League angestellt wird. Ein Teil des Witzes ist selbstverständlich, dass American Football ein völlig anderes Ballspiel ist als Fußball in England. Obwohl Ted Lasso also nicht gerade für den Job qualifiziert ist, macht er das durch seine authentische, verletzliche und fürsorgliche Art wett. In Martins Augen ist Ted ein Vorbild in Sachen Führungsqualitäten.

Mehr noch: Für Martin gibt es zwischen dem fiktiven Ted und der Rolle seines Arbeitgebers, des Hamburger Vereins FC St. Pauli, im Profifußball durchaus Parallelen: „Wir gehen da rein und versuchen, ein gutes Vorbild zu sein und so auch andere zu inspirieren, das vielleicht auch zu versuchen." Kurz nachdem er 2015 zu St. Pauli kam, entwickelte er ein zentrales Narrativ für das Vereinsmarketing: eine Gemeinschaft, die für bestimmte Werte steht und diese mit ihrer Reichweite als Profifußballverein vertritt. So lassen sich auch bestimmte wirtschaftliche Zwänge als Voraussetzung für ein erfolgreiches Profidasein erklären.

Direct-to-Consumer (D2C): der Verkauf direkt an Verbraucher, ohne Groß- oder Einzelhändler

Daher war er nicht sonderlich amüsiert, als ein anderer Fußballverein ankündigte, mit seinen Sponsoren eine Wertepartnerschaft einzugehen und damit St. Pauli quasi zu kopieren. St. Pauli hat es zwar nicht so plakativ kommuniziert, macht es aber schon seit vielen Jahren so. Der Verein will dem Sponsoring einen Sinn geben, der über den bloßen Tausch von Geld gegen Werbebanden hinausgeht: „Wir wollen Partnerschaften mit Sinn, am liebsten auf Lebenszeit, und wir aktivieren die Zusammenarbeit durch gemeinsame Projekte und versuchen, gemeinsam etwas Sinnvolles zu machen."

Ein solcher Ansatz passt gut zu der unermüdlichen Suche nach Sinn, die das Marketing seit Jahren beschäftigt. Als starke Marke mit treuen Fans hat der FC St. Pauli ein klares Ziel und starke Werte. Der rebellische Geist birgt jedoch auch das Risiko eines begrenzten Wachstums. Denn die Vereinskultur ist eher durch Ausgrenzung, durch das Dagegensein als durch das Dafürsein gekennzeichnet. St. Pauli wandelt nun seine Haltung vom Rebellen zum Aktivisten: In diesem Geiste hat der Verein seine nachhaltige Sportswear-Kollektion Di!Y auf den Markt gebracht.

Statt mit einem Ausrüster zusammenzuarbeiten, produziert der Club nun seine eigene Sportbekleidung nach selbst definierten Kriterien der Fairness und Nachhaltigkeit. Damit kombiniert er zwei weitere aktuelle Trends: Nachhaltigkeit und das Direct-to-Consumer-Modell (D2C) oder – abstrakter ausgedrückt – die vertikale Integration. Für eine verbraucherorientierte Plattform mit einer breiten Reichweite in einer klar definierten Zielgruppe ist das D2C-

Modell sehr sinnvoll: Es eliminiert den Mittelsmann, in diesem Fall traditionelle Ausrüster. Wenn der Verein die Themen Vertrieb und Auslieferung lösen kann, ist dieser Schritt auch wirtschaftlich sinnvoll.

Eine der wichtigsten Erkenntnisse von Martin Drust war es, den Fußballverein und die Marke als reichweitenstarke Plattform zu verstehen und zu positionieren. Das ist auch eine Frage des Inhalts, denn eine hohe Reichweite, eine attraktive Plattform und eine ausgeklügelte Content-Strategie können sich gegenseitig und damit die Marke stärken. Martins Rolle als selbst ernannter „Storyteller" hat ihm geholfen, sich beim FC St. Pauli zurechtzufinden. Obwohl es sich um eine starke Marke handelt, wird sie von den meisten Fans nicht als solche wahrgenommen. Der Verein steht für authentischen Fußball. Dies kann zu starken Spannungen mit dem kommerziellen Charakter des heutigen Fußballgeschäfts führen.

„Wenn ich heute zurückblicke", so Martin, „war das Wichtigste, was wir getan haben, vor allem unsere inneren Widersprüche aufzulösen. Denn es gab immer Leute, die uns schnell vorwerfen konnten, heuchlerisch zu sein."

Die antikommerzielle Haltung von St. Pauli stand im Gegensatz zu seinem unbestreitbaren kommerziellen Erfolg. Aber eben nur, wenn man nicht bereit ist, sich in der Tiefe mit dem sozialen Gebilde FC St. Pauli auseinanderzusetzen. Es brauchte also eine Erzählung, um diese vordergründigen Widersprüche aufzulösen, und mit Martins Hilfe fand der Club heraus, dass ein Narrativ entlang gemeinsamer Werte sowohl als Zweck als auch als Leitlinie für die kommerziellen Aktivitäten dienen konnte.

Als langjähriger Fan und Dauerkarteninhaber, der in der Werbung und im digitalen Marketing Karriere gemacht hat, war Martin Drust für diese Aufgabe bestens geeignet, als er 2015 die Position des Director Marketing & Sales übernahm. Aufgewachsen in Hamburg-Bramfeld, genoss er eine unauffällige Kindheit und Jugend. Politisch engagierte er sich schon früh im Sozialistischen Schülerbund Hamburg und bei den Jusos. Etwa im Alter von 18 Jahren schloss er sich dem FC St. Pauli an, nachdem er, wie damals viele Schüler, auf den Barrikaden gestanden hatte, um die besetzten Häuser an der Hafenstraße von St. Pauli zu schützen – nur wenige Gehminuten vom Millerntor-Stadion entfernt.

Er studierte Geschichte und Sozialwissenschaften auf Lehramt in Hamburg. Doch während seiner Praktika wurde ihm klar, dass die Schule nichts für ihn war. Also orientierte er sich neu. Irgendwie hatte Martin Glück und landete als Werbetexter-Praktikant in einer Direktmarketing-Agentur.

„Ich dachte, na ja, das probiere ich mal aus. Dann habe ich festgestellt, dass es zu mir passt und dass es mir sehr viel Spaß macht. Plötzlich bin ich da ein bisschen hineingestolpert, wenn man so will. Ich bekam immer mehr Aufgaben und immer mehr Verantwortung. Aber ich habe mir nichts dabei gedacht, weil ich immer gedacht hatte, dass es erst mal ein Zwischending ist und ich vielleicht doch Lehrer werde."

[1] — **Recke, Martin** (2021). The content fallacy. NEXT Insights.

Seine Ansichten zum Marketing waren von Anfang an nutzerzentriert. „Ich denke, dass es für das Marketing ganz wesentlich ist zu verstehen, wie sich Menschen tatsächlich verhalten und wie sie Dinge nutzen. Das hat mir immer geholfen und so sehe ich diese Themen auch." Er wagte sich in den aufstrebenden Bereich des digitalen Marketings, als er Ende der 90er-Jahre Freihafen mitbegründete, eine kleine Tochtergesellschaft von DDB. Aus Freihafen wurde Tribal DDB, als es mit der BBDO-Tochter Proximity fusionierte, um den Kunden Volkswagen umfassend betreuen zu können.

Er erinnert sich noch, wie Kollegen von Proximity beim Thema Text von „Containerbefüllung" sprachen. Als Texter und Kreativdirektor wunderte er sich über die implizite Gleichgültigkeit gegenüber dem Text oder dem, was oft als Content bezeichnet wird (selbst ein etwas irreführender Begriff, denn Content *ist* buchstäblich das, was sich in einem Container befindet). **[1]** Das zeigte ihm, wie unterschiedlich die Ansätze damals waren: Was heute digitales Marketing heißt, war damals vor allem auf neue, ausgefallene Dinge ausgerichtet, während es niemanden zu interessieren schien, ob die Nutzer es überhaupt nützlich finden würden. Aber für ihn war es auch eine unglaublich tolle Zeit, in der Amir Kassaei die wichtigste Figur war. Kassaei, der 2003 bei DDB begann, verließ 2020 die Werbebranche, um eine neue Karriere zu starten.

Tribal DDB war beteiligt an der Neupositionierung der Deutschen Telekom, mit Hans-Christian Schwingen als CMO am Ruder. (Schwingen wurde 2016 zum „CMO of the Year" gekürt.) Für Volkswagen kreierte die Agentur eine berühmte

Ökonomisierung: die Ausbreitung des Marktes oder seiner Ordnungsprinzipien und Prioritäten auf Bereiche, in denen in der Vergangenheit wirtschaftliche Erwägungen eine untergeordnete Rolle spielten oder die privat bzw. solidarisch organisiert waren

virale Kampagne mit Hape Kerkelings Figur Horst Schlämmer. „Das war natürlich eine ganz andere Zeit, aber damals hatte ich das Gefühl, dass Werbung auch in Deutschland tatsächlich ein Stück Popkultur ist, dass man über Werbung spricht", erinnert sich Martin. Als weitere einflussreiche Persönlichkeit aus jener Zeit nennt er Peter Figge, den damaligen Geschäftsführer von Tribal DDB, der später bei Jung von Matt zum CEO aufstieg.

Etwa zu der Zeit, als Amir Kassaei in die USA aufbrach, wo er Chief Creative Officer von DDB Worldwide wurde, lernte Martin Michael Trautmann kennen, der zusammen mit André Kemper kempertrautmann gegründet hatte. Trautmann bat ihn, in die Agentur einzusteigen und die Multichannel-Tochter kempertrautmann change aufzubauen, die Martin gemeinsam mit Nils Wollny, Mitgründer von Holoride, und André Kempers Bruder Wulf-Peter leitete. Bei kempertrautmann (heute: thjnk) habe er sofort gemerkt, dass das Unternehmen starke kreative Talente an Bord hatte: „Das Niveau war hervorragend, und insofern habe ich etwas Neues für mich mitgenommen, und zwar auch, dass man den Produktionswert wieder zu schätzen weiß: Man kann sich im positiven Sinne in Details verlieren."

Für Martin ist die totale Ökonomisierung der Gesellschaft fragwürdig. Obwohl er nicht den großen Marketingkritiker spielen möchte, insistiert er dennoch darauf, dass Marketing nicht nur darin bestehen sollte, etwas zu verkaufen, das die Menschen gar nicht wirklich brauchen. Für ihn ist ganz klar, dass Marketeers und Marketing

eine Haltung haben sollten und diese Haltung nicht
für Werbezwecke missbrauchen dürfen. Er kritisiert einige
große Autohersteller dafür, dass sie sich während der
EURO 2020 in ihren Social-Media-Kanälen mit
Regenbogenfarben überschlagen haben – allerdings nur
in Ländern, in denen Regenbögen en vogue waren.

Heute sieht er das größte Problem für das Marketing darin,
ein System aufrechtzuerhalten, das den Planeten langfristig
zerstört. Darauf muss seiner Meinung nach eine Antwort
gefunden werden. „Marketing kann nicht mehr jedes Jahr
höher, weiter, schneller und so viel mehr bedeuten. Es muss
dazu beitragen, diesen Planeten lebenswert zu erhalten."
Abgesehen von dieser allgemeinen Herausforderung
hält er es nach wie vor für wichtig, gute Inhalte zu haben,
gute Geschichten erzählen zu können und diese gut zu
produzieren. Auch Recruiting und Employer Branding,
die Attraktivität als Marke für Mitarbeiter, sowie Upskilling
und Weiterbildung in einer VUCA-Welt stehen auf
seiner Prioritätenliste.

Da ihm gute Geschichten und einprägsame Erzählungen
wichtig sind, sind seiner Meinung nach Empathie,
Kreativität und eine gewisse strategische Denkweise von
Marketeers gefragt. Es geht um Dinge, die nicht nur mit
einem selbst und dem eigenen Schaffen zu tun haben,
sondern darum, immer alles im Blick und im Kontext zu
behalten. Neugier ist für ihn immer das Wichtigste, aber er
rät, sie mit etwas Demut zu verbinden: „Glaube nicht, dass
du den Herrgott jeden Tag aufs Neue schnitzt, sondern
dass du versuchst, die Dinge zu verstehen."

Takeaways

① Marketing muss dazu beitragen, dass dieser Planet lebenswert bleibt.

② Marketeers und Marketing sollten eine klare Haltung einnehmen und diese Haltung nicht für Werbezwecke missbrauchen.

③ Es ist wichtig zu verstehen, wie sich Menschen verhalten und wie sie Dinge nutzen.

④ Kombinieren Sie Neugier mit einer Portion Demut.

Felix Jahnen — Digital Transformation Meister, Jägermeister

„Digitales Marketing sehe ich nicht mehr als Einzeldisziplin. Ich schaue einfach, wie ich mein Marketing digitalisieren kann."

Felix Jahnen

Digital Transformation Meister, Jägermeister

— Verkaufte seine erste Website Ende der 1990er Jahre an eine Apotheke
— Aufgewachsen in einer Hamburger Agentur,
wo er als Kreativdirektor tätig war
— Zitiert Karl Lagerfelds Mutter:
„Hamburg ist das Tor zur Welt, aber nur das Tor"
— Vater zweier kleiner Kinder

Felix Jahnen findet, dass man nicht mehr digitales Marketing machen sollte, sondern Marketing in der digitalen Welt. Und er lebt, was er predigt: Es ist der Kern seiner Rolle als Digital Transformation Meister bei Jägermeister.

„Digitales Marketing sehe ich nicht mehr als Einzeldisziplin. Ich schaue einfach, wie ich mein Marketing digitalisieren kann. Und wenn das selbst für eine nichtdigitale Marke wie Jägermeister gilt, dann gilt das auch für alle anderen."

Aus diesem Grund müssen auch Verbrauchermarken den Direktvertrieb, auch bekannt als Direct-to-Consumer-Marketing (D2C), für sich nutzen. Es ist der einzige Bereich, in dem Marketeers den gesamten Marketing- und Vertriebs-Funnel verstehen können, von der Markenbekanntheit bis zum Kauf und dann in der Schleife bis hin zur Loyalität, und wo sie dies mit ihren eigenen Daten beweisen, beobachten und verstehen können. Die Suche nach First-Party-Daten führt zum D2C-Marketing und umgekehrt.

Nach Felix' Ansicht ist dies selbst in einer kleinen Nische sinnvoll. Diese Nische kann eine Petrischale sein, die sowohl den Verbraucher als auch das gesamte Geschäft abbildet.

„Es ist einfach der einzige Bereich, der von A bis Z informiert ist und der die anderen, indirekten Bereiche günstiger und klüger informieren kann als alle anderen. Das verleiht ihm eine erhebliche strategische Bedeutung. Und damit wird es sich wahrscheinlich irgendwann zu einem signifikanten Kanal entwickeln. Auch einfach was simples Business angeht."

Direct-to-Consumer (D2C): der Verkauf direkt an Verbraucher, ohne Groß- oder Einzelhändler

Sales Funnel: die Schritte, die ein potenzieller Kunde vom ersten Kontakt mit einer Marke oder einem Unternehmen bis zur Kunden-werbung durchlaufen muss; oft unterteilt in
→ Upper Funnel,
→ Mid Funnel und
→ Lower Funnel
(→ Customer Journey)

First-Party-Daten: die Daten, die ein Unternehmen direkt von seinen Kunden erhebt, im Gegensatz zu Third-Party-Daten, die aus externen Quellen stammen

In der Spirituosenbranche gibt es bereits Neueinsteiger, die den D2C-Ansatz anwenden. Jiangxiaobai, eine 2012 eingeführte chinesische Baiju-Marke, hat erst durch den Direktvertrieb richtig Fahrt aufgenommen. Sie richtet sich an ein jüngeres Publikum von Millennials und der Gen Z.

Ebenso hatte sich Jägermeister Ende der 1990er Jahre an jüngere Verbraucher gewandt und ein erhebliches Wachstum verzeichnet. Die Marke zeichnet sich durch eine einzigartige Mischung aus Tradition und Innovation aus. Obwohl das Produkt selbst seit seiner Einführung im Jahr 1934 unverändert geblieben ist, hat es bei den anderen drei Ps des Marketingmix Innovationen gegeben, insbesondere in Bezug auf Platzierung (place) und Werbung (promotion). Der Kräuterlikör kam in den 1970er Jahren auf den Weltmarkt und wagte zur gleichen Zeit den Sprung ins Sportsponsoring. Jägermeister ist traditionell Vorreiter im Marketing und war daher gut aufgestellt, als Felix 2014 das Ruder als Leiter des globalen digitalen Marketings übernahm.

Zuvor hatte er seine Karriere bei Davies Meyer begonnen, einer Agentur in seiner Heimatstadt Hamburg. Dort lernte er das klassische Werberüstzeug kennen, jedoch im Kontext digitaler Kanäle, wie sie von Marken wie Pepsi, Henkel, Vodafone, Carlsberg und der Deutschen Bahn eingesetzt werden. Dies waren zweifellos große Kunden und renommierte Marken, aber Felix sehnte sich danach, selbst eine Marke zu führen – nahezu unmöglich in einer Agenturposition. Bei Jägermeister kamen für ihn viele Dinge zusammen. Es ist ein typisch deutsches, familiengeführtes, mittelständisches Weltunternehmen mit Sitz in der Provinzstadt Wolfenbüttel.

„Es ist eine Marke mit unglaublichem Charisma, die vor allem auch global ist", sagt er. „Ich fand es schon immer spannend, dass man nicht alles in einem ganz kleinen Rahmen machen muss – man ist nicht auf Deutschland oder die DACH-Region beschränkt. Aber die Marke ist immer noch klein genug, dass alles greifbar ist und man nicht nur ein Rädchen im Konzerngetriebe ist. Jägermeister ist eigentlich gar nicht so groß. Ich denke, die Leute nehmen die Marke viel größer wahr, als sie ist."

Felix fand viel Substanz und ein hoch motiviertes Marketingteam mit ausreichenden Ressourcen vor. Als er ankam, gab es viele niedrig hängende Früchte, die er schnell ernten konnte. Während sein Team für digitales Marketing die Social Media auf ein neues Niveau brachte, hatte er das Gefühl, dass er das Ende der Fahnenstange erreicht hatte. Er konnte sich um das Marketing kümmern und die Bekanntheit der Marke steigern, indem er versuchte, sie möglichst plakativ mit unterschiedlichen Botschaften in jeder einzelnen Zielgruppe ins Bewusstsein zu rücken – aber dann hört es kurz vor der Messbarkeit auf.

„Wenn das Werk glüht und die Flaschen herauskullern, perfekt. Aber einen direkten Zusammenhang sehe ich nicht. Was ist, wenn man ein Produkt direkt an den Verbraucher schickt?", fragte er. Jägermeister hat ein 80 Jahre altes Vertriebsmodell: Sie beliefern Einzelhändler wie Edeka in Deutschland oder Walmart in den USA und hoffen, dass sich ein Verbraucher an einen Instagram-Post erinnert, wenn er am Regal steht. Gleiches gilt für Bars und Clubs.

„Obwohl wir traditionell eine Marke sind, die Verbraucher besser versteht als viele andere, hatten wir keinen direkten Kundenkontakt. Es wurde immer offensichtlicher, dass wir strategisch gesehen nicht einmal einen Ansatzpunkt hatten. Wir hatten nichts. Und wir hatten dieses Thema lange gemieden, weil es bequem war, die Dinge so zu tun, wie wir sie immer getan hatten."

Felix nutzte die Chance, die Entwicklung seiner neuen Rolle voranzutreiben, und bot sich selbst als Besetzung an.

Die Idee ist, sowohl gutes Marketing in den digitalen Kanälen zu machen – also das Marketing zu digitalisieren – als auch im Vertriebskanal – also die Produkte digital zu verkaufen. Jägermeister muss direkt und digital verkaufen, um die Verbraucher besser zu verstehen. Das lässt sich einfach in E-Commerce mit der guten, alten grünen Flasche übersetzen. Aber das Unternehmen will auch ein paar Schritte weiterdenken. Jägermeister hat eine reiche Tradition im Merchandising, aber der heilige Gral ist es, eine Plattform zu werden und digitale Dienste anzubieten, die letztendlich Geld einbringen.

„Wir haben schon ein paar Hausaufgaben erledigt, erste Prototypen gebaut, Tests gemacht und Verbraucher-forschung betrieben, wo wir das Recht haben, eine Rolle zu spielen, oder vielleicht auch nicht, denn ich finde es sehr wichtig, das herauszufinden."

„Wenn man alles rational und nüchtern beweisen kann, dann wird die Marke automatisch auch ein bisschen nüchtern."

Die digitale Transformation erfordert einen Balanceakt zwischen Chancen und Risikovermeidung. Wenn Jägermeister es nicht tut, wird es sicherlich jemand anderes tun, und das könnte das Geschäft zerreißen. „Ich glaube, dass uns viele Überraschungen bevorstehen und dass wir als Marke einfach besonders wach sein sollten, um etwas schneller zu reagieren als andere. Und dazu gehören auch unsere Handelspartner, denn die Verbraucher treiben diesen Trend voran."

Als Optimist sieht Felix es positiv, dass Marketeers heute mehr Möglichkeiten haben als je zuvor. Er sieht aber auch, dass die Herausforderungen wachsen. „Die Zeiten des guten, alten ‚Don Draper'-Marketings mit fünf Zeitungen und drei Fernsehsendern sind definitiv vorbei. Die Welt ist wahnsinnig komplex und fragmentiert. Deshalb wird es immer schwieriger, Vorhersagen zu treffen. Und auch die Arbeit eines Marketeers wird immer komplizierter."

Verbrauchertrends verpuffen in der Regel genau dann, wenn Marketeers ihre Recherche abgeschlossen oder den Kostenvoranschlag dafür abgezeichnet haben. Die am dringendsten benötigte Disziplin sieht Felix daher heute in der Agilität. „Wir müssen wieder ein besseres Gleichgewicht finden zwischen dem, was wir sagen, und dem, was wir tun. Es wird viel zu viel diskutiert und viel zu wenig gehandelt."

Der Trend zur Messbarkeit ist für ihn mit einem Vorbehalt verbunden: „Wenn man alles rational und nüchtern beweisen kann, dann wird die Marke automatisch auch ein bisschen nüchtern."

Purpose: der Grund für die Existenz eines Unternehmens, der als Grundlage für das Marketing verwendet wird; wird heute häufig als bestimmender Teil des Markenauftritts eines Unternehmens verwendet und schließt Themen wie Nachhaltigkeit und soziale Verantwortung von Unternehmen ein

Felix glaubt, dass Marketeers ein solides Instrumentarium brauchen, aber sie müssen auch verstehen, dass ein Teil des Jobs darin besteht, immer wieder neu zu lernen oder „das Lernen zu lernen", wie er es nennt. Dann muss man Trends beobachten. Was passiert hier gerade inhaltlich und methodisch? Worüber reden die Leute und wie reden sie darüber? Welche Memes sind im Trend?

„Das ist heute praktisch die einzige Chance, andere Marken in Sachen Smartness zu übertrumpfen. Ansonsten kann ich in Euro und Dollar ausrechnen, wie viel ich bezahlen muss, um die Konversation zu dominieren. Und das können logischerweise nur die großen Marken mit ihren Budgets."

Die erste Priorität für Marketingmanager sollte es sein, den Kunden oder Verbraucher zu verstehen, findet Felix. Marken und Marketing existieren, um Differenzierung und Wiedererkennung zu schaffen, und die Arbeit hat sich vom Produktmarketing zum Markenmarketing verlagert. „Jetzt dreht sich alles um den Purpose. Kann ich mich mit diesem Markenversprechen in meinem gesamten Lebensstil und Leben identifizieren? Möchte ich, dass es mir nützt und vielleicht auch meiner gesellschaftlichen Verantwortung?"

Aus seiner Sicht können Marketingspezialisten dies nur verstehen, wenn sie Kunden und Verbrauchern tatsächlich zuhören. Sie müssen fragen, was Verbraucher an ihrer Marke und ihrem Produkt schätzen und was sie daran hassen. „Wenn man das nicht in den Griff bekommt oder sich bewusst dafür entscheidet, es zu ignorieren und zu verdrehen, dann ist man meiner Meinung nach in einer sehr schlechten Position."

Marketeers sind heute auch Change Manager, nicht zuletzt intern. Gerade weil der Wandel so eklatant ist, braucht es Change Management. „Als Marketeer muss man sich selbst und sein direktes Teamumfeld motivieren, egal ob Mitglied oder Führungskraft. Man muss wissen, wie man bestimmte Veränderungen kommuniziert!"

Er sieht das Marketing in Gefahr, blindlings jedem Trend zu folgen, unabhängig davon, ob es sinnvoll ist. Stattdessen müssen Marketingspezialisten ihre eigene Arbeit und die Mechanismen der Arbeit besser als zuvor strukturieren und erklären. „Plötzlich versteht man, warum es für Red Bull sinnvoll ist, jemanden ins All zu schießen und ihn mit einem Fallschirm wieder landen zu lassen."

Die schiere Anzahl der Faktoren, die heutzutage im Marketing und generell in der Unternehmensführung zu berücksichtigen sind, ist kräftezehrend. Für Felix sind Nachhaltigkeit und soziale Verantwortung mehr als nur die neuesten Modeerscheinungen, denen man nachjagen muss; sie sind für ihn globale gesamtgesellschaftliche Aufgaben, denen sich kein Marketeer entziehen kann.

Er zitiert einen Ausspruch seines alten Chefs: „Das Reh hat jetzt das Gewehr." Diese Redewendung war auf den Aufstieg von Social Media gemünzt, als plötzlich ein Kanal für Kundenfeedback auftauchte. Marketingexperten können nicht länger herumsitzen, Whisky schlürfen, Tabakwerbung schalten und hoffen, dass die Leute kaufen. Die Welt von Don Draper gehört der Vergangenheit an.

„Wenn etwas mit Ihrer Kommunikation, Ihrer Marke, Ihrem Produkt nicht stimmt, bekommen Sie dieses Feedback gnadenlos. Selbst wenn man in ein falsches Licht gerückt wird, muss man dagegenhalten können. Aber bei Dingen wie Greenwashing oder auch nur ein bisschen Übertreibung bekommt man es zurück ins Gesicht." Wenn sich Marketeers allerdings stattdessen dafür entscheiden, das Social-Media-Spielfeld zu verlassen und nur noch Display- und TV-Werbung zu machen, werden sie auf lange Sicht ebenfalls scheitern.

TikTok ist vielleicht nicht das Wichtigste für eine bestimmte Marke, aber Unternehmen sollten lernen, sich einen neuen Kanal anzusehen oder ihn auszuprobieren, auch wenn sie dies diskret in einem Test tun. „Ein Team und das Unternehmen dadurch klüger zu machen, ist auch ein wichtiger Lernprozess. Wenn man wie beim Poker jede Runde verstreichen lässt, fliegt man irgendwann raus."

Takeaways

① Marketeers müssen Change Manager sein.

② Marken müssen direkt an Verbraucher verkaufen,
um sie besser zu verstehen, auch wenn es nur in einer kleinen Nische ist.

③ Machen Sie heute kein digitales Marketing, sondern Marketing in der digitalen Welt.

④ Andere Marken in Sachen Smartness zu übertreffen,
ist heutzutage der einzige Weg, um erfolgreich zu sein, es sei denn, man verfügt über ein *wirklich* großes Budget.

———

226

„Aus mehr als 20 Jahren Beratung weiß ich, dass das größte Problem darin besteht, Fehler aktiv anzusprechen, um daraus zu lernen."

Björn Schick

Chief Experience Officer, smart Europe

— Bekam mit acht Jahren einen Commodore 64
— Damals verliebte er sich in die Welt der Spiele, die Interaktion
und entwickelte die nötige Affinität zu Computern
— Transformierte und repositionierte port-neo
als digitale Agentur mit Fokus auf Customer Experience
— Sieht sich nicht als klassischer Konzernmensch,
sondern eher als Agenturkind

Direct-to-Consumer (D2C): der Verkauf direkt an Verbraucher, ohne Groß- oder Einzelhändler

Manchmal ist es einfacher, sein Erbe abzuschütteln und ganz von vorn anzufangen. Genau das hat die Automobilmarke smart getan, indem sie sich, als Pionier, in eine reine Elektromarke verwandelt hat und sich derzeit zu einer stärker kundenorientierten, digitalen Direct-to-Consumer-Marke (D2C) wandelt. Die angestrebte Veränderung ist tiefgreifend und jede der drei Herausforderungen – Elektroantrieb, Kundenzentrierung und D2C – wäre für sich genommen schon eine ausreichende Aufgabe.

Das neue Unternehmen – ein Joint Venture von Mercedes-Benz mit dem chinesischen Autohersteller Geely – startete fast ohne Altlasten. Nur das ikonische Elektro-Kompakt-modell smart EQ fortwo blieb als Brücke zwischen der Vergangenheit und der Zukunft. Als Björn Schick im August 2020 als Director of Customer Experience (CX) zu smart Europe kam, war es noch ein kleines Unternehmen mit rund 20 Mitarbeitern und fühlte sich wie ein Start-up an.

„smart hat eine Dynamik wie eine Agentur, mit einem Mindset, das ich bei Agenturen nur in Pitch-Phasen erlebt habe", schwärmt Björn. „Das ist hier Tagesgeschäft. Es ist mit kaum einem Unternehmen vergleichbar, das ich in meiner gesamten Beraterlaufbahn gesehen habe."

Björn bezeichnet sich selbst gerne als Agenturkind, das jetzt ins Unternehmen gegangen ist. Nach einem Studium der Informatik startete er seine Karriere in der Webentwicklung, als diese noch in den Anfängen steckte. Relativ schnell merkte er, dass Kreativität, konzeptionelle Stärken und Neugierde stark in ihm verankert waren.

Der Kontakt mit Kunden und die Beratung gefielen ihm, weshalb er schließlich in der Agenturwelt landete. Zu der Zeit gab es noch die klassische Unterscheidung zwischen Werbeagenturen und Digitalagenturen. Digital gewann dann an Relevanz, erhöhte seinen Anteil und übernahm mehr und mehr die Lead-Rolle in der Kommunikationsgestaltung.

2009 kam er als Mitarbeiter Nr. 27 zu Oddity. Die Agentur ist über die Jahre rasant gewachsen, ein Wachstum, das er als Unit-Leiter miterlebt und aktiv mitgestaltet hat. Damit war der Weg frei, um 2015 Geschäftsführer bei port-neo zu werden. Dort lag sein Fokus auf der Transformation und Veränderung der Organisation.

port-neo war früher eine klassische Vertriebsmarketing-Agentur mit PowerPoint-Präsentationen und Beratung für Vertriebsmitarbeiter, um sie bei ihrer Arbeit zu unterstützen. Die Neupositionierung als Digitalagentur mit Fokus auf Customer Experience und die Beratung großer Konzerne zur Digitalisierung ermöglichte es ihm, unternehmerisch zu agieren. „Mein Highlight bei port-neo war die Entwicklung der neuen Marke. Das war das letzte Puzzleteil, in dem ich mich selbst verwirklichen konnte, um die Agentur mit Mission, Vision, Werten, Struktur und Kultur neu zu positionieren."

Bei smart sieht er seine Aufgabe als Chief Experience Officer (CXO) darin, sich für den Endverbraucher einzusetzen.

agil: ein iterativer Ansatz für die Softwareentwicklung, der verwendet wird, um auf Veränderungen zu reagieren; wird auch in anderen Kontexten eingesetzt, zum Beispiel im Marketing

„Wenn wir die Business-Strategie aus interner Sicht betrachten, sehe ich mich als denjenigen, der die Position des Endkunden einnimmt und aus dessen Bedürfnissen heraus hinterfragt. So ist auch meine Rolle als ‚Agenturkind' im Unternehmensumfeld beschrieben, und das ist gut und macht viel Spaß."

Als CXO ist er für mehr als nur Marketing verantwortlich. Er sieht sich auch nicht als klassischer Marketeer, sondern hat neben Business Development, Data, IT und E-Commerce auch Marketing in seinem Team.

Da smart neu gegründet wurde, um frei von Altlasten in Form von Systemen, IT oder sogar bestehenden Verträgen zu sein, steht es auch vor der Herausforderung, alles neu aufzubauen. „Das heißt, man braucht Organisation, Kultur, aber auch ein IT-System. Meine erste Aufgabe, als ich bei smart anfing, war neben der Arbeit an der Markenpositionierung das Pitchen und Auswählen unserer IT-Landschaft. Wir betreiben hartes Infrastruktur- und Plattformgeschäft zusammen mit einer Marketingvision und einem hohen CX-Anspruch, was sich dann in einem erfolgreichen und nachhaltigen Business niederschlägt."

Der Aufbau eines Teams kann eine größere Herausforderung sein, da die Teammitglieder sich selbst als Teil von etwas Größerem sehen müssen, sowohl integriert sein als auch integriert denken sollen. Die größte Herausforderung sieht Björn jedoch darin, keine Silos entstehen zu lassen und agile Arbeitsweisen in eine Kultur zu bringen, die teilweise auch sehr traditionell sein muss. Neben digitalem Marketing und

E-Commerce braucht smart Experten aus dem Automotive-OEM-Umfeld, weil sie wissen, wie Produktmanagement, After-Sales und Gebrauchtwagengeschäft funktionieren.

„Das kann man nicht mit einem disruptiven oder digitalen E-Commerce-Ansatz erfinden. Man braucht tatsächlich die Marktkenntnis eines Autoherstellers und muss das mit der neuen Welt, dem Digitalen, mit denen, die anders denken, verbinden und gemeinsam eine neue, zukunftsorientierte Denkweise formen."

Eine weitere echte Herausforderung besteht darin, ein Unternehmen nachhaltig aufzubauen und eine Kultur zu schaffen, die nicht sofort wieder Altlasten aufbaut. „Das bedeutet eine Trial-and-Error-Kultur zu etablieren – die Bereitschaft, Fehler zu machen, sich bewusst zu sein, dass ich etwas ausprobieren könnte und es nicht funktioniert. Aus mehr als 20 Jahren Beratung weiß ich, dass das größte Problem darin besteht, Fehler aktiv anzusprechen, um daraus zu lernen."

Ist das Kundenerlebnis so wichtig, dass der CXO der neue CMO ist? Der CXO verbindet die unterschiedlichen Sichtweisen entlang der alten Konfliktlinien von Budgets, Macht und getrennten Silos wie dem klassischen Schisma zwischen Marketing und Vertrieb. So sieht Björn seine Aufgabe. „Und ja, es ist nicht alles neu, nur weil es einen anderen Namen hat. Aber es ist eine Haltung und eine Denkweise, die sich ändert. Wir werden das Marketing nicht ändern; Kommunikation ist wichtig und entwickelt sich

Omnichannel: ein Multichannel-Ansatz für den Vertrieb, der alle Kanäle in ein nahtloses Erlebnis integriert

ständig weiter. Es wird aber immer komplexer und fragmentierter. Es benötigt mehr Schnittstellen und Austausch als früher."

Die Herausforderung im Marketing liegt also in der Verzweigung in Spezialthemen. Der Kampf um Talente wird immer mehr zum Kampf um Spezialisten. Mit anderen Worten, fragt er: Was ist Marketing?

„Ist es immer noch der klassische Generalist, der aus der Kommunikation kommende Marketeer, der ‚Marlboro Man'-Erfinder, um es mal salopp zu sagen? Oder was ist es, das noch aus der alten Welt kommt und transferiert werden muss? Aus meiner Sicht die Strategie und somit der strategische Planer in seiner neuen Spezialisierung im digital geprägten Omnichannel-Umfeld."

Die größte Herausforderung ist also, dass das Marketing immer technischer, automatisierter und digitaler wird. Auch wenn es immer noch klassische Touchpoints gibt, lösen sich Marketeers von der klassischen Fernsehwerbung und gehen zu personalisierter Streaming-Werbung über. Out-of-Home wird digital. „Die Komplexität der Möglichkeiten durch Digitalisierung und die Veränderung des Marketings zu erfassen und vollständig zu durchdringen, das ist die Herausforderung und die größte Veränderung."

Björn räumt ein, dass Marketing neben dem strategischen Planer auch heute noch Kreativität braucht. Er sieht Platz für den Art Director und den Texter, aber er ist sich nicht mehr sicher, was in Zukunft passieren wird. Wie stark wird die

Rolle der individuellen Kreativität bei der automatisierten und datenbasierten Ausspielung von Assets noch sein? Als digitalaffiner Nerd mag er, was heute passiert und was im Bereich der künstlichen Intelligenz auf uns zukommt. „Aber ich denke, jeder wird auch weiterhin seinen Platz haben, solange es um kreatives Denken und Ideenentwicklung geht und nicht nur um die klassische Umsetzung."

Es gibt einen Trend zum Handwerklichen, zu etwas Besonderem, das sich von der Masse abhebt. Björn glaubt, dass wir diese Form der Kreativität beibehalten werden. „Aber wenn wir heute von Hyperpersonalisierung im digitalen Umfeld sprechen, sprechen wir nicht mehr von Kreativität. Es ist einfach die Massenproduktion von Assets. Ob der Goldene Schnitt gegeben ist, interessiert mich nicht mehr, das regelt das System, das es dann ausspielt. Der Text, der bei 1.000 Leuten am besten funktioniert, wird dann den nächsten 5.000 auch gezeigt. Wo ist also der kreative Anker? Das ist ein mathematischer Anker, ein Algorithmus. Aber um diesen ersten Schritt zu klären, kreativ zu sein und eine Marke, eine Markenpositionierung oder eine Kampagne zu schaffen, wird diese Art von Kreativität hoffentlich noch lange, lange Zeit existieren."

Kurz gesagt, ein Marketeer ist heute ein veränderungsbereiter, spezialisierter Generalist. Die übergreifenden, verbindenden Elemente sind Kommunikation, Verständnis und Empathie für den Kunden. Björn meint, das bleibt. Der Rest wird sehr schwierig. Es gibt nicht mehr den Marketeer. Es gibt Manager, die wissen, wie man Spezialistenteams orchestriert, und offen für Disruption sind.

Purpose: der Grund für die Existenz eines Unternehmens, der als Grundlage für das Marketing verwendet wird; wird heute häufig als bestimmender Teil des Markenauftritts eines Unternehmens verwendet und schließt Themen wie Nachhaltigkeit und soziale Verantwortung von Unternehmen ein

„Wenn wir von wirklich guten CMOs sprechen, dann sind das sicherlich diejenigen, die wissen, wie man sich nach rechts und links verbreitert, die wissen, wie man sich verändert, und die die Bereitschaft mitbringen, Neues entstehen zu lassen." Neue Dinge wie das Metaverse, was auch immer es ist oder was es wird. Welcher Marketeer wusste vor drei oder vier Jahren, dass Blockchain möglicherweise ein wichtiger Bestandteil seines Marketing-Setups ist? „Das zu sehen macht mir sehr, sehr viel Spaß, weil ich das nicht in Schwarz und Weiß sehe. Ich sehe die Möglichkeiten, die sich daraus ergeben und die unser Leben bereichern."

Als Prioritäten im Marketing nennt Björn die Nutzung von Erkenntnissen aus Daten, die Automatisierung und die Fokussierung auf den Kunden, mit anderen Worten, Behavioral Marketing. Er ist skeptisch in Bezug auf den Purpose, der in letzter Zeit eine beliebte Priorität im Marketing war. „Für mich wird Purpose zu sehr aus interner Sicht und einseitig betrachtet, während Behavioral Marketing eher auf den Endkunden und dessen Bedürfnisse ausgerichtet ist. Beides clever in Einklang zu bringen ist aus meiner Sicht der Schlüssel zum Erfolg."

Dies steht in engem Zusammenhang mit der Weiterentwicklung von traditionellem Marketing zu dialogischem Behavioral Marketing, bei dem der Fokus auf Werten, dem Schaffen einer Wertekopplung und der individuellen Ansprache der Endkunden entsprechend deren Interessen liegt. Durch Automatisierung, Data Insights und allgemeine Insights kann das Marketing stärker

Key Performance Indicator (KPI):
ein messbarer Indikator für das angestrebte Ziel

Customer Insights:
das Verständnis von Kundendaten, -verhalten und -feedback

auf den Kunden und seine Bedürfnisse eingehen, und zwar für viele Verhaltensdimensionen.

Damit einher geht die Bereitschaft zur Messbarkeit als wesentlicher Punkt für die Zukunft des Marketings. Das heißt, sich an KPIs messen zu lassen und Dinge zu tun, die einen nachhaltigen Nutzen und eine Wirkung zeigen.

„Wir haben viel zu lange mit KPIs gearbeitet, die keine wirklichen Performance-Parameter für Mehrwert waren, wie zum Beispiel Traffic. Wen kümmert es nur zu wissen, wie viele Besuche meine Seite bekommt oder wie viele Kontaktpunkte eine Anzeige hat? Das ist zu unscharf. Es ist die Vergangenheit. Die Zukunft ist es, eine Wirkung zu erzielen, zum Beispiel die Konvertierung entlang einer End-2-End-Journey."

Er erwartet, dass sich das Marketing auch gegenüber den CEOs neu positionieren wird. Wenn Marketing messbar wird und Marketeers zeigen können, welche messbare und nachhaltige Wirkung sie auf Abverkauf, Produktentwicklung oder Customer Insights haben, dann wird Marketing neu verstanden und Budgetverhandlungen nicht nur auf Brand Awareness, Reach und Traffic reduziert. „Ein gut vernetzter Marketeer, der in KPIs denkt und handelt, wird sagen, diese Marketingstrategie oder Kampagne hat folgenden messbaren Impact auf das Business, zum Beispiel auf den Deckungsbeitrag. Zukünftig gilt es im Marketing, integriert mit anderen Bereichen zusammenzuarbeiten und gemeinsame Strategien zu entwickeln. Die Verhandlung um Budgets wird dann mit Argumenten wie Skalierung des Abverkaufs, der Optimierung des Lagerbestands oder der positiven Beeinflussung des Deckungsbeitrags begründet. So kommen wir weg von mit Bauchgefühlen geführten Argumentationen und der falschen Wahrnehmung des Marketings und bewegen uns in die Richtung und zum Mindset einer Data-Driven Company."

Marketeers sind oft in ihrem Fachwissen und ihrer Spezialisierung gefangen. Dem hin und wieder zu entkommen, andere Blickwinkel einzunehmen und die Dinge aus einer anderen Perspektive zu betrachten, reizt ihn.

„Wir haben bei smart unter anderem den Wert ‚Neugier', der für mich täglicher Impulsgeber für Veränderungsbereitschaft und Weiterentwicklung für mich als Person, meines CX-Bereichs, aber auch des Unternehmens ist. Ich wünsche mir diesen Wert auch für andere Unternehmen und Marketeers, um täglich über den Tellerrand zu blicken und neue Ideen in unseren Alltag einzubringen."

Takeaways

① Die Herausforderung und größte Veränderung im Marketing besteht darin, die Komplexität der Möglichkeiten der Digitalisierung zu erfassen und vollständig zu durchdringen.

② Ein Marketeer ist heute ein veränderungsbereiter spezialisierter Generalist.

③ Gute CMOs wissen, wie man sich nach rechts und links verbreitert, und bringen die Bereitschaft mit, Neues entstehen zu lassen.

④ Messbarkeit ist essenziell für die Zukunft des Marketings.

„Nicht jeder kann ein Datenanalyst sein, aber jeder kann einen Datenanalysten ins Team holen."

Beate Rosenthal — Partner Global Consumer & Health Platform, Roland Berger, ehemals CMO bei Stada

Beate Rosenthal

Partner Global Consumer & Health Platform, Roland Berger, ehemals CMO bei Stada

— Hat den größten Teil ihrer Karriere bei P&G verbracht
— Studium: Betriebswirtschaft und Volkswirtschaft
— Pro bono: Executive Advisor für Unusual Pioneers, Yunus Social Business
— Board Member der MMA mit dem Thema Zukunft von Marken und Marketing

[1] — **Wood, Orlando** (2019). Lemon: How the advertising brain turned sour. Institute of Practitioners in Advertising.

[2] — **Recke, Martin** (2021). Why marketing is no less important than technology. NEXT Insights.

In seinem 2019 erschienenen Buch *Lemon. How the advertising brain turned sour* [1] argumentiert Orlando Wood, dass das Denken mit der linken Gehirnhälfte dem Marketing im Allgemeinen und der Werbung im Besonderen massiven Schaden zugefügt hat. Er schreibt, dass die heutige Kultur das analytische Denken überbetont, zum Nachteil der Kreativität beider Gehirnhälften, was zu einem Rückgang der Effektivität von Kreation führt. Statt einer kreativen Renaissance sieht er eine kreative Reformation, eine Entblößung der Altäre.

Als Beate Rosenthal Anfang der 90er-Jahre mit dem Studium begann, war sie genau von diesem Ansatz fasziniert: der Verbindung von Ideen und Analytik. Auf dieser Grundlage begann sie ihre Marketingkarriere.

Beate glaubt auch drei Jahrzehnte später immer noch fest an Whole-Brain-Marketing. Aus ihrer Sicht hat es einen guten Grund, dass Apple, das größte börsennotierte Unternehmen der Welt, 14 Jahre in Folge den CMO Survey Award for Marketing Excellence gewonnen hat. [2] Obwohl es sich um ein Technologieunternehmen handelt, verdankt Apple seinen Erfolg seiner Kreativität, der Kraft seines Designs und der intuitiven Nutzung seiner Produkte. Apples brillantes Marketing ist beispielhaft.

„Markenaufbau funktioniert nicht ohne starke Ideen", sagt Beate. „Und es funktioniert nicht, wenn die Marke ihre Kunden nicht als Menschen versteht, denn nur so schafft sie Wert für sie und erreicht sie emotional." Den Wert von Marken lernte sie während ihrer langjährigen Karriere bei

[3]— **Neff, Jack** (2012). How P&G Reshaped the Industry From Brand Management to Digital and Beyond. AdAge.

[4] — **Fretten, Howard.** Learning from Babies.

Procter & Gamble (P&G) zu schätzen, wo sie direkt nach ihrem Studium einstieg. P&G ist bekanntlich der Erfinder des Brand Managers und der kundenzentrierten Markenführung. **[3]**

Der Best Global Brands Report von Interbrand verzeichnete im Jahr 2021 das größte Markenwachstum aller Zeiten. Der kombinierte Wert der Top-100-Marken wuchs um 15 Prozent. Woher kam dieses Wachstum? Laut Beate durch den Ansatz, beim Menschen zu starten. Bei P&G war sie einst für die Windelmarke Pampers verantwortlich und an der damals bahnbrechenden Kampagne „Die Welt mit Babyaugen sehen" beteiligt, einer der wirklich globalen Werbekampagnen von P&G, weil sie von einem universellen Insight ausging.

Die Herausforderung für Pampers bestand darin, sich von einer rein funktionalen, nutzenorientierten Marke zu einer emotionalen Marke zu entwickeln und gleichzeitig den Wert der Marke im Wettbewerb mit aufstrebenden Handelsmarken zu steigern. Dies wurde erreicht, indem P&G die Perspektive änderte und die Welt mit den Augen eines Babys sah. **[4]** Beate war 2004 federführend beim Start von *Pampers TV* auf dem deutschen Markt, einer Infotainment-Sendung bei RTL2, moderiert von Dana Schweiger. Die Sendung richtete sich an junge Familien und werdende Eltern und bot Tipps und Aufklärung rund um die Bedürfnisse in der Entwicklung ihres Babys.

Beates Credo lautet: ganzheitlich denken. Das passt gut zum P&G-Ansatz der Markenführung, der Brand Managern die Verantwortung für das gesamte Geschäft überträgt, einschließlich der Innovation. Für Braun, eine weitere P&G-Marke, schuf sie ein Lizenzmodell für das Uhrengeschäft, das kurz vor dem Aus stand. Ihr Modell rettete nicht nur das Geschäft, sondern führte auch zu Designpreisen und einer Renaissance der traditionellen Designstärke der Marke – das Erbe von Dieter Rams, dem langjährigen Chefdesigner von Braun, fortgeführt vom Designteam unter der Leitung von Oliver Grabes.

Digitale Technologien faszinierten Beate seit ihren ersten Erfahrungen mit E-Mail im Jahr 1993 während ihres Studiums an der UCLA. 1997 leitete sie ein Training für die deutsche Marketingorganisation von P&G zur Rolle des Internets. Als langjährige Verfechterin der Digitalisierung in Marketing und Wirtschaft war sie eine frühe Zeugin des Konflikts zwischen E-Commerce und Offline-Händlern, die in Balance gebracht werden mussten. Heute lächelt sie darüber in dem Wissen, dass sich am Ende stets die gleiche Erkenntnis durchsetzt: „Wir müssen dort sein, wo die Menschen sind und kaufen wollen."

Das Gleiche erlebte sie später noch einmal im Gesundheitswesen. Dort musste der Widerstand von Apothekern und Großhändlern gegen den „Jetzt kaufen"-Button auf Websites überwunden werden, weil sie sich schwertaten damit, diesen Schritt als positiven Frequenztreiber zu sehen. Mittlerweile ist E-Commerce zum Standard geworden.

„Ich war vielleicht ein bisschen hartnäckiger als meine Kollegen", reflektiert sie, „weil ich immer von den Menschen

Purpose: der Grund für die Existenz eines Unternehmens, der als Grundlage für das Marketing verwendet wird; wird heute häufig als bestimmender Teil des Markenauftritts eines Unternehmens verwendet und schließt Themen wie Nachhaltigkeit und soziale Verantwortung von Unternehmen ein

ausgehe und immer argumentiere: Wie nutzen die Menschen digitale Medien und wie die Industrie?" Da gebe es heute noch eine große Diskrepanz, stellt sie fest. Die Zeit, die Verbraucher mit digitalen Medien verbringen, entspricht nicht dem, was ihnen das Marketing an Medieninhalten anbietet.

Beates Wechsel von Konsumgütern bei P&G zu Healthcare bei Merck war eine Gelegenheit, in ein Umfeld zu kommen, in dem der Schwerpunkt auf dem Aufbau lag. In diesem Fall ging es konkret um die digitale Transformation, um den Aufbau eines globalen Teams und um die Herausforderung, das Consumer-Health-Geschäft von Merck von einem digitalen Nachzügler zu einem digitalen Vorreiter zu machen. Das zweite Thema, das sie bei Merck antrieb, war das Thema Purpose.

„Meine letzte Rolle bei P&G war, das Parfümportfolio im deutschsprachigen Raum zu verantworten. Das sind tolle Marken und emotionale Welten, aber mir fehlte der tiefere Sinn. Diesen Sinn habe ich im Bereich Gesundheit gefunden. Wenn ich mich mit Gesundheitsthemen beschäftige und mit oft unzureichend penetrierten Kategorien, in denen die Menschen weniger konsumieren, als gut für sie wäre – zum Beispiel Vitamin D –, ergibt es einen Sinn. Das ist mir noch wichtiger geworden."

Bevor sie zu Google kam, war sie Chief Digital & Media Officer bei Merck Consumer Health, das dann an Procter & Gamble Health verkauft wurde. Das war der Anstoß für Beate, in das Zentrum der Digitalbranche zu wechseln.

Objectives and Key Results (OKRs): ein Framework für die messbare Zielsetzung und Ausrichtung in Teams und Organisationen

In Google fand sie das Unternehmen, mit dem sie die größte Übereinstimmung der Werte hatte – was für sie auch auf den Purpose zurückzuführen ist. Google spricht nicht viel darüber, aber aus ihrer Sicht hat es hervorragende Werte. Zum Beispiel Nachhaltigkeit: Google ist seit 2007 CO_2-neutral und deckt seit 2009 seinen eigenen Energiebedarf zu 100 Prozent aus erneuerbaren Quellen.

In geschäftlicher Hinsicht haben Beate zwei Dinge gereizt: die Arbeit mit deutschen kleinen und mittleren Unternehmen an der digitalen Transformation und das ganze Thema Transparenz in der Art und Weise, wie Google sein Geschäft betreibt. Google nutzt das Konzept der Objectives and Key Results (OKRs), und sie konnte jeden Tag sehen, was Sundar Pichais OKRs sowie die ihrer Teammitglieder waren. Eine vollständige Transparenz bei den Quartalszielen sowie den langfristigen Zielen verdeutlicht, wer mit welcher Priorität woran arbeitet, und führt so dazu, dass alle im Unternehmen harmonisch – wie Perlen auf einer Schnur – auf das gemeinsame Ziel ausgerichtet sind.

Stada, wo Beate bis Ende 2021 CMO war, verfügt über ein großes Portfolio an Consumer-Health-Marken. Hier sah sie die Möglichkeit, tiefer in die Portfoliostrategie einzutauchen. Außerdem war sie stark daran interessiert, das Profil der jeweiligen Marken zu schärfen, insbesondere den Mehrwert oder Zweck der Marke.

Deshalb hat ihr Team intensiv an Stadas Schlafprodukt Hoggar gearbeitet und eine Mobile-First-Kommunikation

[5] — Rosenthal, Beate (2022). Monday Morning Inspiration: how to push the accelerator on your ROI. LinkedIn.

Performance-Marketing: eine Marketingstrategie, die auf messbare Ergebnisse (→ Conversion Rate, → Key Performance Indicator) ausgerichtet ist und Daten zur Entscheidungsfindung nutzt

Upper Funnel: der Teil des Marketings – oft Werbung –, der darauf abzielt, eine Marke oder ein Produkt bekannt zu machen und neue Zielgruppen anzusprechen

entwickelt. Grundlegend war, das Gefühl der Einsamkeit zu verstehen und anzusprechen, was Menschen erleben, die nachts nicht schlafen können. Die Vision: zu ermöglichen, dass jeder besser schlafen kann, und zwar nicht unbedingt durch Medikamente, sondern idealerweise durch eine Änderung der Gewohnheiten. Auch hier bietet die ganzheitliche Betrachtung einen Mehrwert für den Menschen.

Eine der großen Herausforderungen für das Marketing besteht nach Ansicht von Beate heute darin, der Rolle von Marken im Leben der Menschen Bedeutung zu verleihen.

Der Meaningful Brands Report von Havas aus dem Jahr 2021 hat gezeigt, dass Verbraucher auf die meisten Marken tatsächlich verzichten können: 75 Prozent könnten verschwinden und wären leicht zu ersetzen. Das bedeutet, dass eine Marke im Leben der Verbraucher einen Mehrwert schaffen muss, oft über das rein funktionale Produkt oder die Technologie hinaus.

Eine weitere Herausforderung ist die Balance zwischen Brand-Marketing und Performance-Marketing. In schwierigen Zeiten leidet das Brand- oder Upper-Funnel-Marketing oft zuerst unter Budgetkürzungen. Doch nach ihrer Erfahrung, belegt durch zahlreiche Studien [5], ist eine Kombination aus Marken- und Performance-Marketing deutlich effektiver als reines Performance-Marketing.

Als dritte Herausforderung nennt Beate die Automatisierung des Marketings: die Automatisierung der automatisierbaren

[6] — **Bharadwaj,
Sundar** (2021). MMA
MOSTT Research
Study: Insights from
MARCAPS
Benchmarking Study
on Distinguishing
Winning Marketing
from Lagging
Marketing
Organizations. MMA.

A/B-Test: ein
Experiment mit zwei
oder mehr Versionen
einer Anzeige, eines
Textes oder eines
anderen Marketing-
Assets, um
festzustellen, welche
Version am besten
funktioniert

agil: ein iterativer
Ansatz für die
Softwareentwicklung,
der verwendet wird,
um auf
Veränderungen zu
reagieren; wird auch in
anderen Kontexten
eingesetzt, zum
Beispiel im Marketing

Prozesse, um Effizienz und Raum für die Dinge zu schaffen, die nicht automatisierbar sind, und dort dann die Kraft der Ideen hineinzustecken. So lässt sich beispielsweise die Optimierung von E-Commerce-Texten automatisieren und die entsprechenden Conversion-Ergebnisse lassen sich nachverfolgen, ohne dass Menschen die Arbeit machen müssen. Das ist sicherlich eines der großen Themen im Marketing der nächsten Jahre: Was wird automatisiert und in welcher Geschwindigkeit?

Wie würde Beate das Profil eines Marketeers beschreiben, der angesichts dieser Herausforderungen benötigt wird? Sie beginnt mit visionärer Führung und damit, den Trends und Innovationen immer einen Schritt voraus zu sein. Dann folgt die Kombination von Kreativität und Intuition mit einem analytischen Verständnis von Daten und Technologie.

„Das kann man entweder selbst haben oder sehr gut ergänzen. Wer kein absoluter Technologie-Nerd ist, kann diese Fähigkeit in seinem Team installieren. Nicht jeder kann ein Datenanalyst sein, aber jeder kann einen Datenanalysten ins Team holen." Ein Beispiel dafür war ihre Entscheidung, stets A/B-Tests für neue kreative Assets durchzuführen, um den kreativen Erfolg schnell festzustellen und Inhalte auf agile Weise zu optimieren.

Vielleicht am wichtigsten ist aber der Market-Capability Fit als Antwort auf die Frage, welche Fähigkeiten *wirklich* einen Unterschied ausmachen. [6] Ob man es glaubt oder nicht, es gibt keine allgemeine, einheitliche Antwort.

Unterschiedliche Branchen erfordern unterschiedliche Fähigkeiten. Abgesehen davon, dass sie Generalisten sind, so Beate, brauchen Marketeers immer noch hochwertiges, tiefgehendes Wissen und ein Verständnis für genau diese branchenspezifischen Anforderungen und Bedürfnisse und dafür, wo sie ganzheitlich hinführen können.

Im Vergleich dazu ist es weit weniger wichtig, wie ein Unternehmen strukturiert ist, ob nach Produkten, Kunden-segmenten oder Kompetenzen. Auch die Frage nach Zentralisierung oder Dezentralisierung des Marketings spielt keine allzu große Rolle. „Man muss die richtigen Fähigkeiten finden, um in seiner eigenen Kategorie in der Branche erfolgreich zu sein."

Als Kind der friedlichen Revolution drückte Beate 1989 einmal einem Polizisten eine Kerze in die Hand und machte ihn so zum Komplizen ihres Protests. Sie gehörte zur ersten Generation ostdeutscher Studenten in Westdeutschland.

Zwei Jahre später bestand sie den TOEFL-Test, bewarb sich um akademische Stipendien und ging an die University of California, Los Angeles (UCLA), wo sie die Möglichkeit hatte, ihren Weltblick zu entwickeln und viele internationale Studenten kennenzulernen.

Dieses Thema, die Welt zu erkunden, hat sich sowohl privat als auch beruflich fortgesetzt. Seit ihrem Studium hat sie 66 Länder bereist. Auch während der Covid-19-Pandemie konnte sie vier neue Länder kennenlernen: die drei baltischen Staaten und Nordirland.

Alles ist möglich, glaubt sie, aber es ist notwendig, die
Stimme zu erheben und sich für Dinge einzusetzen, die sich
ändern müssen. Deshalb übernimmt sie Verantwortung als
Vorstandsmitglied des Netzwerks Generation CEO für
weibliche Führungskräfte und in ihrer Pro-bono-Rolle bei
Yunus Social Business. Was sie tut, tut sie mit der Vision,
Grenzen zu sprengen und das Unmögliche möglich
zu machen.

Beate Rosenthal — Partner Global Consumer & Health Platform, Roland Berger, ehemals CMO bei Stada

Takeaways

① Beginnen Sie immer beim Menschen und nutzen Sie die Marke, um Mehrwert zu schaffen.

② Kombinieren Sie Kreativität und Intuition mit einem analytischen Verständnis von Daten und Technologie.

③ Ergänzen Sie Generalistentum mit branchenspezifischen, fundierten Kenntnissen.

④ Denken Sie über den Market-Capability Fit nach: Welche Fähigkeiten machen *wirklich* einen Unterschied in Ihrem Geschäft aus?

„Man kann nicht einfach drei Jahre lang das Gleiche machen und denken, dass es immer super ist."

Thomas Zimmermann — CEO, Free Now

Thomas Zimmermann

CEO, Free Now

— War schon früh an Wirtschaft interessiert
— Macht heute genau das, was er studiert hat
— Fand den Weg zum Kern des Themas Daten bei Goodgame Studios
— Fragt sich, wie sich das Marketing weiterentwickeln muss

Die digitale Transformation hat das Marketing tiefgreifend verändert und damit auch die Rolle des CMO. Als das Online-Marketing erstmals auf der Bildfläche erschien, war es ein kleiner, eigenartiger, mit Argwohn betrachteter Bereich. Inzwischen ist es zur Linse geworden, durch die wir das Marketing als Ganzes betrachten. Damit übernimmt langsam eine neue Generation von Marketeers das Ruder: Sie haben ihre Karriere im Online-Marketing begonnen und steigen nun in die Reihen der Chief Marketing Officers auf.

Als Thomas Zimmermann Mitte der 2000er-Jahre Betriebswirtschaftslehre mit Schwerpunkt Medien studierte, war dort Online-Marketing noch kein Thema. Er beschäftigte sich bereits während seines Studiums mit SEO und Affiliate-Marketing, spielte mit Adsense-Integrationen herum und fand das alles recht interessant. Schnell lernte er, dass es im Online-Marketing durchaus Aufgaben gibt, die man alleine nicht bewältigen kann: große SEA-Accounts oder Display-Werbung, ohne Kunden, ohne Budgets, nur mit ein bisschen Trial and Error ... das geht nicht.

Diese Erkenntnis führte ihn zu einem Praktikum im Online-Marketing bei der Hamburger Agentur uniquedigital (heute Syzygy Media). Dort baute er die SEO-Abteilung auf, die es bei seinem Einstieg noch nicht gab, und übernahm als Teamleiter das Affiliate-Marketing. Zum breiten Kundenspektrum gehörten Banken (comdirect, Commerzbank, Barclays), diverse Modehändler von Ulla Popken bis Yalook sowie Marken wie Telekom und Strato. Nach vier Jahren in der Agentur wechselte

Multi-Touch-Attribution:
eine Methode der Marketingmessung, die alle Touchpoints der → Customer Journey auf ihren Einfluss auf die Conversion (→ Conversion Rate) hin untersucht

er auf die Kundenseite zu Goodgame Studios, einem Gaming-Unternehmen.

Seine Motivation für den Wechsel war nicht ungewöhnlich für Mitarbeiter einer Agentur: Er wollte nicht in der Mitte feststecken, sondern den ganzen Prozess mitgestalten, von den ersten Entscheidungen bis zur endgültigen Umsetzung. „Ich habe mich mit dem Gründer und CEO Kai Wawrzinek zusammengesetzt und gemerkt, dass es sich wirklich gut anhört. Er hatte ein gutes Marketingverständnis, sie waren in einer sehr spannenden Phase, nicht mehr klein, sie hatten schon 300 Leute. Aber mit extremen Ambitionen. Und das klang einfach unglaublich spannend." Mobile Gaming war nicht sein Schwerpunkt, weder von der beruflichen Erfahrung noch von den persönlichen Vorlieben her. Aber schon während seiner Zeit in der Agentur war ihm klar: Wenn er auf Kundenseite sein wollte, dann in einem Tech-Unternehmen.

Er sah, dass Goodgame ein gutes Gespür für Daten hatte. Während seiner Zeit in der Agentur hatte er Erfahrung mit Multi-Touch-Attribution gesammelt. Daran hatte er mit János Moldvay gearbeitet, dem damaligen Director of Data, der später Adtriba mitbegründete. So fand er auch den Weg zum Kern des Themas Daten. Das Marketing bei Goodgame wurde damals inhouse abgewickelt und sollte weiter aufgebaut werden.

Drei Monate nach seinem Einstieg brachte das auf Browsergames spezialisierte Unternehmen sein erstes Handyspiel auf den Markt. „Es war eine ziemlich verrückte

Reise. Mobile Gaming war die erste Branche, die signifikante mobile Budgets und Umsätze bewegt hat." In diese Zeit fielen einmalige Ereignisse wie der Start von Facebook App-Install Ads, die alle im Markt zum schnellen Lernen zwangen. Mobile Tracking funktionierte grundlegend anders, sodass schließlich Produktmanager von Google aus Mountain View in einer kleinen Firma in Hamburg saßen und sich erklären ließen, warum sie Drittanbieter-Tracking zulassen mussten und warum es nicht so funktionierte, wie es zuvor im Google-Ökosystem der Fall war.

„Das sind Dinge, die so wahrscheinlich nie wieder passieren werden."

2017 zog Thomas nach Berlin und bekam einen Job bei IONIQ, das damals noch Hitfox hieß. Das von Jan Beckers gegründete Unternehmen baut Inkubatoren. Gestartet mit Adtech, gingen sie dann in den Fintech-Bereich und gründeten Finleap, das half, Start-ups wie Solarisbank und Clark auf den Weg zu bringen. Thomas war verantwortlich für Marketing und Operations.

Damals baute IONIQ mit Heartbeat Labs das nächste Vertical für das Gesundheitswesen auf. Also übernahm Thomas dort die gleichen Aufgaben. „Der Inkubator legt den Grundstein für Venture-Ideen", erklärt er, „damit sie sich auf das Kernthema konzentrieren können. Sie nutzen die Ressourcen aus dem Inkubator, wie Rechts-, Finanz-, Personal- und Marketingabteilung, bis sie ein tragfähiges Konzept vorweisen können und genügend Zugkraft haben."

Neben dem operativen Teil war Thomas auch an der Entscheidung beteiligt, welche Geschäftsideen gefördert und umgesetzt werden sollten. „Das war extrem spannend, weil es natürlich auch den ganzen Fundraising- und Early-Stage-Start-up-Teil abdeckte, was ich vorher noch nicht gemacht hatte."

Zwei Faktoren trieben ihn schließlich zurück nach Hamburg. Zum einen liebt er es, Dinge zu skalieren und mit großen Datenmengen zu arbeiten. Und in dieser Rolle verbrachte er seine ganze Zeit damit, Unternehmen in der Frühphase zu unterstützen. „Wenn es irgendwann in die Dimension kam, die ich spannend finde, dann war es schon wieder vorbei und ich wurde auf eine beratende Funktion reduziert." Der andere Grund war persönlicher Natur: die Geburt seines Sohnes in Hamburg im März 2018.

Thomas wurde CMO von myTaxi zu einer Zeit, als myTaxi noch vollständig im Besitz von Daimler war. Es war aber bereits klar, dass es mit BMW fusionieren würde, was zur Umbenennung in Free Now führte. Thomas war verantwortlich für das Marketing und verschiedene andere Bereiche. Er baute ein Growth-Team auf, das er inzwischen an die Produktabteilung übergeben hat, und war verantwortlich für Marketing, Daten, Kommunikation und das gesamte Ertragsmanagement: das Gleichgewicht auf dem Marktplatz, Incentives, Pricing und so weiter.

„Es war eher eine breitere CMO-Rolle, was in der Vergangenheit auch bei IONIQ und Goodgame der Fall war. Ich hatte in meiner Marketingfunktion schon immer ein starkes Interesse an Daten, dem kaufmännischen und operativen Geschäft." Im April 2022 wurde Thomas zum CEO ernannt.

Es ist eine ziemlich wilde Industrie, die ihn als CMO vor Herausforderungen stellte. „Es ist ein bisschen so wie Gaming damals, wo eine Menge Geld eingesetzt wird, wenn man es global betrachtet." Als Marktplatzgeschäft ist es besonders herausfordernd. Neben dem B2C-Fokus und zusätzlich zur Angebotsseite des Marktplatzes hat Free Now auch interessante B2B-Angebote.

„Es gibt einen komplett anderen Teil des Geschäfts, der geführt und vor allem ins Gleichgewicht gebracht werden muss. Die ganze Nachfrage nützt nichts, wenn man kein ausreichendes Angebot vorweisen kann. Wenn es nicht genug Scooter, Carsharing, Taxis oder private Mietfahrzeuge gibt, dann ist die User Experience ziemlich düster."

Deshalb muss ein konstantes Gleichgewicht auf der Makroebene aufrechterhalten werden. Aber das Gleiche gilt für die Mikroebene in verschiedenen Stadtteilen und zu unterschiedlichen Zeiten. Der Samstagabend auf der Reeperbahn stellt andere Anforderungen an den Service als der Dienstagmorgen und der Flughafen ist noch einmal eine ganz andere Situation. „Auf Stadtebene ist es ein komplexes Konstrukt, das es auszusteuern gilt. Mitunter quasi live."

Ein Teil seiner Aufgabe als CMO bestand darin, die Automatisierung zu verbessern. Preisanpassungen zu Spitzenzeiten erfolgen automatisch, und für

Incentivierungsstrategien auf beiden Seiten des Marktplatzes hat Free Now eigene Tools entwickelt, mit denen Kampagnen mit nur wenigen Klicks umgesetzt werden können. Bei zehn Ländern und verschiedenen Städten in jedem Land kann einen die Komplexität überwältigen, aber die Automatisierung sorgt dafür, dass die Dinge reibungslos laufen. „Wenn man keinen guten Automatisierungsgrad erreicht, ist es eigentlich unmöglich, das Ganze nur mit Manpower zu managen."

Angesichts seines breit gefächerten Hintergrunds überrascht es nicht, dass Thomas es nicht für sinnvoll hält, das Marketing isoliert zu betrachten. „Marketing wird von so vielen Dingen beeinflusst, sei es die Positionierung nach außen, die genauso über das Produkt erfolgt wie über die Kundenbetreuung, oder jeder Kontaktpunkt mit der Außenwelt."

Dasselbe gilt, wenn wir die tatsächliche Performance betrachten. „Wir geben Geld aus, wir sind dafür verantwortlich, dass Geld hereinkommt, aber dazwischen gibt es einen Produkt-Funnel. Und in diesem Kampf kann viel gewonnen oder verloren werden. Dasselbe gilt für die Kundenbindung – ich kann viele Maßnahmen ergreifen, über Reaktivierung nachdenken und so weiter. Aber am Ende trägt auch das Produkt massiv zur Kundenbindung bei. Marketing kann isoliert nicht gut funktionieren, sondern es muss eine starke Zusammenarbeit mit den anderen Bereichen des Unternehmens geben – in unserem Fall mit Betrieb und Produkt." Seiner Meinung nach sind viele Unternehmen noch nicht so weit.

Dies ist vergleichbar mit der Aufteilung zwischen Markenmarketing und Performance-Marketing. Auch in dieser Trennung sieht Thomas keinen Sinn. Immer wieder kommt er auf ein Unternehmen zurück, das von Anfang an einen Wachstumsansatz verfolgt hat, der Marketing und Produkt kombiniert: Spotify. Dass sie sich gegen Apple Music behaupten, gibt ihnen aus seiner Sicht Recht.

Ein Marketeer muss in der Lage sein, die Dinge richtig zu orchestrieren, sagt er. „Dafür muss man im Prinzip genug Verständnis haben, um die richtigen Fragen zu stellen und die Experten für Performance-Marketing und Marke angemessen zu fordern und zu führen." Er glaubt auch, dass es viele Vorteile hat, wenn man auch in den angrenzenden Bereichen Kenntnisse hat.

„Die Zeiten, in denen man als CMO kein gutes Verständnis für Daten hatte, sind ohnehin schon eine Weile vorbei, selbst auf der Markenseite. Und wenn man das weiterspielt, ist es für jeden Brand Manager wichtig, das eigentliche Geschäft gut zu verstehen, die Geschäftsmechanik und dementsprechend auch, was tatsächlich im operativen Bereich passiert."

Zusätzlich zum Verständnis für Marketing und Daten müssen Marketeers laut Thomas die Geschäftsmechanismen und ihre eigenen Kunden ziemlich gut verstehen. Nur dann können sie den Kunden besser ansprechen und die Maßnahmen maßschneidern. Er räumt ein, dass er hier die Brille eines Technologieunternehmens trägt und dass die Bilanz von Marken wie Louis Vuitton anders ausfallen kann.

Aus seiner Sicht wird die Rolle der Kreativität wieder zunehmend wichtiger. Die Zeit, in der plötzlich alles messbar war, ist vorbei. Vor ungefähr einem Jahrzehnt brach die Kluft zwischen Performance- und Brand-Marketing auf. Es gab eine Verlagerung hin zum Performance-Marketing, weil es nachvollziehbar und messbar war. Mit einem Wort, es war die Zukunft.

„Das war damals auch der Fall, weil es neu war. Damals konnte man sich noch Vorteile verschaffen. Aber das ist inzwischen nicht mehr der Fall. Und ich denke, es wird wieder deutlicher, dass Marketing als ein großes Ganzes funktionieren muss."

Kreativität kann sich da in vielerlei Hinsicht ausleben. Eine davon sind neue Ansätze im heutigen Marketing. „Man kann nicht einfach drei Jahre lang das Gleiche machen und denken, dass es immer super ist. Zunächst einmal muss man viele Dinge ausprobieren, die man in der Vergangenheit noch nicht gemacht hat, und man muss viel darüber nachdenken."

Welche Maßnahmen ermöglichen es Marken, nachhaltiges Wachstum zu erzielen? Kurzfristige Maßnahmen wie Incentivierung müssen im Einklang mit längerfristigen Maßnahmen wie Markenpositionierung und Kundenbindung stehen.

„Das erfordert eine Menge Kreativität. Dennoch gibt es auch klassische kreative Marken- und Awareness-Kampagnen, die ein ganz klares Ziel verfolgen. Das Verständnis dafür, kreative Wege finden zu müssen, um diese Balance zwischen kurz-, mittel- und langfristigen Zielen zu schaffen, ist heute wahrscheinlich stärker denn je."

Wenn es um Marketingprioritäten geht, hat Thomas eine klare, prägnante, fast klassische Sichtweise. An erster Stelle nennt er den effektiven und effizienten Einsatz von Budgets, abhängig von der Strategie und den Zielen des Unternehmens. Die zweite Priorität für das Marketing sieht er darin, das Unternehmen zu führen und in die richtige Richtung zu lenken.

„Wie bringe ich den wirtschaftlichen Erfolg in Einklang mit dem, was der Kunde eigentlich möchte? Und wie kann ich den Kunden verstehen? Der Advokat des Kunden zu sein ist also nichts, was ich zu 100 Prozent unterschreiben würde. Will der Kunde etwas, was nicht gut für das Unternehmen ist? Unsere Aufgabe ist es, die Wünsche unserer Zielgruppe, die Wünsche des Marktes, mit den wirtschaftlichen Zielen in Einklang zu bringen."

Takeaways

① Marken- und Performance-Marketing müssen als Ganzes betrachtet werden.

② Kreativität gewinnt wieder an Bedeutung.

③ CMOs brauchen ein gutes Verständnis für Daten.

④ Marketing funktioniert nicht gut in Isolation.

262

Michael vom Sondern — Geschäftsführer und CMO, onQuality, ehemals Global Head of Digital Marketing & Sales bei tesa

„Digitalisierung ist viel, viel anstrengender als alles, was ich bisher gemacht habe. Das musst du erst mal einem Unternehmen erklären, das auch ohne Digitalisierung sehr erfolgreich ist."

Michael vom Sondern

**Geschäftsführer und CMO, onQuality,
ehemals Global Head of Digital Marketing & Sales bei tesa**

— Geboren und aufgewachsen in Hamburg
— Schon früh von der Geschäftswelt fasziniert
— Entdeckte seine Leidenschaft fürs B2B-Marketing bei Beiersdorf
— Mitgründer von drei Unternehmen

[1] — **Recke, Martin** (2021). Welcome to the future. NEXT Insights.

In den Jahren der Pandemie haben wir viel über Veränderungen im Verbraucherverhalten und Verschiebungen in der Nachfrage gesprochen und darüber, was das alles für das Marketing bedeutet. In diesen Diskussionen wurde Marketing oft kurz für Business-to-Consumer (B2C) verwendet. Was wir manchmal übersehen, ist der massive Wandel des Marketings im Bereich Business-to-Business (B2B), den die Pandemie ebenfalls beflügelt hat.

B2B-Marketing stand viele Jahre und in vielen Branchen vor allem für glänzende Verkaufsprospekte, Messeauftritte zur Lead-Generierung und flächendeckende, mit Dienstwagen bewaffnete Vertriebsteams. Dann schlug die Pandemie zu. Messen wurden ausgesetzt und Geschäftsreisen eingestellt. Plötzlich meldeten sich die Geschäftskunden und sagten: „Bitte kommen Sie nicht vorbei, ich bin sowieso nicht da. Ich bin zu Hause und möchte nicht in meiner Küche über Ihr Produkt sprechen. Schicken Sie mir einfach die Daten.“

Das Spiel änderte sich völlig, und zwar über Nacht.

Ob B2B oder B2C, jede Branche musste sich ihrem eigenen digitalen Reifegrad stellen. [1] Für viele Unternehmen löste dies eine Reihe von Investitionen aus. B2B-Unternehmen begannen, mit einer digitalen Realität Schritt zu halten, die im B2C-Bereich schon seit vielen Jahren die neue Normalität war. Es war gerade der enorme Erfolg des alten Modells, der etablierte B2B-Unternehmen daran gehindert hatte, sich auf das neue Modell einzulassen.

Aber zu spät zur Party zu kommen hat auch seine Vorteile. Die digitale Technologie ist ausgereift, viele Lektionen sind bereits gelernt, und ein erfolgreiches Unternehmen erwirtschaftet zumindest genug Geld, um die notwendigen Investitionen zu stemmen. Außerdem mussten nicht viele Unternehmen im Frühjahr 2020 bei null anfangen – die meisten hatten schon längst damit begonnen. Die Pandemie diente lediglich als Beschleuniger.

Im Juli 2017 kehrte Michael vom Sondern zu tesa zurück, dem Hamburger Unternehmen, bei dem er 1998 als BWL-Student seine Karriere begonnen hatte. Zum Zeitpunkt seines Comebacks war Beiersdorf, der Eigentümer von tesa, von der Schadsoftware „Petya/NotPetya" betroffen, die zur Erpressung von Unternehmen eingesetzt wurde. Viereinhalb Tage lang ging in den 17 Fabriken von Beiersdorf in aller Welt nichts mehr. Alle Fließbänder standen still. Auch Computer, Laptops und Telefonanlagen waren offline.

In der weltweiten tesa-Zentrale in Norderstedt bei Hamburg fanden tägliche Townhall-Meetings statt. Tausend Menschen lauschten den Durchhalteparolen der Geschäftsführung: „Wir arbeiten daran. Das böse Virus hat uns lahmgelegt. Das zeigt, wie wichtig die IT ist. Das sind nur die Schattenseiten der Digitalisierung." Und dann: „Michael vom Sondern ist übrigens jetzt wieder da. Und er wird in den nächsten Jahren die Digitalisierung bei tesa aufbauen."

Michael schmunzelt, wenn er sich daran erinnert, wie mit einem Computervirus das Thema Digitalisierung und zugleich er in seine neue Rolle eingeführt wurden: „Ja, ein

EBIT: das Ergebnis vor Zinsen und Steuern; ein Indikator für die Rentabilität eines Unternehmens

klassischer Fehlstart." Er habe die Digitalisierung nie als Allheilmittel gesehen. Nur weil etwas digitalisiert sei, bedeute das nicht, dass es auch funktioniert.

„Ganz im Gegenteil. Digitalisierung ist viel, viel anstrengender als alles, was ich bisher gemacht habe. Das musst du erst mal einem Unternehmen erklären, das auch ohne Digitalisierung sehr erfolgreich ist."

Nach seiner Ausbildung stieg er Anfang der 2000er-Jahre bei tesa ein, damals noch der Underdog des Beiersdorf-Konzerns. Beiersdorf ist mit seiner alles überstrahlenden Marke Nivea ein ausgesprochenes B2C-Unternehmen, während tesa trotz seiner bekannten Verbrauchermarke überwiegend im B2B-Bereich tätig ist. 2001 wurde tesa in ein eigenständiges Unternehmen ausgegliedert, ist aber bis heute eine 100-prozentige Tochtergesellschaft geblieben. Was sich geändert hat, ist der Status des Underdogs.

„Wir sind die ‚Margenbringer'", bemerkt Michael nicht ohne Stolz. „Wir liefern jedes Jahr echtes EBIT, sogar mehr als Nivea."

Das war das Umfeld, als er ankam, die Digitalisierung als das nächste große Ding anpries und darüber nachdachte, wie man tesa noch besser machen könnte.

„Am Anfang hat man nicht viele Zuhörer und bekommt nicht viel Applaus, aber dann fangen die Leute an zu fragen: ‚Okay, wo? Wie? Was heißt das?'" Michaels Ansicht nach besteht die Digitalisierung aus Prozessen, Technologie und Menschen.

[2] — **Drucker, Peter F.** (1954). The Practice of Management. Harper.

Aber die größten Probleme sind nach seiner Einschätzung die Menschen und die Veränderung – das gilt auch für Marketing und Vertrieb.

Die größte Herausforderung, vor der viele B2B-Unternehmen stehen, ist der Wechsel von der Produkt- zur Kundenzentrierung. Dieses Konzept geht auf Peter Drucker zurück, der 1954 schrieb: „It is the customer who determines what a business is, what it produces, and whether it will prosper." [2] Die Kundenzentrierung gewann im B2C-Marketing an Einfluss und hielt über nutzerzentriertes Design Einzug in die digitale Industrie. Die großen Technologieunternehmen von heute haben sich alle dieses Konzept zu eigen gemacht.

Es entbehrt nicht einer gewissen Ironie, dass das Mutterschiff von tesa, Beiersdorf, der Kundenzentrierung aufgrund seiner Herkunft aus der Konsumgüterindustrie näher stand. In der Zwischenzeit steckte tesa immer noch in der Produktzentrierung fest, nicht zuletzt, weil seine Produkte so gut sind. Man ist versucht zu glauben, dass es ausreicht, nur diese Qualität über digitale Kanäle zu kommunizieren. Aber so funktioniert es nicht.

„Wir müssen mehr darüber nachdenken, wann sich unsere Kunden für welche Informationen interessieren", erklärt Michael. „Und das sind nicht immer nur Produktinformationen, wie die großartige Performance der Klebekraft. Unsere Kunden wachen nicht morgens auf und sagen: ‚Hoffentlich finde ich heute ein Klebeband, das 14 Newton pro Quadratzentimeter hält.'"

Customer Journey:
die gesamte
Geschichte der
Interaktion zwischen
Kunden und
Unternehmen

Die Herausforderung besteht darin, in der digitalen Welt eine gewisse Relevanz für potenzielle Kunden zu schaffen. „Du hast tausend kluge Wissenschaftler, die großartige Produkte bauen, aber du hast auch tausend Verkäufer, die sagen: ‚Hey, wenn er das Ding nicht versteht, erkläre ich es ihm. Kein Problem, ich fahre dahin.‘"

Und dann kam die Pandemie. Das Spiel hat sich komplett verändert und dieser Wandel beschleunigt sich.

„Jetzt kommen wir dem Kundenerlebnis, das wir schaffen müssen, ein Stück näher. Wir fangen gerade erst an, die Kunden zu verstehen. Es klingt elementar, aber das Verständnis der Kunden, der Kundenbedürfnisse, der Customer Journey, das allein ist die Grundvoraussetzung für alles Weitere."

Dieses Verständnis zu vermitteln und dann die Marketing- teams darauf einzustellen ist die größte Herausforderung im Vertrieb. „Marketing und Vertrieb gehen für mich Hand in Hand. Gerade im B2B-Kontext gehört also alles zusammen." Die Digitalisierung forciert die Kundenorientierung und damit die enge Verzahnung der beiden Disziplinen.

Während Messen zwei Jahre lang ausfielen, bekam der Vertrieb über das Marketing dennoch Leads in sein CRM. Die Leads waren vorqualifiziert, aber die Vertriebsmitarbeiter mussten trotzdem noch nachfassen. Michael gibt zu, dass es diesen Prozess vor zwei Jahren noch nicht gab. Heute aber hat tesa den Grundstein gelegt, alles aufgebaut und strebt

Michael vom Sondern — Geschäftsführer und CMO, onQuality, ehemals Global Head of Digital Marketing & Sales bei tesa

„Es klingt elementar, aber das Verständnis der Kunden, der Kunden- bedürfnisse, der Customer Journey, das allein ist die Grundvoraussetzung für alles Weitere."

Upper Funnel: der Teil des Marketings – oft Werbung –, der darauf abzielt, eine Marke oder ein Produkt bekannt zu machen und neue Zielgruppen anzusprechen

Customer Insights: das Verständnis von Kundendaten, -verhalten und -feedback

bereits die nächste Stufe an: ein viel besseres Verständnis des Kunden zu haben, aber auch Neues auszuprobieren.

Was funktioniert gut? Passen die Inhalte, die tesa erstellt? Wo passt es nicht? Wie kann tesa vermeiden, den Kunden zu überfordern? Welche Rolle spielt der Sales-Touchpoint? Welche Rolle spielt Self-Service? All diese Fragen, räumt Michael ein, sind noch immer unbeantwortet.

„Bis zu 60 oder 70 Prozent der Reise hat der Kunde bereits hinter sich, bevor er uns anruft." Michaels Aufgabe war es, diesen Teil der Customer Journey besser zu verstehen und relevante Inhalte für die frühen Phasen (oder den „Upper Funnel" im heutigen Marketingjargon) zu entwickeln.

Was macht seiner Meinung nach heute einen guten CMO aus? Die Zusammenstellung der Marketingteams mit den relevanten Disziplinen, einschließlich Customer Insights und Research, verbunden mit Branding-Experten, die das Produkt verstehen und eine Industriemarke aufbauen können. Dann muss das Team auf globaler Ebene für eine schnelle Umsetzung sorgen.

Aus Michaels Sicht kann ein guter CMO die Geschichte erzählen, warum digitale Kanäle und die heutige Komplexität ein Marketingsystem mit gewissen Fachkenntnissen erfordern. Dies muss dann mit der Fähigkeit kombiniert werden, ein Team so aufzubauen, dass die unterschiedlichen Kompetenzen harmonisch ineinandergreifen.

Customer Journey Mapping: der Prozess der Abbildung der → Customer Journey

„Der CMO braucht eine gewisse Vision, wohin das Ganze gehen soll, denn man stellt viele Leute ein, die frustriert sind, wenn sie das erste Mal ins Unternehmen kommen. Ein guter CMO kann das abfedern und diesen kreativen Menschen einen geschützten Raum geben." Er empfiehlt, Raum für Experimente zu schaffen. „Scheitern und Fehler machen gehört zur Arbeit."

Die Erschließung der Macht der Daten, um zu wissen, was funktioniert – oder „Funnel-Transparenz" –, ist eine der obersten Prioritäten, die er für Marketingexperten sieht. Eine andere ist, die Kundenbedürfnisse mit den strategischen Zielen eines Unternehmens abzugleichen. „Dazu muss man zuerst die Kundenbedürfnisse verstehen. Mit der externen Perspektive beginnen, nicht mit der internen."

Eine weitere Priorität ist die Umsetzung. „Ideen werden zerredet und zu früh verworfen, bevor sie umgesetzt werden können, daher hat eine schnelle Umsetzung absolute Priorität." Deshalb braucht das Marketing Experten, die mit Daten umgehen können, die Prozesse verstehen und wissen, ob die richtigen Daten erhoben werden. Michael rät davon ab, wesentliche Dinge wie Customer Journey Mapping und Customer Insights auszulagern.

„Im B2B-Marketing stehen nach wie vor das Produkt und seine Features im Vordergrund. Der Preis wird sehr ernst genommen, zumindest aus meiner Erfahrung hier bei tesa", fügt er hinzu. „Ich kenne nur wenige B2B-Marken, die wirklich kundenzentrierte Werbung betreiben. Gerade im

B2B-Kontext ist das noch etwas unterentwickelt. Es ist also eine andere Situation als im Verbrauchermarketing."

Als er während seiner Ausbildung bei Beiersdorf zum ersten Mal mit der Welt des Verbrauchermarketings in Kontakt kam, war er enttäuscht. „Die Marketingagenturen haben uns damals ziemlich viel, ich will nicht sagen, Mist erzählt, aber … ich habe manchmal nicht verstanden, was da eigentlich passiert, was die Botschaft an den Verbraucher sein soll. Das fand ich abschreckend. Ich habe dann gemerkt, das ist es irgendwie gar nicht. Man hat ständig mit Agenturen zu tun. Und eigentlich soll das Marketing etwas vorspielen, was der Konsument gar nicht braucht. Und das hat mir gezeigt, dass ich dort nicht wirklich zu Hause bin."

Während des Studiums an der Hamburger Wirtschaftsakademie Ende der 1990er-Jahre traf er einmal Oliver Sinner, der dort studiert hatte, bis er kurz vor den Abschlussprüfungen abbrach, um anschließend SinnerSchrader zu gründen und an die Börse zu gehen. „Wir haben den Film und das Unternehmertum und die Börse und die Roadshow gesehen und das fanden wir natürlich alle total cool. Ich war damals kurz davor, die ganze Konzernkarriere an den Nagel zu hängen, in die neuen Medien zu gehen und etwas mit Digital zu machen." Doch dann fand er seine Berufung bei tesa.

Ein Jahrzehnt später, 2009, kam ein ehemaliger Kommilitone mit einem Angebot auf ihn zu, das er nicht ablehnen konnte: gemeinsam ein Unternehmen

Inbound-Marketing:
die Gewinnung
von Kunden durch die
Entwicklung von
Inhalten und
Erlebnissen für sie
(→ Earned Media und
→ Owned media)

agil: ein iterativer
Ansatz für die
Softwareentwicklung,
der verwendet wird,
um auf
Veränderungen zu
reagieren; wird auch in
anderen Kontexten
eingesetzt, zum
Beispiel im Marketing

aufzubauen. Es war verlockend. Michael war noch Anfang 30, verheiratet, hatte ein Kind und hielt das Risiko für überschaubar. „Ich hatte immer noch diese quälende Frage: ‚Was hast du noch verpasst?' Es gibt noch andere Dinge, die passieren. Bis zur Rente kann ich nicht nur bei tesa arbeiten. Es kommt noch etwas anderes und diese Gelegenheit hat mich gefunden."

Dieses Gefühl, etwas Neues aufzubauen, wieder eine Herausforderung zu haben, etwas Großes zu schaffen, viel Freiheit, viel Verantwortung und Vertrauen zu haben, war verlockend. Er wusste, dass sich diese Art von Gelegenheit nicht jedes Jahr bietet. Er musste sie ergreifen. Er war mit ganzem Herzen dabei. Der Kopf brauchte noch etwas Zeit. Schließlich kündigte er bei tesa und nahm das Angebot an.

Das erste Projekt, eine Business-Intelligence-Lösung, konzentrierte sich auf zwei Branchen: Schifffahrt und E-Commerce. Aber nach der Krise in der Schifffahrtsbranche beschlossen Michael und sein Partner, das Unternehmen zu verkaufen und das Geld in die E-Commerce-Story zu stecken. Sie haben ihr Beratungsgeschäft in ein Cloud-basiertes Software-as-a-Service-Modell umgewandelt. Dadurch lernte er Themen wie Inbound-Marketing, Content-Marketing, Digital Sales und agile Softwareentwicklung kennen, aber auch die Welt von Finanzierung, Venture Capital, Skalierung und Internationalisierung.

Ein drittes Projekt, die Vermarktung von Reichweite im Amateurfußball, verkomplizierte sein Leben zusätzlich. Kurz nachdem er bei tesa gekündigt hatte, kam die Nachricht, dass seine Frau und er bald Zwillinge bekommen würden. „Plötzlich sind wir von einem auf drei Kinder gewachsen. Ich habe meiner Frau viel zugemutet und konnte die Entscheidung nicht rückgängig machen."

Jahre später trieb ihn die Komplexität seines beruflichen und familiären Lebens zurück zu tesa. „Ich habe die Work-Life-Balance nicht richtig hinbekommen und musste mich für das eine oder andere entscheiden. Klar, dass ich mich für meine Familie entschieden habe." Seine Arbeit ist immer noch komplex. Aber zu seiner großen Erleichterung ist er nicht länger dafür verantwortlich, 35 Familien in Lohn und Brot zu halten.

Kurz nach unserem Gespräch verließ Michael tesa zum zweiten Mal, um Geschäftsführer und CMO von onQuality zu werden, einem SaaS-Anbieter. In gewisser Weise ist es eine weitere Rückkehr – diesmal in die Welt von E-Commerce-Beratung und Software as a Service.

Michael vom Sondern — Geschäftsführer und CMO, onQuality, ehemals Global Head of Digital Marketing & Sales bei tesa

Takeaways

① Der Wechsel von der Produkt- zur Kundenorientierung ist eine große Herausforderung für viele B2B-Unternehmen.

② Das größte Problem für Marketing und Vertrieb ist der Mensch, der sich dem Wandel stellt.

③ Ein guter CMO muss Raum für Experimente schaffen.

④ Eine schnelle Umsetzung ist der Schlüssel zum Erfolg.

———

Jenny Gruner — Director Global Digital Marketing, Hapag-Lloyd

„Algorithmen lassen sich programmieren. Das funktioniert weniger gut mit Menschen."

Jenny Gruner

Director Global Digital Marketing, Hapag-Lloyd

— In Rostock geboren und aufgewachsen, bezeichnet sie
sich selbst als echtes „Nordlicht"
— Stammt aus einer Familie pragmatischer Problemlöser
— Enkelin eines Kapitäns, was zwar nicht ausschlaggebend für ihren Einstieg
bei einer Reederei war, sie aber gelehrt hat, über den Tellerrand zu schauen
— Hat bei eprofessional das digitale Marketing von der Pike auf gelernt

Conversion Rate: der Anteil aller Besucher oder Personen, die mit einer Anzeige interagieren, die ein bestimmtes Ziel (eine Conversion) erreichen, zum Beispiel sich für einen Newsletter anmelden oder ein Produkt kaufen

Jenny Gruner liebt es, komplexe Probleme frontal anzugehen. Dann kommt die Analytikerin in ihr zum Vorschein. Sie hat vor ihrem BWL-Studium Biologie studiert und weiß daher aus erster Hand, wie es ist, sich mit Komplexität auseinanderzusetzen ... und wie wichtig Einfachheit ist. „Wenn ich es mir selbst erklären kann, dann kann ich es auch verkaufen."

Sie vergleicht *Die Sendung mit der Maus* mit der Welt des Business-to-Business (B2B). Dort gibt es viele spannende Themen, die der Endverbraucher einfach nicht sieht. Und gerade in Deutschland, dem Weltmarktführer der Hidden Champions gleichauf mit China, gibt es viel zu entdecken. Jenny geht gerne in den Maschinenraum, anstatt nur auf die glänzende Chromoberfläche zu schauen.

„B2B hat viel brachliegendes Ackerland, weil es einfach hinter B2C zurückliegt. Man kann also viel Land bestellen. Das bedeutet, während man im B2C vielleicht die Conversion Rate um 0,2 Prozent steigern kann, hat man im B2B ganz andere Wachstumschancen, und das macht einfach Spaß. Dieses Aufbauen, die Ärmel hochkrempeln und loslegen, merke ich immer wieder, ist genau meins."

Jennys Appetit auf Komplexität führte sie in die Logistikbranche, weil sie eben komplex ist. Bei Hapag-Lloyd, wo sie als Director of Global Digital Marketing fungiert, sind die Aufgaben noch umfassender, denn das Unternehmen ist in 137 Ländern aktiv. Es ist also wirklich global. Viele Branchen stehen derzeit vor großen Herausforderungen in Bezug auf die globalen Lieferketten. Die hohe Nachfrage

agil: ein iterativer Ansatz für die Softwareentwicklung, der verwendet wird, um auf Veränderungen zu reagieren; wird auch in anderen Kontexten eingesetzt, zum Beispiel im Marketing

Scrum: ein → agiles Framework für die Entwicklung von Software und anderen Produkten

nach Gütertransporten stellt Hapag-Lloyd vor die Herausforderung, sie zu bewältigen. Das motiviert sie, trotz schwieriger Umstände ein positives Erlebnis für den Kunden zu schaffen.

Die enorme Komplexität hat auch erhebliche Auswirkungen auf das Marketing. Jenny ist überzeugt, dass Marketingorganisationen, wie auch andere Unternehmensbereiche, agiler werden sollten. „Wenn wir nicht agil sind, können wir nicht so gut planen. Schließlich ändern sich die Dinge auf dem Markt so schnell. Die Komplexität ist hoch und wir sollten die Maßnahmen auf den Kunden ausrichten. Das bedeutet, dass die Weichen in Richtung kundenzentriertes Marketing gestellt werden sollten. Agiles Marketing ist hier definitiv das Wort der Stunde."

Häufig sind Unternehmen immer noch funktional, hierarchisch und in Silos strukturiert, was in ihren Augen oft zu Unzufriedenheit führt. Schließlich lassen die eher formalen, offiziellen Wege wenig Raum für Selbstbestimmung.

Welches Organisationsmodell für welche Organisation das richtige ist, hängt freilich vom jeweiligen Marketingbereich und dem Unternehmen ab. Ob man mit funktionsübergreifenden Teams startet, um erste Erfahrungen zu sammeln, ob man agile Methoden wie Scrum ausprobiert, um sich Schritt für Schritt von traditionellen Vorgehensweisen zu lösen, oder ob man sich langfristig auf flexible, kundenzentrierte Teams einstellt, die im

[1] — **Fernandes, Thaisa** (2017). Learn More About the Spotify Squad Framework — Part I. PM101.

Customer Journey: die gesamte Geschichte der Interaktion zwischen Kunden und Unternehmen

Projektmodus zusammenarbeiten, bis hin zum Spotify-Modell, dass mit Tribes und Chapters arbeitet [1], muss jedes Unternehmen für sich definieren. Es kommt auch immer auf die Voraussetzungen an, zum Beispiel ob man Shared Services in globalen Unternehmen hat, wo Rahmenbedingungen global geschaffen, aber lokal ausgefüllt werden.

Eine der wichtigsten Herausforderungen für das Marketing sieht Jenny darin, Kundenerlebnisse und eine kohärente Customer Journey über alle Kanäle und Geräte hinweg zu schaffen. Zugegeben, das ist nicht gerade der neueste Trend, aber in vielen Unternehmen noch weit entfernt vom Ideal, wie es die Theorie beschreibt. „Es ist wichtig zu schauen, welche Bedürfnisse meine Kunden haben, welche Kanäle sie nutzen und mit welchen Botschaften ich an meinen Touchpoints sein muss. Welche Daten muss ich mir anschauen und welche Technologien werden dafür benötigt?"

Jenny spricht das Thema Daten selbst als Herausforderung an. „Wir alle haben mehr als genug Kundendaten. Die Frage ist, wie wir sie effizient nutzen können. Immer mehr Datenpools und Quellen kommen hinzu, aber worauf kommt es wirklich an?" Daher ist es notwendig, sich auf relevante Daten zu konzentrieren und eine Datenstrategie nicht nur für das Marketing, sondern für das gesamte Unternehmen zu entwickeln. Der Aufbau von Datenkompetenz und das Aufbrechen von Silos sind hier entscheidend. Das Thema Kollaboration birgt gerade in traditionellen Unternehmen seine eigenen Hürden.

[2] — **Recke, Martin** (2019). Making sense in a VUCA world. NEXT Insights.

„In vielen Unternehmen existieren noch immer unzählige Silos nebeneinander. Wenn es darum geht, eine übergreifende Customer Journey abzubilden, müssen verschiedene Bereiche zusammenarbeiten. Und damit meine ich nicht nur Marketing und Vertrieb: Produktentwicklung, IT und andere müssen sich einbringen und übergreifende Kompetenzteams bilden, um an der Customer Experience zu arbeiten."

Die Erwartungen an Mitarbeiter generell, welche Fähigkeiten sie mitbringen sollten, werden immer anspruchsvoller. Marketeers brauchen technologische Kompetenzen, wie die Fähigkeit, mit Daten zu arbeiten, sie zu analysieren und zu interpretieren, und ein solides technisches Verständnis. Digitale Fähigkeiten wie virtuelles Arbeiten und agile Methoden, um schnell auf den Markt reagieren zu können, sind weitere Punkte.

Soft Skills sind schließlich die Voraussetzung, um sich in einer Welt zu bewegen, die von Volatilität, Unsicherheit, Komplexität und Ambiguität (engl. VUCA) geprägt ist. [2] Die wichtigste dieser Fähigkeiten ist die Kollaboration. Silos müssen aufgebrochen werden, Vernetzung und Kooperation müssen sich gegen Hierarchien durchsetzen, wenn es darum geht, ganzheitlich auf den Kunden einzugehen.

„Besonders wichtig im Marketing ist auch das Thema Kreativität, denn es ist die Voraussetzung für Innovation. Lebenslanges Lernen ist ein weiteres wichtiges Merkmal, weil sich so viel verändert. Menschen sollten darauf achten, immer auf dem neuesten Stand zu sein, und sich weiterentwickeln wollen, denn die Halbwertszeit des Wissens ist so kurz geworden und alles geht so schnell, dass man nicht mehr hinterherkommt."

Die Frage, ob Marketingkapazitäten intern aufgebaut oder ausgelagert werden sollten, muss ihrer Meinung nach von Fall zu Fall entschieden werden, da dies vom digitalen Reifegrad des Unternehmens abhänge.

„Wichtig ist: Dienstleister und Agenturen sollten nicht länger als verlängerte Werkbank, sondern eher als interne Kapazitäten betrachtet werden. Wenn ich also einen Dienstleister habe, sollte ich ihn so weit wie möglich befähigen, meine Geschäftsprozesse zu verstehen und nicht nur an seinem kleinen Silo zu arbeiten, sondern sein kleines Silo im Gesamtkontext zu sehen."

Ob Inhousing oder externe Unterstützung – es kommt darauf an, wie das Unternehmen tickt. Auch der Fachkräftemangel spielt dabei eine Rolle. Auf dem Markt werden derzeit vermehrt Online-Marketeers gesucht, was einen Einfluss auf diese Entscheidung hat.

„Das ist selbst für Hapag-Lloyd, ein großes Unternehmen mit einer großen Marke, nicht so einfach. Ich weiß von Freunden und Kollegen, die bei Hidden Champions sind, dass sie viel größere Probleme haben als ich. Es ist also ein sehr individueller Weg, den jedes Unternehmen für sich finden muss. Wichtig ist, dass es agil, sehr eng verzahnt und koordiniert ist, sodass auch Dienstleister stärker ein-gebunden werden, als das früher der Fall war."

[3] — Kotler, Philip (2016). Marketing 4.0: Moving from Traditional to Digital. Wiley.

vier Ps: die Schlüsselfaktoren des Marketings im klassischen Marketingmix: Product, Price, Place und Promotion

Das Marketing habe in den letzten Jahrzehnten seine Souveränität in Bezug auf geografische Marktstrategien und Preisdefinition verloren, auch an den Vertrieb, der an Einfluss gewonnen habe. In traditionellen Unternehmen wurde Marketing auf Promotion reduziert, nur eines der vier Ps des Marketingmix. Andererseits wird Marketing durch die aktuelle Entwicklung hin zur Kundenzentrierung eine neue Bedeutung bekommen.

„Nutzerverhalten, Kaufverhalten, Suchverhalten, all diese Dinge haben sich verändert. Ich denke, dass das Marketing unglaublich weit voraus ist, wenn es darum geht, diese Daten zu entdecken und zu nutzen, insbesondere durch digitales Marketing. Das macht Marketing meiner Meinung nach zu einem der Treiber der digitalen Transformation."

Auch die Modelle von Marketing-Gurus wie Philip Kotler stellen die Bedürfnisse und Werte der Kunden im Zusammenhang mit der Digitalisierung in den Mittelpunkt. [3] Zum Fürsprecher des Kunden zu werden und eine kunden- und nutzerzentrierte Denk- und Handlungsweise anzunehmen, verschafft dem Marketing einen Vorteil, um wieder eine stärkere Position am Tisch zu erlangen. Jenny glaubt jedoch nicht, dass Marketing es alleine schaffen kann. Das wäre wieder ein Denken in Silos.

„Die Zauberwörter heißen hier Integration und Kollaboration: Integration in Bezug auf Kampagnen und die Customer Journey, damit alles ineinandergreift, und Kollaboration zwischen den verschiedenen Bereichen.

Inbound-Marketing:
die Gewinnung
von Kunden durch die
Entwicklung von
Inhalten und
Erlebnissen für sie
(→ Earned Media und
→ Owned media)

Tech-Stack: eine
Kombination von
Technologien,
die quasi aufeinander-
gestapelt werden, um
ein Produkt zu
entwickeln

Marketing kann den Ton angeben, gerade durch Marketing-
automatisierung und Inbound-Marketing. Ich sage mal
ketzerisch, dass Marketing der neue Vertrieb ist", erklärt sie
mit einem Augenzwinkern.

Der Bereich wächst heraus aus der reinen Promotion-Ecke
mit Hilfe von Technologien und einer Denkweise, die das
Marketing viel früher übernommen hat als andere Bereiche.
Das bietet eine gute Chance, denn Studien haben auch
gezeigt, dass Unternehmen mit starkem Marketing
wirtschaftlich besser dastehen.

Jenny sieht zwei Seiten der digitalen Transformation.
Die eine ist technologisch, mit Tech-Stacks, Algorithmen
und ähnlichen Themen. Auf der anderen geht es
um Menschen. Das ist der Aspekt, den sie herausfordernder
und spannender findet. „Algorithmen lassen sich
programmieren. Das funktioniert weniger gut
mit Menschen."

Die Herausforderungen, mit denen sie konfrontiert war,
als sie 2018 auf der grünen Wiese anfing, waren grundlegende technologische Herausforderungen: Aufbau eines
Tech-Stacks, Einrichten von Tracking, Zusammenführen
von Datenpools, Optimieren digitaler Assets
und so weiter.

Eine weitere große Herausforderung war das Thema
Customer Experience und Insights. Das bedeutete, die
Kunden überhaupt erst einmal kennenzulernen.
„Wir haben auch neue Produkte auf den Markt gebracht, bei

Objectives and Key Results (OKRs): ein Framework für die messbare Zielsetzung und Ausrichtung in Teams und Organisationen

denen wir die Zielgruppen nicht genau kannten. Wir mussten erst Insights generieren, dann darauf aufbauend Personas bilden und die Customer Journey definieren. Eine große Rolle spielte parallel auch das Thema Unternehmenskultur. Wir gingen also mit einer neuen Denkweise an den Start, bei der Kundenorientierung ganz oben auf der Liste stand und immer noch steht."

Sie haben neue, agile Arbeitsweisen etabliert. Und das kollidiert durchaus mit traditionellen Denk- und Arbeitsweisen.

„Es braucht Geduld, Ausdauer und viel Verständnis, um gemeinsam Schritt für Schritt einen Weg zu finden. Was uns geholfen hat, war die Arbeit mit OKRs. Das gibt uns eine Struktur und einen Prozess, und jeder hat seine eigenen Initiativen für die nächsten 90 Tage. So kommen wir Schritt für Schritt voran. Wir arbeiten mit Scrum und Kanban, und unser Mantra lautet ,Build, Measure, Learn'. Wir optimieren immer wieder und schauen auch zurück, was wir aus den Daten noch lernen können. Und ein großer Faktor ist, dass wir versuchen, unsere Maßnahmen immer an den Bedürfnissen unserer Kunden auszurichten."

Das Leuchtturmprodukt von Hapag-Lloyd, das hier und bei der Transformation hilfreich war, ist Quick Quotes, ein erfolgreiches Online-Angebotstool. Das bedeutet, dass Kunden auf der Website ein Angebot für den Containertransport erhalten können. Wenn sie einen Container von Hamburg nach Singapur verschiffen möchten, erhalten sie von Quick Quotes eine Frachtrate.

Das mag aus B2C-Sicht trivial klingen, aber Quick Quotes war
ein Meilenstein in der Schifffahrt, als Hapag-Lloyd
es 2018 weltweit einführte. Früher riefen Kunden an oder
schickten eine E-Mail, und es konnte bis zu zwei Tage
dauern, bis sie eine Frachtrate hatten. Jetzt kann
der Kunde 24 Stunden am Tag von überall auf der Welt
eine Rate erhalten.

Jenny Gruner — Director Global Digital Marketing, Hapag-Lloyd

Takeaways

① B2B bietet enorme Wachstumschancen für das Online-Marketing.

② Marketingorganisationen sollten agiler werden.

③ Silos aufzubrechen und die Zusammenarbeit zu verstärken, ist immer noch eine Herausforderung, insbesondere in traditionellen Unternehmen.

④ Marketing kann ein Treiber der digitalen Transformation sein.

____

288

Ana Andjelic — Brand Executive und
eine der „World's Most Influential CMOs" von Forbes

„Die besten Marken sind diejenigen, die sowohl
materielle als auch immaterielle Eigenschaften haben.
Aber sie müssen synchron sein, dieselbe Geschichte
erzählen und dasselbe Versprechen einlösen."

Ana Andjelic

**Brand Executive und eine der
„World's Most Influential CMOs" von Forbes**

— Promovierte in Soziologie an der Columbia University
— Hat für Luxus- und Modemarken wie Rebecca Minkoff, Mansur Gavriel
und Banana Republic gearbeitet
— Autorin von *The Business of Aspiration*
— Erkundet aktiv das Potenzial von Web3 und dezentralen
autonomen Organisationen

Es gibt eine Frage, von der viele dachten, dass sie bereits beantwortet sei, die sich aber jetzt erneut stellt: Wie navigiert man durch eine tiefgreifende digitale Transformation? Der Übergang zu Web 2.0 dürfte für viele Unternehmen abgeschlossen sein, aber Web3 eilt auf uns zu und Ana Andjelic will darauf vorbereitet sein.

Sie hat ihre Rolle bei Banana Republic aufgegeben, um etwas Neues rund um die entstehenden Technologien des Kryptozeitalters aufzubauen. Um einen solchen Schritt machen zu können, hat sie zwangsläufig eine starke Meinung darüber, was Krypto für das Marketing bedeutet. Aber sie zögert, das Etikett Marketing auf sich selbst anzuwenden.

„Ich bezeichne mich nicht als Marketingexpertin, weil ich mich auf einem ganz anderen Weg befinde als andere Marketingprofis", erklärt sie.

Ana identifiziert sich eher mit der Idee eines Chief Brand Officers, weil sie auf ein breiteres Spektrum an Fähigkeiten zurückgreift, einschließlich ihres eigenen akademischen Hintergrunds in der Innovationssoziologie. Warum Soziologie? Weil Unternehmen eigenständige Gesellschaften sein können, mit eigenen Werten und einer eigenen Kultur. Sie weist darauf hin, dass einige Unternehmen ihre Werte so stark in ihrer Unternehmenskultur verankern, dass sie Teil der Markenerzählung werden.

Und die Idee der Erzählung ist tief in Anas Denken verwurzelt: „Die Verhaltensökonomie lehrt uns, dass wir nicht immer rationale Entscheidungen treffen. Wir werden von unserem Kontext, der Gestaltung unserer Umgebung, von unseren Mitmenschen und so weiter beeinflusst."

All diese Dinge müssen bei der Gestaltung von Marken- und Kommunikationsstrategien berücksichtigt werden, meint sie. Und warum? Weil Marken eigentlich Geschichten sind, immaterielle Werte, die den Wert eines Unternehmens massiv steigern können, wenn man es richtig anpackt.

„Die besten Marken sind diejenigen, die sowohl materielle als auch immaterielle Eigenschaften haben", erklärt Ana. „Aber sie müssen synchron sein, dieselbe Geschichte erzählen und dasselbe Versprechen einlösen." Man kann verstehen, warum jemand, der es gewohnt ist, über den immateriellen Wert eines Unternehmens nachzudenken, an NFTs und virtuellen Gütern interessiert sein dürfte.

Anas Überlegungen dazu sind tiefgreifend und langfristig. Auslöser dafür war ihre Doktorarbeit, in der sie begann, Websites mit physischen Einzelhandelsgeschäften zu vergleichen: Die Entscheidungen, die man bei der Gestaltung trifft, und die Art und Weise, wie man die Dinge positioniert, erzählen eine Geschichte. Das Zusammenspiel aller Faktoren beeinflusst das Kaufverhalten der Menschen. „Erst wenn man all dies bedenkt, entsteht eine Marke", sagt sie.

Und das führte sie zu einer Sichtweise des Marketings, das eine integrale Rolle im Leben der Menschen spielt und nicht nur andere Erfahrungen unterbricht.

„Wie kann man Marketing zu einem Teil des Lebens der Menschen machen? Wie schafft man Inhalte, die zu einer Kontaktaufnahme einladen? Wie gründet man Gemeinschaften von superbegeisterten Fans, wie sie beispielsweise Patagonia oder Harley-Davidson haben?"

Die Antwort ist natürlich eine Erzählung: eine, an der die Fans teilhaben und die sie mit Web3 möglicherweise auch entwickeln und nutzen können. Dies ist jedoch nicht die Vision einer reflexhaft Technikbegeisterten. Ana nimmt einige Technologien und technologiegetriebene Ideologien mit Vorsicht zur Kenntnis. Eines ihrer Beispiele für dunklere Folgen der Technologie ist die Sharing Economy, die ursprünglich ein stärker gemeinschaftsorientiertes Modell des Teilens versprach, am Ende aber bestehende Ungleichheiten reproduzierte – und verschärfte. Sie weist auf Ridesharing- und Lieferdienste hin, die Anreize für die Fahrer schaffen, so viel wie möglich zu arbeiten.

„Noch schlimmer ist, dass es in der derzeitigen aufstrebenden Wirtschaft, die wir haben, keinen Unterschied zwischen Arbeit und Freizeit gibt", sagt sie. „Im Grunde gehen wir alle unseren Leidenschaften nach. Wir sind alle Kreative. Wir sind alle Künstler. Wir sind alle wie ein Koch in einem Restaurant, wo alles Kunst ist, aber auch alles Kommerz."

Kunst und Kommerz stehen für sie nicht im Widerspruch. Sie sind tief miteinander verflochten. „Früher diente Kunst der Gesellschafts- und Kulturkritik – jetzt ist sie durch die Demokratisierung der Kuration ein Teil von Gesellschaft und

Kultur. Jeder kann seine Geschichte erzählen. Das ist großartig, aber es bedeutet auch, dass es keine objektive Sichtweise mehr gibt."

Dies ist der Übergang von der Ausbeutung der Kreativen durch Unternehmen zur Selbstausbeutung, was laut Ana wahrscheinlich die schlimmste Art ist. Und obwohl wir so reden, als ob die Creator Economy allen offen stehe, stimmt das einfach nicht. Eine alleinerziehende Mutter, die drei Jobs hat, um ihre Kinder zu ernähren, kann in einer solchen Wirtschaft kein Geld verdienen.

Und hier kommen Web3 und die zugrunde liegenden Technologien ins Spiel. Die Beziehung von Marken zur Kunst war schon immer eine kommerzielle, aber die kryptobasierte Tokenisierung bietet die Möglichkeit, diese Beziehung zu vertiefen und für alle Beteiligten lohnender zu machen. „Man kann nicht einfach eine schöne Anzeige oder einen schönen kuratierten Moment oder eine Kollaboration haben, die sich nicht verkaufen", sagt sie. „Das ist ein Misserfolg. Aber man kann mit Künstlern zusammenarbeiten und Sonderkollektionen schaffen, die Kunstwerke sind."

Um dies zu erreichen, müssen Unternehmen sich selbst als durchlässig betrachten, sodass die zentralen Narrative, die ihre Marken antreiben, von Stimmen innerhalb und außerhalb der traditionellen Organisationsstruktur entwickelt werden.

„Die besten Talente finden sich oft außerhalb der etablierten Konzerne und Unternehmen", meint Ana. Sie gehen ihren eigenen Weg mit ihren eigenen Unternehmen oder über die Creator Economy. Einige werden auch von den Reichtümern in den Technologieunternehmen angelockt. „Dies sind Menschen, die nicht nur in der Lage sind, etwas auszuführen, sondern auch reflektieren und überlegen, wie das, was sie tun, das Systemdenken beeinflusst und das, was alle anderen tun."

Um die Kreativität einer Marke anderen zugänglich zu machen, braucht man jedoch das, was Ana einen „Polarstern" innerhalb des Unternehmens nennt – jemanden, der eine kreative Vision bietet, um die sich die Organisation dreht. Die Person, die dazu beiträgt, die narrative Rolle zu definieren, an die sich das Unternehmen hält, ist selbstredend der CMO. Wenn der Sinn dafür stark genug ist, kann das Unternehmen sich öffnen und mit externen Kreativen zusammenarbeiten, um ihnen die Möglichkeit zu geben, sein Narrativ weiterzuentwickeln. Das eigene Narrativ der Marke ist sowohl stark genug als auch gut genug unter den internen Mitarbeitern verbreitet, dass der externe Visionär es ergänzt, anstatt davon abzulenken.

Aber das ist eine schwierige Aufgabe. Dieser Polarstern muss sich mit Systemen auskennen, insbesondere mit dezentralen autonomen Systemen, damit das ganze Unterfangen funktioniert.

„Jeder ist für einen Teil seiner Arbeit verantwortlich, aber die reflektierende Fähigkeit, sich vorzustellen, wie jedes Teil in ein System passt, ist immer noch sehr selten", meint Ana. Doch das ist es, was ein CMO der nächsten Stufe braucht.

„Offensichtlich ist auch Empathie sehr wichtig, und man muss außerdem mit der Technik vertraut sein", fährt sie fort.

Trotz ihrer Vorbehalte gegenüber der Creator Economy findet sie, dass es sich für Kreative lohnt, Zeit zu investieren, um an dieser verteilten Kreativität teilzuhaben. „Es geht darum, sich für den Erfolg zu rüsten", argumentiert sie. „Man ist nicht darauf angewiesen, dass das traditionelle Establishment einem Jobs gibt."

Eine ganze Generation schafft ihre eigenen Arbeitsplätze, und ein intelligenter Markenerzähler wird herausfinden, wie er mit diesen Menschen arbeiten kann, nicht nur gegen sie.

„Die jüngeren Generationen finden ihre Bestätigung bei Gleichaltrigen in der kreativen Arbeit und das verändert die Arbeitswelt immens", sagt sie. Der Kampf um kreative Talente wird immer komplizierter.

Um in diesem Wettbewerb zu überleben und erfolgreich zu sein, müssen Sie Ihr Unternehmen möglicherweise umstrukturieren. In einem Unternehmen muss jedes einzelne Mitglied die zugrunde liegende Markenerzählung und seine eigene Rolle bei deren Weiterentwicklung verstehen. Die traditionelle Marken- oder Marketingrolle beginnt sich im Unternehmen zu verbreiten, und Web3 eröffnet Möglichkeiten, dies auch in tokenbasierten Eigentumsmodellen widerzuspiegeln.

Es handelt sich um eine andere Form des Vertrauensmodells innerhalb des Unternehmens. Organisationen sind darauf ausgelegt, Vertrauen zu schaffen. Wenn Sie bei einem Unternehmen angestellt sind, schafft dies das Vertrauen, dass Sie am Ende des Monats bezahlt werden.

„Aber wenn ich einen Token habe, weiß ich, dass ich bezahlt werde, weil ich ein Stück davon besitze und es überprüfbar ist", sagt Ana. „Das untergräbt die traditionellen Vertrauensmechanismen für den Aufbau einer Wirtschaft."

Externe Entwickler können mit Marken zusammenarbeiten und auf komplexere und nachhaltigere Weise von ihrer Kreativität profitieren, als wenn sie nur für einen Job bezahlt werden.

„Das ist sehr weit weg von dem, was wir jetzt tun", räumt Ana ein. „Aber es scheint die Richtung zu sein, in die sich die Dinge entwickeln."

Tatsächlich glaubt sie, dass einige sich verändernde Beziehungen in Eigentumsmodellen, von Teileigentum an Vermögenswerten bis zu reinen Mietmodellen, die Art und Weise verändern könnten, wie wir Marken in unserem Leben wahrnehmen und nutzen.

„Wir bewegen uns auf ein Dienstleistungsmodell zu, das die Produktionskosten und den ökologischen Fußabdruck reduziert. Und dann werden Unternehmen fast wie Plattformen, auf denen Kreative aufbauen können. Wir nutzen die Kreativität außerhalb des Unternehmens und sie nutzen das Eigentum an ihrer eigenen Kreation."

Zum Beispiel glaubt sie, dass die aufkommenden Wiederverkaufs- und Mietmodelle die Wirtschaft grundlegend von einer auf Produktion basierenden zu einer auf Gebühren, Finanzialisierung von Dienstleistungen und Teileigentum basierenden Wirtschaft verändern.

„Wir alle können Kuratoren werden, und wenn man kuratiert, erlangt man Status nicht durch Eigentum, sondern durch seinen Geschmack", argumentiert sie. Und die fähigsten Kuratoren sind diejenigen, die davon profitieren können.

Dies sind die Kuratoren, die den kulturellen Bogen zwischen Vergangenheit und Gegenwart spannen können. Sie haben ein gutes Auge, kennen die Erzählungen und Geschichten und können Wert darauf legen, die neueste Tasche zu überspringen, um eine von 1987 zu bekommen, die niemand kennt, aber alle bewundern.

„Das ist ‚Mein Geschmack ist besser als deiner'. Das heißt, Wege zu finden, Status durch Wissen, Insiderinformationen und Zugehörigkeit auszudrücken, Teil eines Clubs zu sein, durch den persönlichen Geschmack", sagt sie.

„Wenn sich die Statussymbole vom Kleiderschrank in die digitale Kollektion verlagern, ist das eine gute Veränderung", fügt Ana hinzu und weist auf die Verringerung des Drucks auf die Lieferketten und des Bedarfs an Rohstoffen hin. Sie sieht dies jedoch nicht als unkomplizierten Übergang an, ebenso wenig wie den grünen Wandel – auch wenn er zum Standard geworden ist.

Sie ist fasziniert von der Idee, dass Status nicht durch physische, sondern durch digitale Güter entsteht, und verweist auf Beispiele wie Bored Ape Yacht Club oder CryptoPunks. „Dies sind Statussignale in einer digitalen Brieftasche, aber auch auf Instagram und Twitter, als Zeichen dafür, dass man dabei ist und 10.000 Dollar oder mehr für die virtuellen Avatare ausgeben kann. Der Zweck des Produktes ist reines Statussymbol. Der Wert liegt nicht in der Ästhetik, sondern im Statussymbol – es wird von zahlreichen Menschen begehrt."

Und selbstverständlich kann man in dem Moment, in dem man sein Produkt von einer reinen Handelsware zu einem Kunstwerk, einem Sammlerstück macht, seinen Wert exponentiell steigern. Langsam und vorsichtig bewegen sich die Luxusmarken in diese Richtung.

„Luxusmarken haben lange gebraucht, bis sie auf Websites und in sozialen Medien aufgetaucht sind, aber hier waren sie sehr schnell, was eine positive Entwicklung ist."

Und warum? Ganz einfach. Die Generationen, die die Marken führen, haben sich geändert – an der Spitze sitzen jetzt Menschen in den Vierzigern und damit digitalaffine Millennials. Sie weist aber auch darauf hin, dass NFTs so etwas wie eine Ablenkung sind: eine sichere und einfache Möglichkeit, etwas Neues zu tun, ohne das Unternehmen grundlegend verändern zu müssen.

„Also, ja, Sie verkaufen eine Tasche in Roblox, aber diese Tasche kann im Moment nur in dieser bestimmten

Umgebung verwendet werden", erklärt sie. „Sie ist
nicht auf der Blockchain, also ist sie nicht wirklich inter-
operabel. Sie kann nicht aus diesem System
heraustransportiert werden."

Digitale Statussymbole und NFTs haben noch nicht
die Größenordnung und den Wert erreicht, um echtes Geld
damit zu verdienen – sie sind Teil einer inkrementellen
Entwicklung ihrer Online-Präsenz.

Die großen Gewinne liegen in zwei Richtungen:

- Zugriff auf die Archive
- Dezentrale autonome Organisationen

Was macht den Griff in die Archive so wichtig? Die
Wiederbelebung der Archive in digitaler Form ist ein Gewinn
für mode- und designorientierte Marken.

„Dass alles zyklisch ist, ist ein Grund, und ein weiterer ist die
Tatsache, dass es sich um kostenloses Geld handelt. Es
reduziert tatsächlich die Produktionskosten für Rohstoffe,
die Arbeitskosten der Lieferanten, die Kosten für Produktion
und Vertrieb. Man hat es bereits geschaffen und
besitzt all das bereits."

Und die Verbrauchernachfrage ist bei der Gen Z vorhanden,
stellt Ana fest, wobei sich in dieser Bevölkerungsgruppe
eine starke Verschiebung hin zu Vintage- und Secondhand-
Stücken abzeichnet – die Grenzen zwischen einstmals
unterschiedlichen Kategorien verschwimmen.

„Wir sind wieder beim menschlichen Verhalten",
sagt Ana. „Plötzlich macht es keinen Spaß mehr, die neueste
Kollektion zu tragen. Aber wenn Sie Poshmark und
Depop sehen, dreht sich alles um individuellen Stil. Und
vergessen wir mal für einen Moment, dass der Stil vieler
Individuen genau wie der anderer Individuen ist, weil
sie menschliche Kreaturen sind. Sie brauchen das Gefühl,
Teil desselben Stammes zu sein. Aber gleichzeitig
wollen die Menschen zumindest die Illusion haben,
dass sie ihren eigenen persönlichen
Geschmack haben."

„Also schauen und suchen sie gerne, und es ist wie: ‚Oh,
schau, was ich gefunden habe.' Es macht keinen Spaß, in
den Laden zu gehen und das anzuziehen, was einem jemand
anderes empfohlen hat. Es geht darum, was man für sich
selbst herausfindet und was die eigenen Freunde
gut finden."

Das Internet hat diese Grundidee übernommen und auf die
Spitze getrieben.

„Man kann sich nicht nur von seinen Freunden
inspirieren lassen, sondern auch von seinen entfernten
Netzwerken. Marken sollten also ganz klar ihre Archive
öffnen. Diese Teile befinden sich bereits auf den sekundären
Marktplätzen, wo die Marken nichts daran verdienen.
Warum sollten sie also kein Geld verdienen, wenn die
Nachfrage nach Vintage vorhanden ist und sie etwas viel
Authentischeres haben als etwas, das jemand aus dem
Schrank seiner Oma kramen kann?"

Das bringt uns zurück zur Idee von Marken als emergente Narrative. Aber bei der Verwertung der Archive geht es nicht nur darum, der Marke ein „Erbe" zu verleihen.

„Es geht vielmehr um den Reichtum der Erzählung", sagt Ana. „Es geht darum, Bedeutungsebenen und Assoziationen hinzuzufügen. Wenn Sie an Supreme denken, kann es sein Logo auf Dinge kleben, weil die Markenassoziationen klar sind. Es erinnert uns an New York City Mitte der 1990er-Jahre, die Skateboard-DJ-Kultur der Lower East Side, und wer will das nicht? Wenn Sie Ihr Archiv öffnen, machen Sie Ihre Geschichte doppelt interessant."

Und diese Markenerzählung muss von einer Vision getragen werden. Vom Polarstern einer Marke.

„Es geht darum, immer und konsequent dieselbe Vision umzusetzen und sie nach und nach anzureichern", sagt sie.

Eine umfassende Markenerzählung kann es grundsätzlich ermöglichen, dass eine Marke beständig und konsistent existiert, wenn sich die Kultur um sie herum verändert. „Sie kann existieren, weil sie so reiche Assoziationen hat."

Als Gegenbeispiel nennt Ana Marken, die so sehr mit Minimalismus in Verbindung gebracht werden, dass sie Probleme haben, wenn er unmodern wird. Sie ist jedoch der Meinung, dass die wirklich grundlegenden Unterschiede in einer anderen Richtung liegen werden: wirklich dezentrale autonome Organisationen.

Dezentrale autonome Organisationen (decentralised autonomous organisations, kurz DAOs) sind heute kompliziert zu errichten, da alle Richtlinien und Vorschriften für das alte Vertrauensmodell, die Web-2.0-Ökonomie, entwickelt wurden. Aber überlegen Sie mal, was passiert, wenn Menschen DAOs erstellen, um etwas zu kaufen oder zu erstellen – denken Sie darüber nach, wie das die Dinge verändert. Die Kaufkraft verschiebt sich dann in Richtung Distribution.

„Stellen Sie sich vor, die größten Trends und die größte Kreativität würden im virtuellen Bereich passieren", schließt sie. „Anstatt immer die neueste Mode in der physischen Welt zu kaufen, können Sie Ihre bequeme, vertraute Kleidung tragen und in der virtuellen Domäne protzen. Es wird nicht morgen passieren, aber es ist etwas, das man in Betracht ziehen sollte, wenn wir uns auf eine immaterielle Welt zubewegen."

Es ist also noch nicht zu spät. Diese Entwicklung des Marketings ist jung, sie steckt noch sehr in den Kinderschuhen. „Die geschäftlich relevantesten Dinge stehen noch bevor", sagt Ana.

Takeaways

① Die besten Marken haben
sowohl materielle als auch
immaterielle Vermögenswerte.

② Eine starke Markenerzählung
ermöglicht es einer Marke, in
sich verändernden Umgebungen
relevant zu bleiben.

③ Neue Technologien erlauben
es Marken, ihre eigenen
Archive in digitalen Räumen
zu nutzen.

④ Tokenisierung und DAOs
ermöglichen neue Beziehungen
zu externen Kreativen.

304

Fazit

Zeit für ein neues Level

In den letzten 22 Kapiteln haben wir untersucht, was es bedeutet, ein Next-Level-CMO zu sein. Wir haben mit verschiedenen Persönlichkeiten in der Marketingwelt gesprochen, die in sehr unterschiedlichen Bereichen arbeiten und jeweils ihre eigene Vision der CMO-Rolle haben. Einige lehnen die Bezeichnung CMO sogar ab, während andere sich dafür entscheiden, sie anzunehmen und zu erweitern. Alle haben sich jedoch auf ihrem Gebiet hervorgetan und wir können viel von ihren Einsichten lernen.

Bei allen Unterschieden, Debatten und Meinungsverschiedenheiten haben sich einige klare Gemeinsamkeiten herauskristallisiert.

Schauen wir sie uns an.

Wir sind jetzt postdigital

Anfang der 2010er-Jahre blickte unsere Schwesterkonferenz auf eine postdigitale Welt voraus: eine Welt, in der das Digitale so allgegenwärtig ist, dass es keine eigenständige Idee mehr darstellt. Für die CMOs der nächsten Stufe ist diese Welt bereits Realität. Digitales Marketing ist keine separate Disziplin; es ist tief verwurzelt in allem, was sie tun. Die Barrieren zwischen digitalem und analogem Marketing sind verschwunden, und jeder erfahrene Marketeer muss wissen, wie er beides optimal einsetzen kann.

Lieben Sie Daten, aber lassen Sie sich nicht von ihnen beherrschen

Die Botschaft ist klar: Lassen Sie sich von Ihren Daten beraten, nicht von ihnen steuern. Das sollte keine Über-raschung sein. Daten können ein beruhigender Schutzschild sein, hinter dem Sie sich verstecken können, da sie Ihnen die Gewissheit geben, dass Ihre Entscheidungen sinnvoll und gerechtfertigt sind. Entscheidungen, die allein auf Daten basieren, werden jedoch niemals ein kreatives Wagnis sein, und sie werden niemals ein riskanter Schachzug sein, der Ihren Kundenstamm und Ihre Mitarbeiter inspiriert.

Gute Daten sind Ihre Basis. Sie verschaffen Ihnen ein tiefes Verständnis, das Ihnen die Freiheit gibt, Risiken einzugehen, die aus Ihrer eigenen Inspiration und

Kreativität entstehen. Sie müssen jedoch nicht selbst ein Datenexperte sein. Möglicherweise müssen Sie nicht einmal einen in Ihrem Team haben. Finden Sie Ihre Datenexperten und lernen Sie, ihnen zu vertrauen, seien es interne oder externe Partner.

Apropos ...

Jeder braucht gute Partner

Das Spektrum der im modernen Marketing benötigten Fähigkeiten und Kenntnisse ist riesig. Sie müssen sich nicht in allen von ihnen persönlich auszeichnen. Sicher, Sie müssen sich all dessen bewusst sein, aber oft nur in dem Maße, dass Sie wissen, wann Sie fachkundige Hilfe benötigen. In der Lage zu sein, ein starkes Team von Experten in bestimmten Disziplinen aufzubauen, entweder intern oder in Partnerschaft mit externen Beratern, ist eine entscheidende Fähigkeit. Da sich die Markt-bedingungen so schnell und unvorhersehbar ändern, kann eine einzelne Person oder ein einzelnes Team nicht über alle Fähigkeiten verfügen, die nötig sind, um sich rechtzeitig anzupassen.

Die Konstruktion von Narrativen

Eine Sache, die der Next-Level-CMO jedoch beherrschen muss, ist das Narrativ. Ja, damit ist der traditionelle Ansatz gemeint, eine Erzählung um eine Marke oder ein

Purpose: der Grund für die Existenz eines Unternehmens, der als Grundlage für das Marketing verwendet wird; wird heute häufig als bestimmender Teil des Markenauftritts eines Unternehmens verwendet und schließt Themen wie Nachhaltigkeit und soziale Verantwortung von Unternehmen ein

Produkt herum zu konstruieren – aber es geht genauso sehr darum, eine starke Geschichte darüber zu entwickeln, was das Unternehmen tut und in welche Richtung es sich bewegt.

Die alten Zeiten, in denen die interne Kommunikation eine Abteilung zweiter Klasse der Marketingfunktion war, die vom externen Marketing getrennt und ihm unterlegen war, sind vorbei. Wenn Sie das Marketing leiten, sind Sie der wichtigste Geschichtenerzähler im Herzen des Unternehmens.

Und der nächste Punkt macht es erforderlich, sowohl intern als auch extern zu liefern.

Purpose und doppelte Nachhaltigkeit

Wenn Sie lange genug im Marketing tätig sind, haben Sie vielleicht die ständige Iteration um die Idee des „Purpose" satt: Corporate Social Responsibility führt zu Nachhaltigkeit, die wiederum zum Purpose führt. Das müssen Sie sich zu eigen machen. Sowohl Kunden als auch Mitarbeiter suchen ständig nach Unternehmen, die einen bestimmten Zweck verfolgen und für die sie arbeiten oder von denen sie kaufen können. Und das Internet hat ihnen die Werkzeuge an die Hand gegeben, um „Purpose-Washing" zu entlarven.

CMOs sind dafür verantwortlich, das Unternehmen für sein eigenes zweckorientiertes Narrativ in die Pflicht zu nehmen, nicht zuletzt weil sie die Ersten sein werden, die die Auswirkungen einer Abweichung davon durch das Kundenverhalten spüren. Aber das bedeutet nicht, dass sie nicht auch auf das Betriebsergebnis achten müssen: Zweckorientierte Unternehmen müssen sowohl ökologisch als auch wirtschaftlich nachhaltig sein. Das eine befruchtet das andere.

Trends sind mehr als trendy

Hier gilt es, vorsichtig zu sein. Ein guter Marketeer muss Trends und Entwicklungen des Geschmacks und der Vorlieben der Kunden kennen. Aber er muss auch in der Lage sein, das bloß Trendige vom wahren Trend zu unterscheiden.

Nehmen wir den großen technologischen Wandel, der uns in naher Zukunft bevorzustehen scheint: Die Web3-Technologien werden sicherlich einen gewissen Einfluss haben, aber in welchem Umfang und auf welche Weise? Wenn man über die aktuelle Blase um NFTs als Sammlerstücke hinausblickt, erlaubt die zugrunde liegende Technologie eine echte Portabilität digitaler Güter zwischen Systemen? Werden dezentrale autonome Organisationen die Art und Weise verändern, wie wir mit externen Kreativen zusammenarbeiten? Wir kennen die Antworten noch nicht. Die klugen Marketeers beobachten, wie sich die Technologie entwickelt. Der echte Next-Level-CMO führt bereits einige Experimente durch.

Wenn sich eine Best Practice herauskristallisiert hat, ist die Gelegenheit, den Marktvorteil zu nutzen, schon vorbei.

Kundenorientierung

In gewisser Weise haben wir das schon gesagt:

⊙ Daten spiegeln nur Kundenverhalten wider

⊙ Aufkommende Trends sind nur von Kunden gezeigte Verhaltensweisen

⊙ Narrative knüpfen an den Wunsch der Kunden nach Lifestyle-Entscheidungen an

Sie verstehen, was gemeint ist. Aber es lohnt sich, dies noch einmal zu betonen. Die digitale Transformation ermöglicht dem Kunden einen besseren Zugang zu Informationen – und damit zu Wahlmöglichkeiten. Und Social Media geben ihnen eine Stimme wie nie zuvor. Viele der großen CMOs, die wir befragt haben, haben dies hervorgehoben: Die wirkliche Integration der Digitalisierung in die Art und Weise, wie sie ihr Geschäft betreiben, bewirkt einen Unterschied, den ein bloßes Lippenbekenntnis nicht erreichen kann.

Ganzheitliche Systemsicht

Gute Marketeers haben schon immer gewusst, dass es bei ihrem Handwerk um mehr geht als um Werbung für bestehende Produkte. Diese Erkenntnis war noch nie so wichtig wie heute. Der Marketeer muss sich der Kundenerfahrung ebenso bewusst sein wie der Herausforderungen des Vertriebs. In einer Multi-Touchpoint-Welt, in der Kunden erwarten, dass Waren, Dienstleistungen und Informationen überall dort verfügbar sind, wo sie mit einem Unternehmen interagieren, muss der CMO eine ganzheitliche Sicht darauf haben, wie das Unternehmen mit seinen Kunden auf allen Ebenen interagiert.

Das erstreckt sich auch auf Disziplinen, die traditionell nicht in den Zuständigkeitsbereich des Marketingspezialisten fallen. Wie die Welt auf schmerzhafte Weise erfährt, sind Lieferketten wirklich wichtig. Einige Unternehmen haben Wert darauf gelegt, sie zu kartieren und sie sehr detailliert zu verstehen, oft aus Gründen der Nachhaltigkeit und des Purpose. Das versetzt sie in eine bessere Position als viele andere, um den kommenden Sturm zu überstehen.

Das nächste Level erreichen

Am Ende ist jedoch eines klar: Es gibt kein einheitliches Modell für einen CMO der nächsten Stufe. Um sich so etwas überhaupt vorstellen zu können, müsste man glauben, dass es in unserer nächsten Zukunft einen stabilen Zustand gibt, eine neue Norm für Unternehmen, die es ermöglicht, diese einzigartige Vision der CMO-Rolle zu entwickeln.

Die neue Normalität ist, dass es keine neue Normalität gibt.

Unser wahrer Next-Level-CMO wird sich von Job zu Job, von Branche zu Branche bewegen und die Kernkompetenzen, die wir oben besprochen – und in diesem Buch erforscht – haben, in unterschiedlichem Maße und auf unterschiedliche Weise einsetzen, je nach den Anforderungen des Unternehmens, seiner Produkte und vor allem des Kundenstamms.

Ist das eine Herausforderung? Ja, selbstverständlich. Die Vorstellung, dass man aus einem Marketingstudium mit all den Fähigkeiten hervorgehen könnte, die eine Karriere bestimmen, ist hinfällig. Wir treten in eine Ära ein, in der der Wunsch, zu lernen und neue Fähigkeiten und Erkenntnisse zu entwickeln, entscheidend für einen nachhaltigen beruflichen Erfolg ist. Wenn es eine Fähigkeit gibt, die das Herzstück der Werkzeugkiste des Next-Level-CMO ist, dann ist es die Fähigkeit, aggressiv neugierig zu sein.

Es ist Zeit, sich weiterzuentwickeln. Und dank der Großzügigkeit unserer 22 Interviewpartner, die ihre Zeit und ihre Einsichten zur Verfügung gestellt haben, haben Sie jetzt einen Vorsprung, um genau das zu tun.

über die
Autoren

Über die Autoren

Martin Recke ist Unternehmensredakteur bei Accenture Song. Er hat Bücher wie *Transformationale Produkte* (von Matthias Schrader), *Parallelwelten* (auf Englisch) und *The Great Redesign* (2020) veröffentlicht und schreibt regelmäßig für das NEXT Insights Blog.

2006 war er Mitbegründer der renommierten NEXT Conference. Martin war von 2001 bis 2021 im Bereich Marketing und Kommunikation bei SinnerSchrader tätig. Er ist Politikwissenschaftler und Blogger mit journalistischem Hintergrund.

Adam Tinworth ist Wirtschaftsjournalist und schreibt seit dem Dotcom-Boom in den 1990er-Jahren über die Digitalisierung des Geschäftslebens. Er schreibt seit über einem Jahrzehnt für NEXT Insights und seit fast 20 Jahren für sein eigenes Blog One Man & His Blog.

Neben seiner Schreibtätigkeit berät er digitale Unternehmen zu ihren Strategien für Online-Inhalte und hält Vorlesungen über Fähigkeiten und Strategien zur Einbindung des Publikums an der City, University of London.

316

Kein Buch ist eine Insel

Danksagungen

Kein Buch ist eine Insel. Ohne die 22 Marketingfachleute, die uns ihre kostbare Zeit zur Verfügung gestellt haben, wäre dieses Buch nicht möglich gewesen. Monique van Dusseldorp, Juliane Hennig, Thomas Müller, Petra Seipp und Lennart Wittgen haben uns geholfen, mit ihnen in Kontakt zu treten.

Ina Feistritzer hat uns bei der Entwicklung des Konzepts unterstützt. Das wordinc-Team in Hamburg hat das Manuskript sorgfältig lektoriert und korrigiert, um den Text druckreif zu machen. Viktoria Klein und Steffen Heidemann (Stellavie) haben ihn in seine schöne Form gebracht.

Vielen Dank an euch alle.

Hamburg, im Juni 2022

A

A/B-Test: ein Experiment mit zwei oder mehr Versionen einer Anzeige, eines Textes oder eines anderen Marketing-Assets, um festzustellen, welche Version am besten funktioniert

agil: ein iterativer Ansatz für die Software-entwicklung, der verwendet wird, um auf Veränderungen zu reagieren; wird auch in anderen Kontexten eingesetzt, zum Beispiel im Marketing

C

Conversion Rate: der Anteil aller Besucher oder Personen, die mit einer Anzeige interagieren, die ein bestimmtes Ziel (eine Conversion) erreichen, zum Beispiel sich für einen Newsletter anmelden oder ein Produkt kaufen

Customer Insights: das Verständnis von Kundendaten, -verhalten und -feedback

Customer Journey: die gesamte Geschichte der Interaktion zwischen Kunden und Unternehmen

Customer Journey Mapping: der Prozess der Abbildung der → Customer Journey

Customer Lifetime Value: der Gesamtumsatz, den Unternehmen vernünftigerweise von einem Kunden über die gesamte Zeit der Kundenbeziehung hinweg erwarten können

Customer Relationship Management (CRM): die Verwaltung der Beziehungen zwischen Kunden und Unternehmen, oft mithilfe von Technologien wie CRM-Systemen

D

Direct-to-Consumer (D2C): der Verkauf direkt an Verbraucher, ohne Groß- oder Einzelhändler

E

Earned Media: eine Promotion (→ vier Ps), die weder Werbung (→ Paid Media) noch Branding (→ Owned Media) ist

EBIT: das Ergebnis vor Zinsen und Steuern; ein Indikator für die Rentabilität eines Unternehmens

F

Fast Moving Consumer Goods (FMCG): Produkte des täglichen Bedarfs, auch bekannt als Konsumgüter (Consumer Packaged Goods, CPG)

First-Party-Daten: die Daten, die ein Unternehmen direkt von seinen Kunden erhebt, im Gegensatz zu Third-Party-Daten, die aus externen Quellen stammen

Funnel → Sales Funnel

I

Inbound-Marketing: die Gewinnung von Kunden durch die Entwicklung von Inhalten und Erlebnissen für sie (→ Earned Media und → Owned media)

K

Key Performance Indicator (KPI): ein messbarer Indikator für das angestrebte Ziel

L

Lower Funnel: der Teil des → Sales Funnels, an dem potenzielle Kunden bereits bekannt sind oder schon mit einer Marke interagiert haben

M

Media Journey: der Teil der → Customer Journey oder des → Sales Funnels, der von → Paid, → Earned oder → Owned Media geprägt ist

Mid Funnel: der Teil des → Sales Funnels, wo Marketing auf Sales trifft und die Marke von potenziellen Kunden als mögliche Lösung in Betracht gezogen wird

Multi-Touch-Attribution: eine Methode der Marketingmessung, die alle Touchpoints der → Customer Journey auf ihren Einfluss auf die Conversion (→ Conversion Rate) hin untersucht

O

Objectives and Key Results (OKRs): ein Framework für die messbare Zielsetzung und Ausrichtung in Teams und Organisationen

Ökonomisierung: die Ausbreitung des Marktes oder seiner Ordnungsprinzipien und Prioritäten auf Bereiche, in denen in der Vergangenheit wirtschaftliche Erwägungen eine untergeordnete Rolle spielten oder die privat bzw. solidarisch organisiert waren

Omnichannel: ein Multichannel-Ansatz für den Vertrieb, der alle Kanäle in ein nahtloses Erlebnis integriert

Owned Media: Marketingkanäle, die einer Marke gehören und von ihr kontrolliert werden, im Gegensatz zu → Earned Media und → Paid Media

P

Paid Media: Marketing, vor allem Promotion, mittels bezahlter Werbung; wenn es keine Bezahlung gibt, handelt es sich entweder um → Earned Media oder um → Owned Media

Performance-Marketing: eine Marketingstrategie, die auf messbare Ergebnisse (→ Conversion Rate, → Key Performance Indicator) ausgerichtet ist und Daten zur Entscheidungsfindung nutzt

Purpose: der Grund für die Existenz eines Unternehmens, der als Grundlage für das Marketing verwendet wird; wird heute häufig als bestimmender Teil des Markenauftritts eines Unternehmens verwendet und schließt Themen wie Nachhaltigkeit und soziale Verantwortung von Unternehmen ein

R

Relationship Net Promoter Score (RNPS): zielt darauf ab, die Kundenbindung anhand einer auf die Kundenbeziehung bezogenen Kennzahl zu messen, im Gegensatz zu einem transaktionalen NPS

S

Sales Funnel: die Schritte, die ein potenzieller Kunde vom ersten Kontakt mit einer Marke oder einem Unternehmen bis zur Kundenwerbung durchlaufen muss; oft unterteilt in → Upper Funnel, → Mid Funnel und → Lower Funnel (→ Customer Journey)

Scrum: ein → agiles Framework für die Entwicklung von Software und anderen Produkten

Spotify Squads: funktionsübergreifende, selbst organisierte Teams, die sich auf ein bestimmtes Produkt oder Feature(-Set) konzentrieren

T

Tech-Stack: eine Kombination von Technologien, die quasi aufeinandergestapelt werden, um ein Produkt zu entwickeln

U

Upper Funnel: der Teil des Marketings – oft Werbung –, der darauf abzielt, eine Marke oder ein Produkt bekannt zu machen und neue Zielgruppen anzusprechen

V

vier Ps: die Schlüsselfaktoren des Marketings im klassischen Marketingmix: Product, Price, Place und Promotion

Kartoffeln wie Petersilie

»*Prezzemolo!*«, rufen alle, »Petersilie!« – obwohl es hier gar nicht um Petersilie geht. Man pflanzt das Ding ein, vergisst es, und was immer man dann auch ausbuddelt – »*Prezzemolo!*« Man setzt sich zu Tisch und schon wieder – »*Prezzemolo!*«

Hier kann mir nur noch das Wörterbuch Aufschluss geben. »*Essere come il prezzemolo*«, erklärt mein schwergewichtiger Band des Garzanti-Hazon-Wörterbuchs, sei eine idiomatische Wendung, die man wortwörtlich als »wie Petersilie sein« übersetzen müsse – womit die Italiener eine Person oder Sache meinen, die die Tendenz habe, überall aufzutauchen. Weswegen beispielsweise auch Kartoffeln als *prezzemolo* bezeichnet würden.

Dass ich in der *cucina* Campodimeles eine derartige Menge von Kartoffeln antreffen würde, damit hatte ich nun wirklich nicht gerechnet, schon deswegen nicht, weil mich die Menschen bei meiner Ankunft und bei den ersten Gesprächen über die Unterschiede zwischen britischer und italienischer Küche ständig gefragt hatten, ob es denn stimme, dass die *inglesi* so viele Kartoffeln äßen. In der traditionellen britischen Küche seien Kartoffeln fast so wichtig wie in der italienischen die Pasta, hatte ich dann erwidert, wobei mich nie auch nur der Hauch einer Ahnung streifte, dass auch auf den hiesigen Tischen ständig und überall *patate* auftauchen. Doch man kann wohl ohne Übertreibung behaupten, dass die Campomelani in ihrer tagtäglichen Kartoffelverwendung wesentlich erfinderischer sind als viele meiner britischen Mitbürger.

Hier können Kartoffeln beispielsweise gekocht und zerdrückt

und mit Mehl vermischt zu Gnocchi verarbeitet werden, jenen kleinen Knödelchen, die so häufig anstelle der Pasta als *primo* serviert
werden, aber sie können auch – gewürfelt und dann gemeinsam mit
den *odori* Zwiebel, Knoblauch, Sellerieblatt und Tomate angebra-
ten – die Grundlage einer dicken Gemüsebrühe bilden, in der man
Nudeln gart, um so eine überaus schlichte und sättigende Suppe zu
kreieren. Häufig werden Kartoffeln auch ganz in eine Minestrone
aus vielen Gemüsesorten gegeben und, sobald sie gar sind, zum An-
dicken der Suppe mit einer Gabel zerdrückt.

Allerdings sind die Kartoffeln hier so ausnehmend köstlich, dass
ich sie für am besten halte, wenn sie die Hauptgeschmacksnote eines Gerichts bilden: in Scheiben geschnitten und behutsam in dem
unvergleichlich fruchtigen einheimischen Olivenöl gebraten; gewürfelt und mit ganzen Knoblauchzehen, Rosmarinzweigen, Salz und
Olivenöl vermischt und im Ofen gebacken, bis sie cremig und zart-
schmelzend geworden sind.

Kartoffeln gedeihen hier hervorragend, und man könnte sie niemals als fade bezeichnen. Sie wachsen in reiner Erde, die noch nie
mit chemischen Düngemitteln in Berührung gekommen ist; ihr
Wachstum wird lediglich durch natürlichen Tierdung befördert. Es
gibt nichts Künstliches, das den Geschmack dieser Knollen über-
decken oder beeinträchtigen könnte.

Mein Freund Pasquale baut im Garten seines Hauses im *centro
storico* Kartoffeln an: ein Stückchen Erde, ein wenig Sonne, ein bisschen Regen, und sie gedeihen und wuchern unterirdisch in derarti-
gen Mengen, dass nicht einmal der üppige Wald ihrer grünen Blätter es ganz erahnen lässt. Auch sein Vater und Großvater haben hier
schon Kartoffeln gezogen. Nun bückt er sich und zerrt heftig an einer der Pflanzen. Die Kartoffeln gleiten aus dem Boden wie ein verloren geglaubter Schatz: eine goldene Kaskade, erdig marmoriert.
Und wenn wir unter dem Laubwald der Zucchiniblätter graben, werden wir wahrscheinlich weitere finden. Und unter den Zwiebeln
ebenfalls.

Will man im Juli Kartoffeln ernten, muss man sie im Oktober aus-
säen, doch wie so viele Dinge, die sich einen Platz im *orto* verdient

haben, gehören auch sie zu den Nahrungsmitteln, die sich gut lagern lassen. In Pasquales *cantina* oder *magazzino* aufbewahrt, werden diese Kartoffeln noch in acht oder neun Monaten wunderbar munden – und zwar in allen möglichen Gerichten, die auf dem Esstisch so allgegenwärtig sind wie *prezzemolo*.

Pasquale liebt sie in ihrer schlichtesten Form: in Silberfolie gewickelt und dann langsam unter der *cenere*, der Asche des Holzfeuers, gebacken, so dass die Schalen schön rauchig und knusprig werden. Aber auch als *panzerotti*, den campomelanischen Kroketten, die seine Frau ihm zubereitet, mag er sie. »*Lei sa fare tutto!*«, schwärmt er. »Sie kann alles!« Er sagt es mit dem offenkundigen Stolz des italienischen Mannes auf die Kochkünste seines weiblichen Anhangs. »*Lei ha le mani sante!*« – »Sie hat gesegnete Hände!«

Ich muss ihm recht geben – Amalias Kochkünste würden auch einen Engel zufriedenstellen. Für ihre köstlich zarten *panzerotti* kocht sie die Kartoffeln, drückt sie durch eine Kartoffelpresse, vermischt sie mit Parmesan, Salz und Eiern und formt dann kleine Würstchen daraus, die sie in Ei und Semmelbrösel wälzt und in ihrem selbstgepressten Olivenöl frittiert. Komplett aber ist ihre *Panzerotto*-Mischung erst, nachdem sie rasch in ihren Küchen-*Orto* hinausgetreten ist und einen oder auch zwei Stängel des grünen Krauts gepflückt hat, das sich so perfekt mit ihren Kartoffeln vermählen lässt und überall in dieser *cucina* allgegegenwärtig ist: *prezzemolo*.

Patate con fagiolini – Kartoffelsalat mit grünen Bohnen

800 g Kartoffeln
400 g lange grüne Bohnen (Buschbohnen)
1 kräftiger Schuss Olivenöl extra vergine
Saft von ½ Zitrone
2 Knoblauchzehen, in feine Scheiben geschnitten
Feines Meersalz
1 Handvoll frische glatte Petersilie, fein gehackt

Die Kartoffeln sauber bürsten, dann ungeschält in einen großen Topf mit kräftig gesalzenem kaltem Wasser geben und zum Sieden bringen. Etwa 20 Minuten lang kochen, bis sie, wenn man mit einem scharfen Messer hineinsticht, auch in der Mitte schön weich sind.

Während die Kartoffeln garen, Spitzen und Stielansätze der grünen Bohnen kappen, sie dann für 20–30 Minuten in einen großen Topf mit sprudelndem Salzwasser geben, bis sie weich geworden sind, aber noch Biss haben. Abgießen und abschrecken.

Für das Dressing Olivenöl, Zitronensaft, Knoblauchscheiben und Meersalz nach Geschmack vermischen.

Die Kartoffeln abgießen und, sobald sie etwas abgekühlt sind, schälen und in kleine Stücke schneiden.

Kartoffeln und grüne Bohnen in eine Schüssel geben, mit dem Dressing begießen und der gehackten Petersilie bestreuen. Gründlich vermischen, damit alle Kartoffelstücke mit dem Dressing überzogen sind und sich nicht verfärben. Der Salat schmeckt besser, wenn man ihn vor dem Servieren mindestens eine halbe Stunde stehen lässt, so dass die Kartoffeln die Aromen des Dressings aufnehmen können.

Für 4–6 Personen.

Panzerotti – Kartoffel-Käse-Kroketten

Campomelanische Köchinnen kochen ihre Kartoffeln in der Schale, damit sie sich nicht zu stark mit Wasser vollsaugen. Wichtig dabei ist, dass man etwa gleich große Kartoffeln verwendet, so dass alle gleich schnell garen. Für in der Schale gekochte beziehungsweise Pellkartoffeln benötigt man nach dem Schälen mehr Salz als für solche, die ohne Schale in Salzwasser gegart wurden.

1 kg Kartoffeln
Feines Meersalz
4 große frische Bioeier
150 g Parmigiano-Reggiano oder Pecorino Romano, frisch gerieben
1 Handvoll frische glatte Petersilie, fein gehackt
Etwa 250 g frische Semmelbrösel
1 Handvoll Mehl
3 oder 4 Schuss Olivenöl extra vergine

Die ungeschälten Kartoffeln sauber bürsten, in einen großen Topf mit kräftig gesalzenem kaltem Wasser geben und dieses zum Sieden bringen.

Die Kartoffeln etwa 20 Minuten lang kochen, so dass sie weich sind, wenn man sie mit einem scharfen Messer testet.

Abgießen und, sobald man die Kartoffeln anfassen kann, schälen. Anschließend durch die Kartoffelpresse in eine große Schüssel drücken – oder gleich in die Schüssel geben und mit einem Kartoffelstampfer zerquetschen.

Nun 2 der Eier in einer Schüssel verschlagen.

Die verschlagenen Eier zu den Kartoffeln geben, 3 oder 4 kräftige Prisen Salz hinzufügen und mit einer Gabel vermischen. Den geriebenen Käse und die Petersilie dazugeben und gut unterrühren.

Nun die restlichen beiden Eier in einer Schüssel verschlagen und die Semmelbrösel in eine zweite flache Schale geben. Das Mehl auf der Arbeitsfläche verteilen.

Um die Panzerotti zu formen, kleine Stücke der Kartoffelmischung – etwa von der Größe eines Golf- oder Tischtennisballs – abreißen und auf der bemehlten Arbeitsfläche zu kleinen wurstförmigen Gebilden ausrollen, deren Enden man etwas abflacht.

Ist die gesamte Kartoffelmischung aufgebraucht, diese Würstchen nacheinander in Ei und in Semmelbröseln wälzen und beiseitestellen.

Das Olivenöl in einer großen Pfanne erhitzen und, sobald es heiß ist, etwa die Hälfte der *panzerotti* hineingeben. Bei schwacher Hitze unter häufigem Wenden etwa 7 Minuten braten, bis die Semmelbrösel knusprig und goldbraun sind. Die Kroketten mit Hilfe einer Zange kurz auf die abgeplatteten Enden stellen, damit sie rundum gar und goldbraun werden.

Auf einen mit Küchenpapier ausgelegten Teller legen, damit das Papier das überschüssige Öl aufsaugen kann.

Die Pfanne auswischen, um verbrannte Brösel zu entfernen, einen weiteren Schuss Öl hineingeben und die restlichen *panzerotti* auf gleiche Weise garen. Heiß schmecken sie fantastisch, aber auch bei Raumtemperatur sind sie noch sehr gut.

Ergibt etwa 16 Kroketten.

Pasta con le patate – Nudel-Kartoffel-Suppe

Die Vorstellung, Nudeln und Kartoffeln zu kombinieren, mag vielleicht zunächst seltsam erscheinen, doch diese herzhafte Suppe ist ein klassisches Beispiel für die *cucina povera*. Kartoffeln wie Pasta sind beide sowohl relativ billig als auch reich an energiespendenden Kohlehydraten, was dieses Gericht zu einem idealen Essen für Menschen macht, die auf dem Feld arbeiten. Noch köstlicher wird die Suppe, wenn man auch Hähnchenschenkel dafür verwendet, aus denen man einen *brodo* kocht. In diesem Fall die Hähnchenstücke aus dem Topf nehmen, bevor man die Suppe isst, und anschließend als *secondo* servieren.

400 g Kartoffeln
2 oder 3 Spritzer Olivenöl extra vergine
1 mittelgroße Zwiebel, fein gehackt
1 Stange Bleichsellerie mit Blättern, fein gehackt
4 enthäutete Hähnchenschenkel (falls gewünscht)
1 Knoblauchzehe, fein gehackt
1 Handvoll frische glatte Petersilie, fein gehackt
Zerdrückte getrocknete rote Chilischote (falls gewünscht)
200 ml selbsteingekochte Tomatensauce (siehe Seite 280) oder
200 g frische Eiertomaten, enthäutet und gehackt
Feines Meersalz
400 g kleine Nudeln oder Spaghetti, in etwa 3 cm lange Stücke gebrochen
Frisch geriebener Parmigiano-Reggiano oder Pecorino Romano, zum
  Servieren

Die Kartoffeln schälen und in etwa 1 cm große Würfel schneiden.

Das Olivenöl in einem Topf erhitzen und Kartoffeln, Zwiebeln und Sellerie einige Minuten darin sautieren, bis die Zwiebel glasig ist.

Bei Verwendung von Hähnchenschenkeln diese nun hinzufügen und 1–2 Minuten weiterbraten, bis sie von allen Seiten gebräunt sind.

Als Nächstes Knoblauch, Petersilie und getrockneten Chili (falls verwendet) dazugeben und einen Moment lang weitergaren; dabei häufig umrühren und darauf achten, dass der Knoblauch nicht anbrennt.

Tomatensauce oder Tomaten sowie zwei kräftige Prisen Salz zu den Zutaten in den Topf geben, Deckel auflegen und etwa 15 Minuten unter häufigem Umrühren köcheln lassen.

Als Nächstes etwa 1 l kaltes Wasser hinzugießen. Den Topfinhalt erneut zum Sieden bringen und, sobald das Wasser aufwallt, Nudeln hineingeben und in weiteren 8–10 Minuten al dente kochen.

Die Hähnchenstücke auf einem vorgewärmten Teller beiseitestellen, um sie nach der Suppe zu servieren.

Wer will, kann die Suppe mit geriebenem Parmigiano-Reggiano oder Pecorino Romano bestreuen oder auch einen Extraspritzer Olivenöl und zerdrückten Chili darübergeben. Sofort servieren.

Für 4 Personen.

Patate, mozzarella e prosciutto al forno – Kartoffel-Mozzarella-Schinken-Auflauf

Traditionell wird dieses Gratin zwar eher als *primo* serviert, gibt aber – gehaltvoll wie es ist und durch einen knackigen Blattsalat ergänzt – auch einen wunderbaren Hauptgang ab. Verwenden Sie dazu unbedingt Mozzarella *fiordilatte* aus Kuh- statt Büffelmilch, weil er einfach trockener ist und daher besser zum Kochen geeignet.

Etwas Olivenöl extra vergine
1 kg Kartoffeln
2 große, frische Bioeier
200 g Parmigiano-Reggiano oder Pecorino Romano, frisch gerieben
Feines Meersalz
200 Mozzarella fiordilatte, in dünne Scheiben geschnitten
Etwa 6 Scheiben Prosciutto crudo wie etwa Parmaschinken oder
*   auch gekochten Schinken (falls bevorzugt)*
100 g frische Semmelbrösel

Den Ofen auf etwa 200 °C vorheizen und eine flache, etwa 30 x 25 cm große Backform leicht einölen.

Kartoffeln sauber bürsten, in einen Topf mit kräftig gesalzenem kaltem Wasser geben und zum Kochen bringen.

Etwa 20 Minuten lang garen, bis sie – wenn man sie mit der Messerspitze testet – innen weich sind.

Sobald man die Kartoffeln anfassen kann, Schalen abziehen. Sie durch eine Kartoffelpresse in eine große Schüssel drücken oder gründlich zerstampfen.

Die Eier in einer Schüssel verschlagen und mit dem geriebenen Käse und einigen kräftigen Prisen Salz nach Geschmack zu den Kartoffeln geben. Gründlich vermischen.

Die Hälfte der Kartoffelmischung auf dem Boden der gefetteten Backform verstreichen. Mozzarellascheiben darauf verteilen. Als Nächstes die Schinkenscheiben auf den Mozzarella legen. Dann die verbliebene Kartoffelmischung über dem Prosciutto verstreichen. Zuletzt das Ganze mit den Semmelbröseln bestreuen.

Das Gericht etwa 15 Minuten backen, dann auf 180 °C herunterschalten und weitere 30 Minuten garen, bis es eine schöne goldbraune Kruste hat.

Für 4–6 Personen.

Patate al forno – Ofenkartoffeln

So lassen sich ganz leicht größere Mengen himmlisch zarter Kartoffeln zubereiten – ein ideales Gericht für eine Abendeinladung.

1 kg Kartoffeln
Eine großzügige Menge Olivenöl extra vergine
Einige frische Rosmarinzweige
Einige Knoblauchzehen, ungeschält
Feines Meersalz

Den Ofen auf 200 °C vorheizen.

Die Kartoffeln entweder ungeschält lassen oder aber schälen und in etwa gleich große Stücke schneiden. Eine flache, aber geräumige Backform einölen und die Kartoffeln hineingeben.

Die Rosmarinzweige leicht zerdrücken und die ungeschälten Knoblauchzehen mit einer Messerklinge zerquetschen, so dass das Innere teilweise sichtbar wird. Rosmarin und Knoblauch zu den Kartoffeln geben und sie mit reichlich Meersalz bestreuen. Einige kräftige Spritzer extra natives Olivenöl darübergeben, gründlich verrühren und darauf achten, dass Rosmarin und Knoblauch gleichmäßig über die Kartoffeln verteilt und alle Kartoffelstücke mit Öl überzogen sind.

Nun für etwa 45 Minuten in den Ofen stellen, bis sich die mit einem scharfen Messer getesteten Kartoffeln weich anfühlen; während der Backzeit sollte man sie etwa alle 10 Minuten umrühren, um sicherzustellen, dass sie gleichmäßig garen. Heiß servieren.

Für 6 Personen.

Vierzig Tage unter der Sonne

»Ich hab *amarene* gefunden.«

Nur Weniges, das ich in einer campomelanischen Küche je sagte, hat einen solchen Wirbel ausgelöst – wie die Mitteilung, dass es mir gelungen sei, Amarenakirschen aufzutreiben.

Ich hätte mir ein bisschen sehr lang Zeit gelassen, hatten mich viele gewarnt, wahrscheinlich *zu* lange, zumal die diesjährige Ernte wegen des ungewöhnlich heißen Wetters und der verdammten Vögel sowieso schon recht mager ausgefallen sei.

Doch nachdem ich mir monatelang angehört hatte, wie mit fast mystischer Verehrung von ihnen geprochen wurde, wollte ich mir unbedingt doch noch welche beschaffen. Wobei ich keine Vorstellung davon hatte, was mir dabei abverlangt würde: zwei Wochen höflicher Nachfragen, gefolgt von erfolglosen Sammelversuchen in der freien Natur und zuletzt sogar dreiste Bettelei – und alles nur, um ein paar Kilo davon zu ergattern.

Ich begriff einfach nicht, wie geschätzt diese Sauerkirschen hierzulande sind, bis ich dann mit leeren Händen von mehreren meiner Amarena-Missionen zurückkehrte. Denn normalerweise stellt sich das Problem der Lebensmittelbeschaffung in Campodimele genau umgekehrt dar. Man schafft es kaum, über seine Türschwelle zu treten, ohne mit einer Handvoll frischgelegter Eier zurückzukehren, die einem eine zufällig bei den Hühnerställen entgegenkommende Freundin schenkt, oder einem frischen Salat, den einem irgendein Fremder offeriert, nachdem er einen herbeigerufen hat, um etwa den herrlichen Sonnenuntergang zu kommentieren und einem dann beim Plaudern einen Salat aus seinem *orto* zu pflücken. Ja, womöglich verstößt es hier sogar gegen die Gesetze, sein Haus zu verlassen, ohne sich ein paar Tomaten oder einen halben Laib selbstgebackenes Brot einzustecken. Und Versuche, sich solcher Großzügigkeit zu widersetzen, sind meiner Erfahrung nach zwecklos, denn wie eine gute Freundin mich warnte, *»chi non accetta, non merita!«* – »Wer sie nicht akzeptiert, verdient sie auch nicht!«

Und so musste ich höchst erstaunt feststellen, dass keine Zeit, keine Mühe und kein Geld der Welt es vermochten, mir ein paar Kilo dieser Amarenakirschen zu sichern, die im kühlen Frühjahrs- und Frühsommerklima des hochgelegenen Campodimele wunderbar gedeihen, aber auf den Märkten und in den Läden nur schwer erhältlich sind.

»Das sind wirklich unsere letzten«, entschuldigte sich eine Nachbarin, die eigene Amarenabäume besitzt. Und »Die hier habe ich einer *contadina* abgekauft – aber an ihren Namen kann mich nicht mehr erinnern«, meinte eine andere, die ich zufällig beim Marmeladeeinmachen vor ihrem Haus antraf. Und eine Freundin bettelte mich an: »Falls du welche findest, wir würden zehn Kilo nehmen – oder auch mehr, wenn's geht.«

Das soll nicht heißen, dass es mit der Großzügigkeit plötzlich vorbei gewesen wäre – die Leute boten mir Gläser ihrer Amarenamarmelade an oder knusprige Amarenatörtchen, und mein Freund Gaetano ließ mich einen Löffel seiner selbstgemachten *amarene* in Sirup kosten, die er über Eiscreme serviert. »Nicht jeder, der bei mir zum Mittagessen eingeladen ist, kriegt *amarene*«, teilte er mir feierlich mit. Aber keiner schien willens, mir zu verraten, wo er die rohen Früchte herhatte.

Als ich mir daher schließlich doch noch sechs Kilo *amarene* beschaffte, konnte ich es selbst kaum fassen. Man stelle sich vor! Winzigste Kirschen, dunkelste Rottöne, prallstes Fruchtfleisch. Man beißt hinein, und der saure Saft lässt einem fast die Zunge verdorren, während der winzige Stein mit seinem mandelartigen Nachgeschmack sie wieder besänftigt. Es ist diese Säure, der die *amarena* ihren Namen verdankt, denn *amaro* ist das italienische Wort für

»sauer«, und genau diese Säure ist so überaus geschätzt. Im Rohzustand macht sie die *amarene* zwar ungenießbar, doch mit der Süße des Zuckers zu Marmelade oder Sirup verarbeitet, bietet sie ein *agrodolce*, ein Süßsauer-Erlebnis, das wahrlich nach mehr schmeckt.

So köstlich und begehrt die *amarene* aber auch sind, *ein* Aspekt dieser Frucht ist alles andere als sympathisch: die Kerne. Da *amarene* nur etwa halb so groß wie die meisten anderen Kirschen sind, wenn nicht noch kleiner, muss man vor dem Kochen auch mindestens doppelt so viele Kerne pro Kilo entfernen. Und das ist keine Arbeit für einen oder eine allein.

Und daher versammeln wir uns wieder einmal unter der Pergola: Amalia, Assunta, Pasqualina und ich, und entsteinen die kostbaren *amarene*. Unter dem Wasserhahn im Freien waschen wir in einer riesigen blauen Wanne Handvoll um Handvoll der Früchte, verteilen sie dann auf mehrere kleinere Schüsseln, die auf dem Campingtisch bereitstehen, und lassen uns für den Nachmittag daran nieder, denn die vor uns liegende Arbeit wird den Rest des Tages beanspruchen.

Es ist eine mühsame Pfriemelei, die winzigen Steine vom saftigen Fruchtfleisch zu trennen, das dann zu Marmelade verarbeitet wird. Viel leichter wäre es, in einen Laden zu gehen und die Marmelade zu kaufen, aber »*i conservanti!*« ruft Assunta schon bei der Erwähnung der kommerziell produzierten Ware aus, »die Konservierungsstoffe!« »*Meglio così*«, fügt sie hinzu, »so ist es besser« – und so ist es, und nicht nur, weil diese Amarenamarmelade frei von chemischen Zusätzen sein wird.

Dieser Nachmittag unter der Pergola besitzt eine Schönheit, die zeitlos ist. Die Sonnenstrahlen, die durchs Weinlaub dringen und die Traubenbüschel als monströse Schatten an die Steinwände von Amalias Haus werfen. Ihr Mann Pasquale ist in diesem Haus, das auf dem äußeren Rand der Dorfmauer errichtet wurde, geboren. Zweifellos hat auch seine Mutter an vielen Nachmittagen genau an dieser Stelle gesessen und *amarene* für die Marmelade entsteint, Borlottibohnen fürs Abendessen enthülst und Gemüse für die Minestrone geschnippelt.

Denn dies sind die Aufgaben, die den Frauen zufallen. »Die Männer erledigen die schwere Arbeit, die Frauen die leichteren Arbeiten im Haus«, erklärt Amalia. Wie so viele andere in Campodimele bebauen sie und Pasquale nach wie vor ein *terreno*, das in vergangenen Zeiten für Millionen von *contadini* in ganz Italien einzige Nahrungs- und Einkommensquelle war. Und wie früher sind es häufig – aber nicht immer – die Männer, die das Feld bearbeiten, säen und ernten, während die Frauen die Früchte dieser Mühen zu Hause weiterverarbeiten.

Wie so viele der Arbeiten beim Haltbarmachen von Lebensmitteln, ist auch diese methodisch und repetitiv. Das Ganze könnte langweilig sein, doch das ist es nicht. Es macht Freude und ich begreife, dass solche Nachmittage einen wichtigen Bestandteil des sozialen Lebens von Campodimele ausmachen. Sie bieten den Frauen einen Anlass, sich zu treffen und über das Leben, das Essen, die Familie zu plaudern und zu lachen. Nach sieben Jahrzehnten des *Amarene*-Entsteinens hält Assunta einen Tag wie den heutigen noch immer für die ideale Gelegenheit, uns roten Saft ins Gesicht zu spritzen und uns mit ihren besudelten Fingern über die Wangen zu streichen. Diese ungezwungene Geselligkeit unter sonnenbeschienenen Pergolas kann man in den Frühlings- und Sommermonaten überall im Dorf beobachten; es sind die Momente, in denen die Frauen sich ausruhen, aber dennoch produktiv bleiben, da es ja, wie sie einem versichern werden, »*in campagna, c'è sempre da fare*« – auf dem Land immer etwas zu tun gibt.

Wir sind fast fertig. Nur noch etwa ein Kilo ist geblieben, und diese letzten *amarene* werden nicht entsteint. Man verwendet sie zur Herstellung der berühmten *amarene in sciroppo*, des vielleicht geschätztesten Amarena-Erzeugnisses in diesen Breiten. Pasqualina häuft einen Berg Kirschen in ein großes Glas und schüttet direkt aus der Tüte den Zucker darüber. Der schneeweiße Zucker rieselt und rinnt erdrutschartig über, unter und zwischen die *amarene*. Pasqualina verschraubt das Glas mit einem exakt schließenden Deckel und erklärt, dass ich es vierzig Tage lang an einem sonnigen Ort stehen lassen und jeden Tag einmal kurz umdrehen solle. Die Hitze der italienische Sonne werde den Saft der Frucht und den Zucker zu einem köstlichen Sirup verschmelzen, der die Frucht konserviert, so dass sie später im Winter ein wenig Sommer auf meinen Tisch zaubern werde.

Aber nicht alle *amarene* sind weg, merke ich, als mich ein Strahl dunklen Safts auf die Wange trifft. Assuntas Gelächter und ihre funkelnden schwarzen Augen verraten sie. Das sind aber gute *amarene*, saftige, meint sie schelmisch: »Wo hast du die denn so spät in der Saison noch aufgetrieben?«

Wie reagiert man da, wie zieht man sich aus der Affäre? Denn tatsächlich habe ich sie über einen Geschäftsmann aus dem Dorf gefunden, der eine *contadina* kennt, die hin und wieder eine Kiste oder auch zwei davon verkauft. Ihren Namen oder die Adresse konnte er mir allerdings nicht verraten und hatte auch ihre Telefonnummer nicht zur Hand – aber, wenn ich wirklich nicht mehr weiterwisse, könne er sie für mich anrufen. Und so kam es, dass er 24 Stunden später sechs Kilo *amarene* für mich aufgetan hatte – sich aber immer noch nicht an den Namen der alten Dame erinnern konnte. Und nein, es gäbe auch keine mehr. Erst nächstes Jahr wieder.

Ich zuckte die Achseln, wie etwa ein Dutzend Dorfbewohnerinnen vor mir, als ich mich bei ihnen nach *amarene* erkundigt hatte, und schenkte Assunta ein ratloses Lächeln. »Tut mir leid, ich kann es dir nicht sagen. Sie stammen von einer *contadina*. Aber wie sie heißt, weiß ich nicht. Und ich fürchte, es sind die letzten in diesem Jahr.«

Marmellata di amarene – Amarenamarmelade

In diesem Rezept wird nur etwa ein Viertel der Zuckermenge verlangt, die viele britische Marmeladeköchinnen für eine traditionelle Obstkonserve verwenden würden. Doch je mehr Zucker man verwendet, umso stärker überdeckt dieser die Säure der *amarena*, und es ist ja gerade die Ausgewogenheit des *agrodolce*, die diese Marmelade so begehrt macht. Allerdings bedeutet ein niedrigerer Zuckergehalt auch eine geringere Haltbarkeit, so dass diese Marmelade rasch verbraucht werden muss – was aber, hat man sie erst einmal probiert, kein Problem sein sollte!

1 kg amarene
250–500 g Zucker, nach Geschmack
2 Gläser à 500 g, mit Schraubverschlüssen

Eine Untertasse in den Gefrierschrank stellen.

Zum Sterilisieren der Gläser diese zunächst in heißer Seifenlauge spülen und sich vergewissern, dass sie absolut sauber sind. Den Ofen auf 160 °C vorheizen, die Gläser aufrecht auf ein Backblech stellen und sie dann etwa für eine halbe Stunde in den Ofen schieben, bis sie gründlich getrocknet sind. Mit den Deckeln ebenso verfahren, sie jedoch sofort nach dem Trocknen aus dem Ofen nehmen, damit sie sich nicht verziehen.

Die *amarene* entsteinen, in einen großen Topf geben und zum Kochen bringen; dabei häufig umrühren, damit sie nicht anhaften.

Die Kirschen etwa 1 Minute kochen lassen, dann unter ständigem Rühren den Zucker über den Früchten verteilen, die Mischung erneut zum Sieden bringen und 3–4 Minuten weiterbrodeln lassen.

Für die Gelierprobe eine kleine Marmeladenmenge auf den im Gefrierschrank gekühlten Unterteller geben und diesen ein wenig schräg halten – bleibt die Marmelade haften und verzieht sich ein wenig, so ist sie abfüllbereit. Läuft sie am Teller hinunter, sollte man sie noch eine weitere Minute kochen und dann erneut testen – damit fortfahren, bis sie geliert.

Die fertige Marmelade dann sofort in die sterilisierten Gläser füllen, mit den Schraubdeckeln verschließen und sie dann eine halbe Stunde lang auf den Kopf beziehungsweise Deckel stellen. Kühl aufbewahren und von direktem Lichteinfall fernhalten.

Ergibt 2 Marmeladengläser à 500 g.

Crostata all'amarena – Amarenamarmeladen-Tarte

Mürbeteig wird in Campodimele traditionell mit *strutto* hergestellt, dem Fett des Schweins, das man in den meisten Familien einst hielt, um es zu Prosciutto, *pancetta* und *salsicce* zu verarbeiten. Ist Schweineschmalz jedoch nur schwer zu finden, können Sie stattdessen auch Butter verwenden.

Für dieses Rezept benötigt man eine flache Tortenform von etwa 27 cm Durchmesser.

500 g italienisches Weizenmehl tipo 00 (doppio zero) oder
  deutsches Mehl Type 405
120 g strutto oder Butter – bei Raumtemperatur, in kleine Stücke geschnitten
120 g Zucker
½ TL Backpulver
3 mittelgroße frische Bioeier, verschlagen
Abgeriebene Schale von 1 kleinen Zitrone oder 1 Fläschchen Zitronenöl
250 g Amarenamarmelade, nach dem Rezept auf Seite 203 gekocht,
  oder eine andere Marmelade

Bei Verwendung von gewöhnlichem Haushaltsmehl (Type 405) das Mehl in eine große Schüssel sieben; bei Verwendung von italienischem »00« kann man sich das Sieben ersparen.

Den *strutto* oder aber die Butter hinzufügen und mit den Fingerspitzen behutsam mit dem Mehl vermischen, bis man eine bröselartige Masse erhält – während der Arbeit die Brösel immer wieder aus der Schüssel herausheben und wieder hineinfallen lassen – auf diese Weise wird Luft in den Teig eingearbeitet und er wird lockerer.

Zucker und Backpulver hinzufügen und gründlich untermischen, so dass sie sich gleichmäßig in der Masse verteilen. Nun in die Mitte eine Vertiefung drücken und die verschlagenen Eier hineingießen, wobei man ein wenig Ei zum späteren Glasieren der Tarte zurückbehält. Zitronenschale oder -öl zu den Eiern in der Bröselmulde hinzufügen.

Nun mit einer Gabel das Mehl unter die Eier mischen, indem man – von innen nach außen arbeitend – das Mehl nach und nach unter die Eimischung zieht. Während der Teig immer fester wird, allmählich die Hände zum Einsatz bringen, bis man schließlich einen glatte Teigkugel erhält. Diese in Klarsichtfolie schlagen und eine halbe Stunde im Kühlschrank ruhen lassen.

Nun die Tortenform mit Butter einfetten.

Sobald der Teig geruht hat, Nudelholz und eine große freie Arbeitsfläche leicht bemehlen. Den Teig behutsam ausrollen; dabei das Nudelholz von der Teigmitte in Richtung der Ränder bewegen, den Teig gelegentlich umdrehen und Arbeitsfläche und Nudelholz immer wieder bemehlen.

Eine Teigscheibe von etwa 35 cm Durchmesser ausrollen und die gebutterte Tortenform damit auskleiden.

Mit einem Messer die überhängenden Teigränder abschneiden und diese Reste für die *strisciarelle* verwenden.

Den Ofen auf 160 °C vorheizen.

Marmelade auf dem Tarteboden verstreichen.

Nun die *strisciarelle* machen. Teigreste zu einem Rechteck von etwa 35 cm Länge ausrollen und in 6 etwa 1 cm breite Streifen schneiden.

Mit der Hälfte des restlichen Eis den Teigrand der Tarte glasieren, dann die *strisciarelle* als Gitter über die Marmelade legen – und die Streifenenden fest auf den Tarterand drücken. Das restliche verschlagene Ei zum Glasieren der *strisciarelle* verwenden.

Die Tarte etwa eine halbe Stunde backen, bis der Teig goldbraun geworden ist.

In der Kuchenform abkühlen lassen und bei Raumtemperatur servieren.

Für 8–10 Personen.

Amarene in sciroppo – Amarenakirschen im eigenen Sirup

Diese *amarene* gibt man zusammen mit Zucker in ein Glas, um sie dann 40 Tage lang in der Sonne stehen zu lassen. Dabei liegen die Kirschen im eigenen Saft und im Zucker, so dass man eine köstliche sirupartige Sauce erhält.

1 kg amarene, mit Kernen
250 g Zucker

Ein Glas auswählen, in dem sowohl die *amarene* als auch der Zucker Platz finden, und es sterilisieren (siehe Seite 203).

Das sterilisierte Glas abkühlen lassen, dann die *amarene* hineingeben.

Als Nächstes den Zucker über die *amarene* ins Glas geben, so dass er über und um die *amarene* herumrieselt. Nun den Deckel aufschrauben und das Glas an einen Ort stellen, wo es 40 Tage lang direkter Sonneneinstrahlung ausgesetzt ist.

Nun jeden Tag das Glas einmal kurz umdrehen, damit sich der Zuckersirup neu verteilen kann; dann wieder gerade hinstellen – aber nicht öffnen.

Nach 40 Tagen sollten die *amarene* verzehrfertig sein – sie schmecken fantastisch zu sahnigem Vanilleeis, sind aber auch köstlich, wenn man sie mit Sprudelwasser aufgießt und als Drink serviert.

Himmlischer Nachtschatten

Als Erstes sucht man sich einen Stein; schwer, aber auch kompakt muss er sein. Als Nächstes wird aller anhaftende Dreck entfernt; kein Körnchen Erde darf dranbleiben. Dann nimmt man einen großen Topf, einen, den man während der nächsten ein, zwei Tage nicht braucht, und schaut, ob der Stein auch hineinpasst. Und nun kann das Einmachen beginnen.

In Campodimele liegt der Anfang der Nahrungskette häufig im *orto*. Meistens pflückt man dabei einfach Früchte von einer Pflanze oder gräbt ein Gemüse aus dem Boden.

Momentan allerdings, wo in Mafaldas Garten eine wahre Auberginenschwemme herrscht, will sie sie retten, indem sie sie in Öl einlegt und konserviert. Daher beginnt ihr Gang in den *orto* mit der Wahl eines geeigneten Steins.

Auberginen gehören zur Familie der Nachschattengewächse, ein Wort, bei dem man sofort an die schwarzviolette Intensität ihrer Schalen denken muss, und obwohl ihr weiches Fleisch eine vielseitige Basis für alle möglichen Gerichte darstellt, enthält es oft bittere Säfte. Als die Auberginen im 14. Jahrhundert, von Afrika kommend, Italien erreichten, glaubte man, ihre Bitterkeit könne bei denen, die sie verzehrten, Wahnsinn auslösen, was zu ihrem italienischen Namen *melanzana* führte, abgeleitet von *mela insana*, »krankmachender Apfel« oder »Dollapfel«. Doch da sich die Italiener durch derlei Bedenken keinesfalls eine gute Mahlzeit durch die Lappen gehen lassen wollten, überwanden sie diese Furcht und machten die Aubergine zu einer der tragenden Säulen ihrer *cucina*.

Mafalda besitzt jenen steten klugen Blick, den man hier in so vielen Augen entdecken kann. Es ist eine Art, die Welt zu betrachten, die wohl daher rührt, dass sie die fundamentalen Wahrheiten des Lebens, den Kreislauf der Natur verstanden hat. Dass sie an dem Aberglauben, die bitteren Säfte ihrer Aubergine könnten sie verrückt machen, festhält, ist daher für mich schier unfassbar. Aber – und das lässt sie sich nicht ausreden – sie könnten den Geschmack dieser reichen Ernte beeinträchtigen, und daher der Stein.

Mafalda baut *melanzana lunga* an, lange Auberginen, die wie dünne krumme Knüppel mit Koboldmützen aus papierartigen grünen Blättern wirken. Zum Einlegen eignen sie sich besser als ihre kürzeren, rundlicheren Vettern, *melanzana comune*, die man am besten in Olivenöl brät, oder auch die *melanzana rotonda*, ein Auberginen-Neuling, dessen runde Form zum Füllen praktisch ist, der aber hierzulande offenbar vor allem als Monster der modernen Biotechnik betrachtet wird.

An einem glühendheißen Julinachmittag heißt mich Mafalda in der Kühle ihres Hauses willkommen, zeigt mir die geschälten und in lange Stifte geschnittenen Auberginen, die sie mit Meersalz bestreut und in einen Aluminiumtopf gegeben hat. Ein alter Topfdeckel liegt, mit dem aus dem Garten hereingeschleppten Stein aus Kalkfelsen beschwert, direkt auf dem Gemüse. Und kaum ist eine Stunde vergangen, hat die entwässernde Wirkung des Salzes kombiniert mit dem Druck des Steins den Saft aus den Auberginen heraus- und am Topfrand hochgedrückt, so dass der Stein nun in einem Teich dunkelroter Flüssigkeit liegt. Mafalda gießt den Saft ab und meint, die Auberginen müssten nun mindestens 24 Stunden *sotto peso*, »unter dem Gewicht« bleiben, so dass ich am besten am nächsten Tag wiederkäme.

Mafaldas Haus liegt *giù*, »unten«, im unteren Teil Campodimeles, auch als Taverna bekannt, ein wenig zurückgesetzt von der Hauptstraße zwischen Obstbäumen und dem *orto* ihrer Familie.

Am folgenden Nachmittag erzählt sie mir beim Espresso, dass das luftige Steinhaus schon siebzig Jahre auf dem Buckel hat und sie selbst hier vor siebenundsechzig Jahren zur Welt gekommen ist. Um das Geld für das Haus aufzubringen, ist Nonno Gaetano, ihr Groß-vater, wie so viele andere seiner campomelanischen Mitbürger, für eine Zeit lang nach Toronto ausgewandert, um sich beim Bau von *il Track*, der kanadischen Eisenbahn, zu verdingen. Ehe er jedoch zu seiner Reise auf die andere Seite der Welt aufbrach, hatte ihm seine Frau, Nonna Maria, noch Lesen und Schreiben beigebracht, so dass er ihr Liebesbriefe nach Hause schicken konnte. Während er schuf-tete und Geld schickte, beaufsichtigte Nonna Maria daheim die Bau-arbeiten. Mafalda erinnert sich, wie sie genau hier an der Stelle, an der sie nun selber sitzt, ihrer Großmutter beim Einmachen der som-merlichen Obst- und Gemüseernte zugeschaut hat.

Wir kippen den Stein und den Saft aus dem Topf und heben her-aus, was von den Auberginen übrig geblieben ist. Die Stifte sind zusammengeschrumpft und hutzelig, und angesichts des riesigen Haufens, den Mafalda gestern in den Topf gefüllt hat, ist es eine er-staunlich kleine Menge. Andererseits wiederum bestehen Aubergi-nen zu 90 Prozent aus Wasser, das der Stein aus ihnen herausgepresst hat.

In einem Topf kocht Mafalda nun Weißweinessig und Wasser auf und lässt die Auberginen hineinplatschen, damit sie einige Minuten darin ziehen. In der Zwischenzeit hackt sie die *condimenti*: Petersilie, Knoblauch, Chili und Oregano. Nach einigen Minuten im sieden-den Wasser gießt sie die blanchierten Auberginen, umhüllt von einer dampfenden Essigwolke, auf ihr Abtropfbrett. Sobald sie abgekühlt sind, drückt sie die restliche Flüssigkeit aus ihnen heraus und ver-mischt sie mit den *condimenti* und etwas Olivenöl extra vergine. Zu-letzt schöpft sie die Masse in Gläser, gießt etwas Öl darauf und ver-schraubt sie. *Fatto!* Geschafft!

Die Auberginen sind sofort verzehrbereit, doch es ist Sommer, Zeit der Fülle, und es gibt reichlich frische Früchte, die man fül-len, backen, heiß servieren oder aber in Gemüseeintöpfen köcheln kann. Und schließlich liegt der Sinn des Einmachens ja nicht darin, die Dinge sofort zu konsumieren, sondern sie erst später zu verzeh-ren und sich Vorräte für die *cantina*, für den Winter anzulegen. Sicher verwahrt unter der schützenden Öldecke, sollten diese *melanzane* etwa ein Jahr lang genießbar bleiben, als nahrhafter *contorno* für winterliche Mahlzeiten, als Instant-Antipasto an einem hektischen Tag.

Mafalda und ihre Schwiegertochter Lucia machen einen Test, verkosten die *melanzanze* und sind sich einig, dass sie in diesem Jahr etwas essiglastiger sind als sonst. Im Mund sind sie etwas schwammig, und die Gewürzmischung bildet einen schönen Kontrast zu ihrer weichen Mildheit. Aber bitter sind sie nicht, auf gar keinen Fall. Der Stein wird noch am selben Tag wieder in den *orto* hinausgewuchtet, er hat seine Aufgabe erfüllt. Mit Wahnsinn hat das alles nichts zu tun. Lediglich mit der Weisheit eines Lebens, das nahe am Puls der Natur und im Einklang mit den Rhythmen des Landes gelebt wird.

Melanzane, peperoni e cipolle al basilico –
Auberginen mit roten Paprikaschoten, Zwiebeln und Basilikum

2 Spritzer Olivenöl extra vergine
2 große rote Paprikaschoten, geputzt und in Scheiben geschnitten
2 mittelgroße Zwiebeln, in feine Ringe geschnitten
2 große Auberginen
2 Knoblauchzehen, geschält und mit der Messerklinge zerdrückt
(falls gewünscht)
1 Handvoll frische glatte Petersilie, gehackt (falls gewünscht)
250 ml selbsteingekochte Tomatensauce (siehe Seite 280) oder
6 Eiertomaten, enthäutet und Samen entfernt
1 Prise zerdrückte getrocknete rote Chilischote (falls gewünscht)
Reichlich frisches Basilikum

In einer tiefen Pfanne das Öl erhitzen, Paprikaschoten und Zwiebeln hineingeben und bei mittlerer Hitze etwa 10 Minuten anschwitzen, aber nicht bräunen lassen.

Inzwischen die Auberginen der Länge nach vierteln, dann die Viertel in dünne Streifen schneiden.

Die Hitze reduzieren. Auberginen, Knoblauch und Petersilie (falls verwendet) in die Pfanne geben. Alles 10 Minuten lang braten und dabei häufig bewegen, damit Zwiebeln und Knoblauch nicht verbrennen.

Tomatensauce oder Tomaten hinzufügen und alle Gemüse nochmals etwa 5 Minuten lang garen lassen. Den Chili dazugeben, falls verwendet.

Vom Herd nehmen und das Basilikum unterrühren. Mit viel frischem knusprigem Brot servieren.

Für 4–6 Personen.

Melanzane con peperoni e patate –
Auberginen mit roten Paprikaschoten und Kartoffeln

Das hier ist eine gehaltvolle Eintopfmahlzeit, die mir meine Freundin 'Pina beigebracht hat. Und ihrer Empfehlung, sie in heißen Sommern kalt und erst einen Tag nach der Zubereitung mit viel frischem knusprigem Brot zu genießen, schließe ich mich vollstens an.

Die moderne Landwirtschaft hat Auberginensorten entwickelt, deren Bitterstoffgehalt minimal ist, und Bioauberginen enthalten häufig weniger Wasser als kommerziell angebaute. Falls Sie Bioware finden können, unbedingt verwenden – wenn nicht, einfach den Auberginen die bitteren Säfte entziehen, indem man sie in Scheiben oder Stücke geschnitten und mit Salz bestreut in ein Sieb gibt und sie zusätzlich mit einem festen Teller und großen Konservendosen beschwert. Anschließend das Salz wieder abspülen und die Auberginen mit Küchenpapier trocken tupfen. Für das untenstehende Rezept sollte eine Stunde eines solchen *sotto peso* genügen. Sollen die Auberginen allerdings in Öl eingelegt werden, muss man sie mindestens 24 Stunden beschweren, so dass fast die gesamte Flüssigkeit aus ihnen herausgepresst wird.

2 große Auberginen – wenn möglich, kurze, rundliche Früchte
Einige Spritzer Olivenöl extra vergine
1 große rote Paprikaschote, Samen entfernt und in Streifen geschnitten
1 große Zwiebel, grob gehackt
2 Knoblauchzehen, fein gehackt
500 ml selbsteingekochte Tomatensauce (siehe Seite 280)
Getrockneter Oregano
4 große, festkochende Kartoffeln, in gleich große Stücke geschnitten
Feines Meersalz
1 Handvoll frische glatte Petersilie, grob gehackt

Die Auberginen längs halbieren und jede Hälfte in etwa 6 Stücke schneiden. Eventuell die Bitterstoffe entziehen, wie weiter oben beschrieben.

Als Nächstes das Olivenöl in einem großen tiefen Topf erhitzen und Paprikastreifen und gehackte Zwiebel einige Minuten sachte anbraten. Den gehackten Knoblauch hinzufügen und 1 weitere Minute garen. Dann die Auberginen dazugeben, gut umrühren und erneut 1–2 Minuten sautieren.

Nun Tomatensauce oder Tomaten zusammen mit einige Prisen getrocknetem Oregano hinzufügen, Topfinhalt zum Kochen bringen und etwa 10 Minuten köcheln lassen.

Dann die Kartoffelstücke dazugeben sowie ein paar kräftige Prisen Salz nach Geschmack, und das Ganze leise köcheln lassen, bis die Kartoffeln weich sind, wenn man sie mit einer scharfen Messerspitze testet.

Mit gehackter frischer Petersilie oder frischem Basilikum (falls bevorzugt) bestreuen und mit viel knusprigem Brot servieren.

Für 4 Personen.

Melanzane ripiene al forno – Gefüllte gebackene Auberginen

Diese Auberginenhälften sehen wunderbar aus, schmecken kalt genauso lecker wie warm und sind damit die perfekte Beilage oder vegetarische Hauptspeise, die sich schon im Vorhinein zubereiten lässt. Verwenden Sie nach Möglichkeit Auberginen, denen man keine Bitterstoffe entziehen muss (siehe Seite 213).

4 mittelgroße Auberginen
6 reife Eiertomaten, enthäutet, Samen entfernt und gehackt
1 Handvoll frische glatte Petersilie, gehackt
Feines Meersalz
2 Knoblauchzehen, fein gehackt
1 Handvoll Basilikumblätter, zerzupft, sowie einige mehr zum Servieren
1 Handvoll schwarze Oliven, entsteint und halbiert
Olivenöl extra vergine

Den Ofen auf 200 °C vorheizen.

Auberginen längs halbieren. Das Fruchtfleisch der Auberginenhälften mit einem scharfen Messer von links nach rechts schräg einschneiden – fast bis auf die Haut hinunter, ohne sie jedoch zu verletzen. Dann das Fruchtfleisch auf gleiche Weise von rechts nach links einschneiden, so dass man eine Art Gittermuster erhält.

In einer Schüssel Tomaten, Petersilie, 2 oder 3 kräftige Prisen Salz, Knoblauch, Basilikum und Oliven vermischen, einen Spritzer Olivenöl hinzufügen und gründlich verrühren.

Die Tomaten-Oliven-Kräuter-Mischung über die Oliven schöpfen und darauf achten, dass ein Teil der Sauce in die Einschnitte und ins Fruchtfleisch einsickert.

Auberginenhälften in eine niedrige Backform legen und mit Olivenöl umgießen; es sollte etwa 1 cm hoch in der Backform stehen.

Für etwa 45 Minuten in den Ofen schieben – bis die Auberginen durch und durch gar sind.

Das Geschirr aus dem Ofen nehmen, Auberginen mit frischem Basilikum bestreuen und vor dem Servieren etwa 15 Minuten lang ruhen lassen.

Für 4 Personen als Hauptgericht, für 8 als Beilage.

Melanzane alla parmigiana – Auberginen-Parmesan-Gratin

Diese mit Parmesan und Tomatensauce überbackenen Auberginen sind ein weiteres Rezept, das sich aufgrund der verbesserten Transportverbindungen und der leichteren Erhältlichkeit von norditalienischen Parmigiano-Reggiano hier in den vergangenen fünfzig Jahren stark verbreitet hat. Doch auch mit Pecorino Romano, dem gereiften Schafskäse, der eher der campomelanischen Tradition entspricht, funktioniert das Rezept ganz ausgezeichnet – wenn auch die meisten hier, so weit ich das sehe, den berühmten Neuankömmling bevorzugen! Verwenden Sie aber in jedem Fall Mozzarella *fiordilatte*, der sich zum Backen besser eignet als *mozzarella di bufala*. Möglicherweise müssen Sie den Auberginen 1 Stunde im Voraus die Bitterstoffe entziehen.

4 große Auberginen, in Scheiben geschnitten, Bitterstoffe entzogen, falls nötig
(siehe Seite 213)
1 Handvoll italienisches Weizenmehl tipo 00 (doppio zero) oder
deutsches Mehl Type 405
4 kräftige Spritzer Olivenöl extra vergine
400 g Mozzarella fiordilatte
1 mittelgroße Zwiebel, fein gehackt
500 ml selbsteingekochte Tomatensauce (siehe Seite 280)
Feines Meersalz
1 kräftige Handvoll frische Basilikumblätter, zerzupft
200 g Parmigiano-Reggiano oder Pecorino Romano am Stück, frisch
gerieben

Den Ofen auf 180 °C vorheizen.

Die Auberginenscheiben mit Mehl bestäuben, in einer großen Pfanne das Öl erhitzen und die Scheiben darin bei mittlerer Hitze rasch braten, bis sie auf beiden Seiten goldbraun sind. Auf einen mit Küchenpapier ausgelegten Teller geben und zusätzlich abtupfen, um alles überschüssige Öl zu entfernen.

Nun den Mozarrella in feine Scheiben schneiden.

Für die Tomatensauce die Zwiebel etwa 5 Minuten in Olivenöl anschwitzen, dann die Tomatenkonserve und 1 kräftige Prise Salz hinzufügen. Vom Herd nehmen und das frische Basilikum unterrühren.

In eine flache Backform zunächst ein wenig Tomatensauce verstreichen, dann nacheinander eine Schicht Auberginen, eine Schicht geriebenen Parmesan und eine Schicht Mozzarella darüber verteilen. Nun erneut mit Tomatensauce überziehen und das Aufschichten der Zutaten wiederholen, bis man alle Auberginen aufgebraucht hat. Mit einer Saucenschicht abschließen, über der man noch einige wenige Mozzarellascheiben verteilt, und auch etwas Parmesan zurückbehalten, um ihn später darüberzustreuen.

30 Minuten lang backen, dann mit dem restlichen Parmesan bestreuen und weitere 10 Minuten backen, bis der Käse goldbraun geworden ist. Etwa 15 Minuten ruhen lassen und servieren.

Für 4–6 Personen.

Melanzane sott'olio – Eingelegte Auberginen

Auberginen bestehen zu etwa 90 Prozent aus Wasser, und da die bitteren Säfte am Tag vor dem Einlegen gründlich extrahiert werden, ergibt eine große Menge der Früchte nur eine verblüffend bescheidene Menge an Eingemachtem – auf dem Teller jedoch reicht auch schon eine winzige Portion *melanzane sott'olio* ziemlich weit, so dass Sie nicht allzu enttäuscht sein sollten!

5 kg Auberginen – nach Möglichkeit die langen, schlanken
Feines Meersalz
1 l Weißweinessig
4 Knoblauchzehen, fein gehackt
1 Handvoll frische glatte Petersilie, fein gehackt
1 kräftige Prise getrocknete rote Chilischote oder frische, falls bevorzugt
1 kräftige Prise getrockneter Oregano
Etwa 1 l Olivenöl extra vergine
Etwa 3 Gläser mit Schraubverschluss, à 350 g, sterilisiert (siehe Seite 203)

Die Auberginen schälen, Schalen wegwerfen und das Fruchtfleisch in dünne Stifte schneiden. Stifte mit reichlich feinem Salz bestreuen und gemäß der Anweisung auf Seite 213 entwässern. Das heißt, 24 Stunden *sotto peso* lassen und immer wieder den Saft abschütten, damit die Auberginen nicht in den Bitterstoffen liegen.

Sobald die Auberginenstifte entwässert sind, in einem großen Topf etwa 1 l Wasser und 1 l Weißweinessig zum Sieden bringen. Die Auberginen in dieser Flüssigkeit etwa 5 Minuten lang kochen.

Die Auberginen abgießen und zum Auskühlen auf eine flache, saubere Oberfläche legen. Nach dem Abkühlen jeweils eine Handvoll davon zwischen den Handflächen ausdrücken, um alles Kochwasser herauszupressen – auch eine große Kartoffelpresse eignet sich dafür. Mit einem sauberen Geschirrtuch oder Küchenpapier überschüssige Flüssigkeit abtupfen.

Die Auberginen nun in eine Schüssel geben, mit Knoblauch, Petersilie, Chili und Oregano vermischen und auch 1 oder 2 Prisen feines Meersalz hinzufügen.

Etwas Olivenöl in jedes sterilisierte Glas gießen. Die gewürzten Auberginen bis etwa 2 cm unter den Rand in die Gläser häufen. Dann das Glas mit Olivenöl auffüllen und leicht nach beiden Seiten kippen, um Lufteinschlüsse zu verhindern. Darauf achten, dass die Auberginen ganz mit Öl überzogen sind, dann den Deckel aufschrauben.

Mindestens 4 Wochen stehen lassen, damit sich die Aromen verbinden können. An einem kühlen, dunklen Ort müssten sich die Auberginen bis zu einem Jahr halten. Nach dem Öffnen sollte man sie im Kühlschrank aufbewahren und rasch aufbrauchen; nachdem man einen Teil des Glasinhalts entnommen hat, erneut mit Olivenöl aufgießen, damit die Auberginen stets bedeckt sind.

Ergibt 3 Gläser à 350 g.

August

Wieder im Kommen

Wie soll man bei dieser Hitze die Felder bestellen? Wie soll man die sengende Sonne auf der Haut, das blendende Licht in den Augen ertragen? Diese Augusttage entfalten sich in Extremen: explosionsartige Tagesanbrüche, erdrückende Mittage, Sonnenuntergänge, die aufflammen wie die Waldbrände, die sich auf der ausgedörrten Erde entzünden. Es sind Tage wie dafür gemacht, den Berg hinunterzuschnurren, um die Meeresbrise zu genießen oder daheim hinter verschlossenen Fensterläden Zuflucht zu suchen. Doch die Anbausaison ist auf ihrem Höhepunkt, der *orto* quillt über vor lauter Reife, und wohin man auch blickt, überall sind Leute auf den Feldern.

Es ist Freitagnachmittag, vier Uhr, in Taverna. Man hört das Heulen eines Motorrollers, der auf der gewundenen Straße des unteren Dorfs vorbeibraust, oder das mechanische Summen eines Mähdreschers, während er ein Weizenfeld verschlingt. Doch als ich Ricardos *orto* betrete, dringt ein primitiveres, rhythmischeres Geräusch an mein Ohr.

Der *livio* ist ein Werkzeug, wie man es vielleicht in einem mittelalterlichen Stundenbuch erwarten würde: zwei lange, dünne, glatte Zweige, die mit einem Lederstreifen miteinander verbunden sind, der auf die Enden der beiden Zweige genagelt ist. Ricardo verwendet den *livio*, um *cicerchie*, die winzigen, für Campodimele typischen Platterbsen zu dreschen, und zwar auf genau dieselbe Weise, wie es schon Generationen seiner Vorfahren getan haben. Er wirft mir ein Lächeln zu, verdreht die schwarzbraunen Augen gen Himmel, wie um stillschweigend die Unmöglichkeit dieser Hitze und die Notwendigkeit dieses Tages auf dem Feld anzuerkennen.

Begonnen hat die Ernte vor einer Woche, als die spitzen grünen Blätter der *cicerchie* in der Sonne zu gelben Zauseln verwelkten, die Schoten um die prallen Erbsen herum zusammenschrumpelten.

Ricardo hat die Pflanzen vor sieben Tagen abgeschnitten, zu Bündeln zusammengeschnürt und zum Trocknen auf dem Feld liegen lassen. Nun wirken sie wie büschelige Steppenläufer, und die Schoten sind in der Hitze brüchig geworden.

Ricardo verteilt die Pflanzen auf einer Unterlegplane aus Plastik, hält einen *Livio*-Zweig mit beiden Händen fest und schleudert den zweiten Zweig über die Schulter nach hinten, um ihn dann wieder nach vorn schnellen und auf die Pflanzen niedersausen zu lassen. Schließlich liegen die Schoten zerschmettert am Boden, und die Erbsen sind herausgekullert. Ricardo lässt den *livio* sinken, häuft alles in einen *setaccio*, ein großes Sieb, und schüttelt es hin und her, so dass die *cicerchie* klein, cremefarben und eckig durch die Löcher purzeln. So viel Arbeit, um eine so winzige Hülsenfrucht zu ernten, doch – wie Ricardo sagt – *cicerchie* besitzen eben einen ganz eigenen Geschmack.

Ich hatte *cicerchie*, ehe ich hierherkam, noch nie probiert und auch noch nie von ihnen gehört, doch wann immer ich vor Leuten aus den Nachbarorten erwähne, dass ich in Campodimele lebe, beginnen sie sofort über *cicerchie* zu reden, denn das Dorf ist für diese Hülsenfrucht ebenso berühmt wie für seinen Beinamen, »*Il Paese della Longevità*«. *Cicerchie* werden in *zuppa della nonna*, der »Suppe nach Großmutterart«, serviert oder aber gekocht und dann mit Olivenöl beträufelt und mit zerdrückten Knoblauchzehen und Stückchen scharfer Chilischoten vermischt. Man gart sie auf einem Holzfeuer in einer *pignatta*, dem für diese Gegend so typischen, zweihenkligen Terrakottakrug, so dass der Rauch des Holzfeuers die Platterbsen durchdringt. Vielleicht auch zusammen mit ein wenig *baccalà*, getrocknetem Salzdorsch oder Stockfisch, oder auch nur ein, zwei Knoblauchzehen. Der Geschmack der *cicerchie* ist mit nichts, das mir vor ihnen begegnete, zu vergleichen – sie besitzen eine gewisse Erdigkeit, Modrigkeit, und sie haben eine feste, aber glatte Textur. Ihr Geschmack ist einmalig – wie Ricardo sagt.

Aber nicht nur ihrem Geschmack verdanken die *cicerchie* ihre – trotz der immens aufwendigen Ernte – bedeutende Rolle in der Ernährung Campodimeles. In der Vergangenheit erwiesen sie sich auch als lebenswichtiger Energielieferant. Zusammen mit Borlottibohnen, *fagioli*, dicken Bohnen und anderen Hülsenfrüchten gehörten sie zu *la carne dei poveri*. Dazu kam, dass sie für dieses bergige Terrain eine ideale Anbaupflanze waren.

»*Cicerchie* gedeihen einfach überall«, sagt Aguillino di Fonzo, als wir in Maurizios Bar an der Straße in Taverna Kaffee trinken. »Sogar auf dieser *terra povera*.« Aguillino reißt mit einer Geste, die die ganze arme Erde Campodimeles umfasst, die Hand in die Höhe. Nie zuvor habe ich das Land hier unter diesem Aspekt gesehen – die Esskultur ist derart reich, die Felder und Wiesen strotzen vor Gemüse und Früchten, Bergziegen und Wild. Doch Aguillinos Worte bringen mir zu Bewusstsein, dass diese flachen Weizenfelder, diese säuberlich abgestuften Grünterrassen, diese mit Tiermist gedüngten *orti* mit ihren steilen Konturen und ihrer steinigen Erde, die den spärlichen Sommerregen kaum halten kann, den Bergen in Schwerstarbeit abgerungen wurden.

Während und nach dem Zweiten Weltkrieg, als ein Großteil des italienischen Ackerlands brachlag, weil es keine Männer gab, um es zu bestellen, sollte sich die Zähigkeit der *cicerchie* als lebenswichtig erweisen.

»Damals gab es nichts zu essen«, erzählt Aguillino, der in Campodimele aufwuchs und dem *cicerchie* als wesentlicher Bestandteil der Kost seiner Kindheit in Erinnerung geblieben ist. »Und man konnte sich darauf verlassen, dass *cicerchie* sogar auf dem allerschlechtesten Boden wuchs, deswegen bauten die Leute sie an.«

Doch als Italien dann ins Industriezeitalter eintrat und der Lebensstandard sich allmählich verbesserte, fand man *cicerchie* auf immer weniger Tellern, da man sie mit der schweren Nachkriegszeit assoziierte. In den vergangenen paar Jahren allerdings haben die Leute sie wieder mehr angebaut. Ja, gegenwärtig kann das Dorf kaum genug von diesen kleinen Platterbsen bekommen.

Morgen wird Campodimele Gastgeber der *Sagra delle Cicerchie* sein – dem Fest der *cicerchie*, das man zur Zeit der Platterbsenernte veranstaltet. Irgendwie hatte ich mir eingebildet, diese *sagra* werde seit unvordenklichen Zeiten gefeiert und ihr Ursprung gehe auf eine Art religiösen Erntedank zurück; doch das ist nicht der Fall. Man startete sie erst im Jahr 1991 im Zuge einer Initiative, die mehr Besucher ins Dorf locken sollte. Aguillino und eine Reihe von Freunden von der Pro Loco Campodimele, der lokalen Entwicklungsagentur, beschlossen, dass die *cicerchie*, die nur in wenigen anderen Teilen Italiens angebaut wird, das ideale Vehikel sein könnte, um mehr Leute in ihre Gegend zu ziehen. Selbstverständlich wurde dieser Entschluss am Küchentisch gefasst. »Wir trafen uns zum Abendessen in meinem Haus, um die Sache zu besprechen«, erinnert sich Aguillino. »Wir aßen *cicerchie* – und waren uns einig, dass sie etwas Besonderes war, aus dem unser Dorf mehr machen sollte.«

Die Initiative war erfolgreich. Heute werden in Campodimele mehr als fünfzehn verschiedene *Cicerchie*-Sorten angebaut – und zwar im Rahmen einer Studie der Universiät Viterbo, die ermitteln soll, welche Art hier am besten gedeiht. Dies ist ein erster Schritt zur Produktionssteigerung im Rahmen eines wirtschaftlichen Entwicklungsplans.

Von dort aus, wo Ricardo die *cicerchie* drischt, hört man auch das Gelächter der Frauen, ihre Stimmen driften durch die flirrende Luft. Ich finde sie unter einem Baum neben dem Haus. Lucia, Maria-Civita, Rita, Immacolata und Antonella sitzen um eine *mallia* herum, auf der sich die *cicerchie* türmen. Das sind aber nicht mehr die kleinen sonnengetrockneten Kerne, die Ricardo geerntet hat. Diese *cicerchie* sind nach langen Stunden des Weichens in Wasser – dem zur Beschleunigung des Aufweichungsprozesses etwas Natron zugesetzt wurde – zur zweifachen Größe aufgequollen.

Die Frauen fahren mit den Händen durch die Erbsenhaufen, suchen nach dunkel verfärbten, abgestoßenen Exemplaren, solchen mit winzigen Löchern, die verraten, dass, als die Frucht noch an der Pflanze hing, Insekten in sie eingedrungen sind und sie damit ruiniert haben. Insgesamt sind es 65 Kilo: 65 Kilo, die fast 48 Stunden lang einweichen, mit der Hand sortiert und schließlich zum Kochen aufgesetzt werden müssen, damit die *sagra* endlich beginnen kann.

Das Waschen der eingeweichten *cicerchie* sei das Entscheidende, meint Lucia, während Rita die Erbsen im Spülbecken des *asilo*, des Gemeindehauses in Taverna – wo man das *Sagra*-Essen vorbereitet – erneut abgießt. Und mindestens dreimal müsse das Wasser gewechselt werden, fügt sie hinzu, sonst könne man sich den Magen verderben. Was natürlich besonders wichtig ist, wenn man fürs ganze Dorf kocht plus all die Horden, die heute Abend in Taverna einfallen werden.

Nun brodeln sie überall in den Töpfen – den riesigen Aluminiumkesseln auf dem Herd des *asilo*, und auf tragbaren Gaskochern, die man in dessen Eingangskorridor aufgestellt hat, was die Temperatur an diesem unerhört heißen Augusttag noch mehr in die Höhe treibt. Die *cicerchie* werde von *la stessa squadra*, demselben Team, gekocht, das sie gestern vorbereitet und sie auch bereits bei den zurückliegenden sechzehn *sagre* gekocht hat. Sie hacken Prosciutto, den man zu den Erbsen gibt, und schöpfen den in den Kesseln aufsteigenden Schaum ab.

»*Ognuna di noi giudica*« – »Jede von uns hat ihr eigenes Urteil«, meinen sie, ziemlich unbeeindruckt von der Vorstellung, für Tausende von Italienern zu kochen, von denen jeder und jede eine feste Meinung darüber hat, was schmeckt und was nicht. Nun werden sie kollektiv die *cicerchie* probieren und sich einig sein, dass sie *buone*, gut beziehungsweise verzehrbereit, sind.

Solche *sagre* verkörpern geradezu den Inbegriff italienischer Geselligkeit, denke ich später, als ich mich für einen Teller gekochte *cicerchie* anstelle. Essen, Musik und Tanzen *all'aperto*, »im Freien«. Aus den umliegenden Städtchen und Dörfern sind Scharen von Menschen angereist, um die berühmten *cicerchie* zu verkosten, und ja, finden sie, sie sind gut – weich, aber bissfest und mit einer süßen Andeutung von Prosciutto.

Hier und heute Abend, da die *cicerchie* gefeiert werden, mag man kaum glauben, dass sie einst nach schlechten Zeiten schmeckten und darum kämpften, ein Plätzchen im *orto* zu finden. Der Eindruck, dass sie in den kommenden Jahren durchaus zum hiesigen Wohlstand beitragen könnten, scheint berechtigt. Alles hat seine Zeit, erzählt man mir hier oft. Und die der *cicerchie*, so scheint es, ist wieder im Kommen.

Cicerchie al prosciutto – Cicerchie mit Prosciutto

Dieses einfache Gericht hat man traditionell stets nach dem Pasta-gang und gemeinsam mit einem *contorno* aus Blatt- oder sonstigem Gemüse als *secondo* serviert.

Vor dem Garen müssen die *cicerchie* mindestens 36 Stunden mit et-was Natron eingeweicht werden. Falls Sie das Glück haben und ei-nen Holzherd besitzen, so garen Sie die Erbsen darauf, damit ihnen der Holzrauch zusätzlichen Geschmack verleiht. Falls Sie jedoch keine *cicerchie* auftreiben können, lassen sich die folgenden Rezepte auch gut mit getrockneten Kichererbsen zubereiten.

450 g getrocknete cicerchie (Platterbsen)
1 Prise Natron
100 g dicke Prosciutto-Scheiben, fein gehackt
Olivenöl extra vergine
Feines Meersalz

Die *cicerchie* vorbereiten, indem man sie zunächst 36–48 Stunden zu-sammen mit 1 Prise Natron einweicht, um sowohl den Weichprozess als auch die Garzeit zu verkürzen. Das Einweichwasser drei- bis vier-mal wechseln und nicht vergessen, jedesmal aufs Neue 1 Prise Na-tron hinzuzufügen. Sobald die *cicerchie* kochfertig sind, ist es unbe-dingt erforderlich, sie erneut gründlich abzuspülen; empfohlen wird, sie noch mindestens dreimal im frischen Wasser zu waschen, um sämtliche Bestandteile, die einem den Magen verderben können, auszuschwemmen.

Die *cicerchie* gründlich abspülen, dann mit so viel frischem kaltem Wasser in einen großen Topf geben, dass dieses etwa 10 cm über den Bohnen steht. Deckel auflegen, zum Sieden bringen und den nach oben steigenden Schaum abschöpfen.

Gehackten Schinken hinzufügen, Temperatur herunterschalten und die *cicerchie* rasch köcheln, bis sie zart, aber noch bissfest sind, wobei man fortwährend den aufsteigenden Schaum enfernt. Die

Garzeit der *cicerchie* beträgt um die 90 Minuten, variiert jedoch je nach Größe und Alter der Hülsenfrüchte.

Falls gewünscht, mit etwas Olivenöl beträufeln und mit etwas Salz bestreuen.

Für 4–6 Personen.

Zuppa della nonna – Suppe nach Großmutterart

Sollten Sie Geflügelfond vorrätig haben, wird er diese Suppe mit Sicherheit verfeinern. Wenn nicht, einfach Gemüsebrühe oder Wasser verwenden.

Die *cicerchie* müssen 36 Stunden ehe man mit dem Kochen beginnt eingeweicht werden.

200 g getrocknete cicerchie (Platterbsen)
1 Prise Natron
1 kräftiger Schuss Olivenöl extra vergine
1 Zwiebel, in sehr feine Halbmonde geschnitten
1 Stange Bleichsellerie, fein gehackt
1 Knoblauchzehe, fein gehackt
1 Handvoll frische glatte Petersilie, fein gehackt
250 ml selbsteingekochte Tomatensauce (siehe Seite 280)
Feines Meersalz
500 ml Geflügelfond (siehe Seite 71) oder Gemüsebrühe (falls gewünscht)
200 g frische Eiertagliolini (siehe Seite 63 und 71) oder
    kleine Pastaformen wie zerbrochene Spaghetti oder Tagliatelle
Parmigiano-Reggiano oder Pecorino Romano, frisch gerieben, zum
    Servieren (falls gewünscht)
Zerdrückte rote Chilischoten (falls gewünscht)

Die getrockneten *cicerchie*, wie auf Seite 229 beschrieben, mit Natron einweichen.

Die Hülsenfrüchte in mehrmals gewechseltem frischem kaltem Wasser waschen, dann in einen großen Topf mit kaltem Wasser geben und zum Sieden bringen. Deckel auflegen und köcheln lassen, bis die *cicerchie* weich, aber nicht verkocht sind – in der Regel nimmt dies etwa 90 Minuten in Anspruch.

Etwa 20 Minuten vor Ende der Garzeit der *cicerchie* das Olivenöl in einem weiten, tiefen Topf erhitzen, Zwiebel und Bleichsellerie hinzufügen und behutsam etwa 10 Minuten lang sautieren.

Knoblauch und Petersilie dazugeben, 5 Minuten weitergaren und dabei ständig rühren, damit der Knoblauch nicht verbrennt.

Die Tomatensauce sowie 3–4 Prisen Salz hinzufügen.

Die inzwischen weichen *cicerchie* abgießen und in den Topf mit der Tomatensauce geben; vorsichtig umrühren, damit jede Erbse mit der Mischung überzogen ist.

Nun je nachdem, was man verwenden möchte, Geflügelfond, Gemüsebrühe oder Wasser hinzufügen.

Die Hitze reduzieren, so dass das Ganze nur noch sanft köchelt, dann die Nudeln in den Topf kippen und – bei frischen Tagliolini einige Minuten, bei gekauften Nudeln gemäß Packungsanweisung – weitergaren, bis sie al dente sind.

Heiß und, falls gewünscht, mit frisch geriebenem Parmesan oder auch zerdrückter roter Chilischote servieren.

Für 4–6 Personen.

Cicerchie in pignatta con baccalà –
Cicerchie mit Stockfisch in der Pignatta gegart

Als Holzfeuer noch die einzigen Wärmequellen in ländlichen Häusern waren, entwickelte sich die *pignatta* zur traditionellen Garform für sämtliche Bohnen und Hülsenfrüchte. Da die meisten Häuser im Campodimele bis heute über offene Holzfeuerstellen verfügen, werden diese rauchgeschwärzten Kochkrüge aus Terrakotta nach wie vor zum Garen der *cicerchie* verwendet. Alternativ ließe sich dieses Gericht aber auch in einem konventionellen Backofen und unter Verwendung einer Terrakottakasserolle mit fest schließendem Deckel garen.

450 g getrocknete cicerchie (Platterbsen)
1 Prise Natron
1 kleines Stück Stockfisch, etwa 125 g
2 Knoblauchzehen, geschält und mit der Messerklinge zerdrückt
Einige Zweige frische glatte Petersilie
Etwa 200 ml selbsteingekochte Tomatensauce (siehe Seite 280)

Die *cicerchie* – zusammen mit dem Natron – mindestens 36 Stunden lang in kaltem Wasser einweichen. Dann gründlich in mehrmals gewechseltem frischem, kaltem Wasser waschen.

Den Stockfisch etwa 24–36 Stunden lang in einer zweiten großen Schüssel in kaltem Wasser einweichen. Das Wasser dabei häufig – möglichst mehrere Male am Tag – wechseln, damit ein Großteil des zur Haltbarmachung verwendeten Salzes ausgeschwemmt wird.

Sobald *cicerchie* wie auch *baccalà* vorbereitet sind, die Hälfte der *cicerchie* zusammen mit 1 Knoblauchzehe, einigen Petersilienzweigen und der Hälfte der Tomatensauce in die *pignatta* geben – oder aber in eine Terrakottakasserolle, falls man eine solche verwendet.

Als Nächstes den *baccalà* hinzufügen, gefolgt von dem, was von Knoblauch, Petersilie, *cicerchie* und Tomatensauce noch übrig ist.

Die *pignatta* fast bis zum Rand mit kochendem Wasser füllen, Deckel auflegen und mehrere Stunden neben ein Feuer stellen, bis die *cicerchie* zart sind – was mindestens 4 Stunden in Anspruch nimmt und je nach Alter und Größe der Erbsen sowie der Hitze des Feuers womöglich auch beträchtlich länger dauert. Daher häufig nachsehen, um den Garzustand zu begutachten und sicherzustellen, dass die Erbsen stets mit Wasser bedeckt sind.

Bei Verwendung eines normalen Backofens die Kasserolle mit Wasser füllen und mithilfe eines Gitters bei 180 °C für etwa 2–4 Stunden auf die mittlere Ofenschiene stellen, bis die *cicerchie* zart geworden sind.

Heiß und mit viel frischem, knusprigem Brot servieren.

Für 4–6 Personen.

Cicerchie al sugo rosso – Cicerchie in roter Sauce

450 g getrocknete cicerchie (Platterbsen)
1 Prise Natron
1 große Zwiebel, fein gehackt
1 Stange Bleichsellerie, fein gehackt
2 Spritzer Olivenöl extra vergine
1 Handvoll frische Sellerieblätter, gehackt
1 große Handvoll frische glatte Petersilie, gehackt
2 Knoblauchzehen, geschält und mit der Messerklinge zerdrückt
500 ml selbsteingekochte Tomatensauce (siehe Seite 280)

Die *cicerchie* etwa 36 Stunden in Wasser und Natron einweichen, wie auf Seite 229 beschrieben. Dann mehrere Male in kaltem Wasser wässern und abspülen.

In einem großen tiefen Topf die feingehackte Zwiebel und Selleriestange einige Minuten im Öl anbraten. Sellerieblätter, Petersilie und Knoblauch hinzufügen und einige Minuten weitergaren, bis die Zwiebel glasig, aber nicht gebräunt ist.

Die abgetropften *cicerchie* hinzufügen und umrühren, so dass alle Platterbsen mit der Gemüse-Kräuter-Mischung überzogen sind. 500 ml kaltes Wasser dazugießen, umrühren und zum Sieden bringen.

Die Tomatensauce dazugeben. Erneut zum Sieden bringen.

Mit halb aufgelegtem Deckel bei mittlerer Hitze garen, bis die *cicerchie* zart sind, und je nach Bedarf Wasser hinzufügen, damit die Erbsen stets bedeckt sind.

Für 4–6 Personen.

Vom Acker in den Ofen

Die Weizenfelder wispern in diesen Augustnächten.

Wenn ich im Mondenschein die unbeleuchteten Feldwege entlangwandere, könnte ich schwören, Worte aus ihren Seufzern herauszuhören und aus ihrem Schaukeln im Wind eine Beschwörungsformel. Doch wenn wir innehalten, um ihrer Botschaft zu lauschen, entwischt sie mir dennoch jedes Mal. Das Lied der Felder wird mit jeder Nacht rauer und heiserer: Von der Sonne ausgedörrt, unter ihren Strahlen in die Höhe geschossen, schwirren und singen eine Million Weizenhalme wie eine Stimme, während sie sich unter der Brise beugen. Reißen Sie eine Weizenähre ab, und sie fühlt sich so trocken an, als sei sie verdorrt: Hart wie Geschosskugeln stecken die Körner in den papierenen Häuten, und die Blütenähren streifen die Hand wie Nadelspitzen.

Tagein, tagaus brennt eine unglaubliche Sonne auf uns herab; Hitzeschleier schweben über den Feldern. Das letzte Gewitter hat Ozeane von Regen über dem Land ausgeschüttet und die schwarze Nacht mit Blitzen zerrissen: Das nächste wird nicht lang auf sich warten lassen.

Nun wird es also Zeit zur Weizenernte. Um das Getreide einzufahren, von Hand zu waschen und auf der Piazza auszubreiten, damit es in der Sonne trocknet. Und es dann zu *farina*, dem feinen Mehl, zu vermahlen und in jenes Nahrungsmittel zu verwandeln, ohne das keine Mahlzeit in Campodimele auf den Tisch kommt: unser täglich Brot.

Gerardos Motorroller surrt den Berg hinunter und knistert wie eine verrückt gewordene Grille. Es ist eine Fahrt, die er momentan täglich zurücklegt. Im *centro storico* kickstartet er sein *moto* und braust dann im Slalom den Berg hinunter, nach links und rechts und um die leichtsinnigen Hühner neben ihren Bruchbuden herum. Bei der Statue von Padre Pio gabelt sich die Straße – führt nach oben zur Piazza mit dem Panoramablick ins Tal, und nach unten in den Talgrund, wo Gerardos Weizenfeld liegt. Nach Taverna geht es drei Kilometer steil bergab, eine Fahrt unter grünbelaubten Tunneln und in kühler Luft, aber mit vielen Haarnadelkurven, die ihn zu einem Schneckentempo zwingen. Eine Pause beim *bivio*, der Kreuzung mit der Bergstraße, dann biegt er scharf nach rechts. Eine Linkskurve um die schlimme 90-Grad-Biegung, und Gerardo schaltet den Motor aus und bleibt stehen.

»*La trebbia*«, meinte er gestern Abend, als er mir erzählte, wie er diesen Nachmittag verbringen werde, nachdem er über Wochen sein Getreide und das Wetter beobachtet und sich für einen Tag entschieden hatte. Dieses Wort lässt sich mit »Mähdrescher« übersetzen, bedeutet allerdings viel, viel mehr. »*La trebbia*« ist eine Art Stichwort für jenen Moment im Agrarkalender, in dem die Weizenernte stattfindet, gefolgt von der Wäsche des Getreides und dem Sonnentrocknen der Körner. Der Ausdruck symbolisiert die Befriedigung darüber, dass man nun erntet, was man gesät, wofür man Zeit investiert hat, ebenso wie unser Vertrauen in die jährlichen Gaben der Natur. Vor allem aber zeigt es dem inzwischen neunundsiebzigjährigen Gerardo, seiner Frau Leana und all den anderen, die immer noch ihren eigenen Weizen anbauen – was heutzutage auch hier nur noch wenige sind –, dass die Vorratskammern gefüllt sind. Es ist genug Getreide im Speicher, dass es für das kommende Jahr reicht; es wird genug Brot da sein, um jenen ehrlichen Hunger zu stillen, den einem ein Tag Feldarbeit einträgt.

Vom Feld in den *forno*: vom Acker in den Holzofen. In diesen Worten steckt der gesamte Kreislauf des Getreides, denke ich, als ich an diesem Sommermorgen auf den Stoppeln von Marias und Micheles Acker sitze.

Aus Sitzhöhe betrachtet ist es eine in Gold gesponnene Welt. Ein Panorama von verblühtem gelbem Weizen, der noch geschnitten werden muss, begrenzt von einem dünnen Streifen vergoldeter Luft. Papierzarter roter Klatschmohn und violettblaue Kornblumen winken Lebewohl, und ich erkenne, dass ich die Terrakotta-*Pignattas*, die meinen offenen Kamin schmücken, bald nicht mehr mit dicken Wiesenblumensträußen füllen werde.

»*Cipolla selvatica*«, meint Maria, als ich einen skulpturartigen Sprühkopf von einer weißspitzigen Blüte in die Höhe halte: Wildzwiebel. Als sie noch ein Mädchen gewesen sei, erzählt sie mir, gingen Kinder und Frauen im Mai auf die Wiesen und pflückten diese *fiori dei campi*, diese Wiesenblumen, Pflanze um Pflanze, damit sie sich nicht zu stark vermehrten. Die Weizengarben wurden damals noch mit Handsicheln geerntet, die Körner von Hand sortiert, und je mehr dieser Blumen man im Mai jätete, um so weniger musste man später bei der Ernte auslesen. Heute erledigt *la trebbia* all diese Arbeiten und noch mehr innerhalb einer einzigen Stunde und verschlingt den Weizen mit rhythmischen Taktschlägen. Feldauf, feldab, auf und ab, und bleibt nun genau an der Stelle stehen, wo ich sitze. Es ist geschafft. Die Ernte ist eingebracht. In vergangenen Zeiten, als das Land für die *contadini* noch die einzige Einkommensquelle darstellte, war dies *veramente un giorno di gioia*, nickt Maria, wahrhaftig ein Tag der Freude, denn man wusste, dass man nun für das kommende Jahr genug Mehl, Brot und Pasta hatte.

Es ist fast Mittag. Früher war dies der Augenblick, in dem die Arbeiter Pause machten und sich zum Essen ein schattiges Plätzchen unter den Bäumen suchten. Ihr Mahl bestand aus einem Ranken Brot, einem Stück Käse, vielleicht einer Scheibe *salsiccia sott'olio*. Einer Tomate oder auch zweien, Pflaumen, vielleicht einer frühen Feige. Falls sie auf dem Feld eines anderen arbeiteten, stellte der

238

Grundbesitzer womöglich die Vesper bereit, deren Kosten er dann vom Lohn des Landarbeiters abzog.

Jene, die daheim selbst genug erzeugten, brachten ihre eigene Brotzeit mit. Vielleicht ein *culo del pane*, wortwörtlich übersetzt »der Hintern des Brots«, das gerundete Ende eines selbstgebackenen Laibs, dessen Oberseite man abgeschnitten hatte, um dann das Innere zu entfernen und das Brot mit Schichten von *verdure* – gerösteten roten Paprikaschoten, gegrillten Auberginen, eingelegten Artischocken – zu füllen und dann den Deckel wieder aufzusetzen. Den *culo del pane* machten die Frauen als Letztes am Abend, ließen ihn dann ruhen, wobei das Öl die Aromen der diversen Schichten miteinander verschmelzen ließ und das Brot befeuchtete, so dass es einem am nächsten Tag auf der Zunge zerging. Trinkwasser kurbelte man aus Brunnen herauf, und Rotwein dürfte es wohl auch gegeben haben.

Heute besteht keine Notwendigkeit mehr, zum Essen auf den Feldern zu bleiben. Es gibt zweirädrige Motorroller, dreirädrige und vierrädrige Piaggio-Ape-Kleintransporter, mit denen man im Nu zu Hause ist. Aber wir begehen den Moment nichtsdestotrotz, indem wir ein paar Flaschen eisgekühltes Nastro Azzurro öffnen und mit Plastikbechern anstoßen.

Die Piazza des mittelalterlichen *centro storico* ist mit Weizen gepflastert. Millionen von Körnern verteilen sich innerhalb der Stadtmauern. Seit vielleicht tausend Jahren spielt sich diese Szene Sommer für Sommer auf diesem Platz ab.

Leana schaufelt eine Handvoll Körner in ein trommelförmiges Sieb und lässt kaltes Wasser darüberlaufen, um den Ackerstaub abzuspülen. Sie kippt sie auf eine Plastikunterlage, streicht sie mit einer Bürste zu einer dünnen Schicht aus. Leanas Nachbarinnen helfen ihr beim Waschen, Reinigen und Trocknen ihres Getreides, und in den kommenden Tagen wird sie sich bei ihnen revanchieren und ihrerseits helfen. Die Frauen drehen und wenden den trocknenden Weizen tagsüber unter der Sonne und lassen ihn nachts im Mondschein baden. An den Abenden gehen sie zu Bett und beten, es möge nicht regnen.

Und ihre Gebete wurden erhört: Das Gewitter blieb aus. Das Getreide trocknete an wolkenlosen Tagen und in sternklaren Nächten. Man füllte es in saubere Säcke und lagerte es in *magazzini*. Und immer nur einen Sack voll davon oder auch zwei (den die Frauen in nächster Zeit für Pasta und Brot benötigen) wird man dann zu einer lokalen Mühle transportieren und zu Mehl vermahlen.

Und dies war einst der Moment, in dem die Dorfbewohner tatsächlich um Regen beteten, damit nämlich die erste Weizenpartie im *mulino del mal tempo*, der »Schlechtwettermühle«, gemahlen werden konnte – einer Getreidemühle angetrieben vom Wasser eines Baches, der während längerer Hitzeperioden austrocknet. Über die Jahre jedoch ist diese von den Launen des Wetters abhängige Mühle außer Gebrauch gekommen. Heute fahren die meisten zum Mahlen ihres Weizens ins nahegelegene Pontecorvo.

Doch der Stadtrat von Campodimele hat den *mulino del mal tempo* restaurieren lassen. Ich war dabei, als er sich wieder in Gang setzte. Eines Morgens erwachte der Sommerhimmel grau und verhangen und schleuderte stundenlang Regenspeere herab. Wir wanderten hinunter zum abgeschiedenen Waldgebiet, wo der *mulino del mal tempo* steht, und beobachteten, wie der Wasserlauf bergab hüpfte und das Mühlrad in drehende Bewegung versetzte. Und ich erinnerte mich, dass auch noch heute die schlichteste Scheibe Brot nur dank Kräften auf unseren Tisch gelangt, die wir letztlich nicht unter Kontrolle haben.

Welches war der Augenblick, in dem dieses Brot tatsächlich seinen Anfang nahm, frage ich mich, während Maria den Teig knetet, den sie aus ihrem eigenen Mehl hergestellt hat.

Sie hat diese *pasta* (Allzweckbezeichnung für jede Mischung aus Mehl und Flüssigkeit) seit halb sechs heute Morgen bearbeitet, nachdem sie – da es ein brütendheißer Tag zu werden versprach – bereits in den ersten kühlen Morgenstunden aufgestanden war.

Schon gestern Abend hat sie begonnen, erzählt sie mir, als sie nämlich das Mehl siebte, um die *crusca*, die äußere Haut des Weizenkorns, die Kleie, zu entfernen, so dass nur der weiße pulvrige *grano* und sein fasriger Überzug, die *semola*, übrig blieben.

In gewissem Sinne jedoch nahm dieses Brot bereits im letzten Oktober seinen Anfang, als Michele die Weizensaat auf seinen Feldern verteilte, um schließlich das Mehl zu erzeugen, das seine Frau jetzt verarbeitet; oder an jenem Tag, als ich auf Maria und Micheles Wiese saß und *la trebbia* zusah. Obwohl mir, als Maria weiterspricht, klar wird, dass das alles vor noch viel längerer Zeit begonnen hat.

»Secoli fa«, meint sie mit jener wie wegwerfenden Geste aus dem Handgelenk, deren sich Italiener gerne bedienen, um einen Moment zu bezeichnen, der schon so lange zurückliegt, dass wir ihn niemals exakt bestimmen werden: vor Jahrhunderten schon. Damals nämlich wurde der Urteig hergestellt, den Maria als Treibmittel in ihrem Sauerteigbrot verwendet.

Dieser *lievito* ist ein Familienerbstück und typisch für die hier verwendeten Treibmittel. Vermutlich von einer weiblichen Verwandten Marias irgendwann einmal angesetzt, haben die Frauen ihrer Familie dieses Erbe seither gehütet. Vielleicht wurde er von Marias *bisnonna*, ihrer Urgroßmutter, geschaffen, vielleicht auch von einer Frau, die schon ein oder gar zwei Jahrhunderte vor ihr lebte. Wer immer sie auch war, sie schuf den *lievito madre*, den »Mutter-Sauerteig«, indem sie Mehl und Wasser vermischte, an einem warmen Ort über Tage hinweg gären ließ, so dass er wilde Hefebakterien aus der Luft aufnahm. Es handelt sich um einen Sauerteig, also *niente birra*, wie sie sagen, »nichts mit Bier« – womit wohl gemeint ist, dass keine Bierhefe dafür verwendet wurde, die heute im Westen bei den industriegefertigten Broten so stark verbreitet ist. Die bei dieser Gärung entstehende blasige Masse bildet das Treibmittel für den ersten Brotschub, und aus dieser ersten Teigportion wurde eine kleine Handvoll abgezweigt und als Treibmittel für einen zweiten Schub von Broten verwendet. Auch davon wurde wieder eine Handvoll rohen Teigs zurückbehalten, der als *lievito* für den dritten Backtag diente.

Und so weiter und so fort, über Jahrhunderte hinweg, von der *nonna* bis zur *figlia* zur *nipote* – von der Großmutter zur Tochter zur Enkelin – bis zu diesem Moment, in dem ich mich frage, wie viele Körner jenes ursprünglichen *lievito madre* wohl noch in dem Brot stecken werden, das Maria an diesem Morgen backt.

Marias Haus ist modern, kaum älter als zwanzig Jahre, doch ihr Brot backt sie so, wie man es in ihrer Familie seit Generationen tut. Sie mischt Mehl, Wasser, Salz und Sauerteig mit der Hand in einer *maniella*, einer riesigen tiefen Holzwanne mit Tragegriffen an den Ecken. Sie backt das Brot im *forno a legna*, der in ihre Schornsteinwand eingelassen ist. Sie braucht eine halbe Stunde, vielleicht auch länger, um den Teig zu kneten, und wenn das erledigt ist, schlägt sie die *maniella* in wollene Decken und lässt den Teig gehen.

Pane al forno, im Holzofen gebackenes Brot, Holzofenbrot. Diese Worte werden hier stets mit einer gewissen Ehrfurcht ausgesprochen, obwohl man damit das schlichteste aller Lebensmittel bezeichnet, denn *pane al forno* ist der Inbegriff von *cibo genuino*.

Um vier Uhr früh steht Leana auf, um ihr Brot zu backen. Sogar während der heißesten Monate kann man sie durchs Dorf schreiten sehen, Anmachreisig über ihrer zusammengelegten Strickweste hoch auf dem Kopf aufgetürmt. Sie lässt das Holz in ihrem *forno* zu *brace* herunterbrennen, und die Brotlaibe backen dann langsam in dessen Hitze, wobei eine Spur von Holzrauch in den Teig eindringt.

Leanas Ofen befindet sich im Obergeschoss ihres Hauses, das wohl an die tausend Jahre zählt. Zehn Jahrhunderte Brotbacken. Ihr Brot ist ein Vollweizenbrot von kräftiger Konsistenz mit steinharter Kruste, die zur berühmten »Langlebigkeit« des campomelanischen Brotes beiträgt – das fünf, sechs, ja bis zu sieben Tage lang frisch bleibt. Einst Hauptsäule der *cucina povera*, wird Brot noch immer auf unendlich viele verschiedene Weisen serviert – auch wenn es längst altbacken ist. Frisch und in Scheiben geschnitten begleitet es jedes Mittag- und Abendessen, man tunkt damit Spaghettisaucen und den Saft gedämpfter Gemüse auf, was Italiener *la scarpetta* nennen, das »Schühchen« – obwohl mir keiner verraten konnte, warum. Ist das Brot schon ein wenig alt geworden ist, macht Leana vielleicht eine *bruschetta* daraus, indem sie es in Scheiben schneidet, toastet und eine Mischung aus Tomaten, Basilikum und Olivenöl daraufhäuft; im Winter werden bereits sehr altbackene Brotstücke in Suppenteller gelegt, dicke Bohnensuppe darauf geschöpft, so dass man eine wärmende *zuppa* erhält.

»*Il pane non si butta mai via*«, sagt Leana und schneidet mir eine Scheibe ab. Ein schlichter, doch inzwischen vertrauter Satz, der sowohl die Vielseitigkeit eines Brotlaibs als auch seine Bedeutung für die *cucina povera* zum Ausdruck bringt. »Brot wirft man niemals weg.«

Lievito madre – Sauerteig

Das typische Brot Campodimeles wird mit Sauerteig hergestellt und macht sich somit Hefen zunutze, die im Mehl wie in der Luft natürlich vorkommen. Falls Sie jemanden kennen, der Sauerteig besitzt, bitten Sie ihn um ein wenig davon, kaufen Sie ihm welchen ab oder leihen Sie sich welchen aus – Sauerteige sind oft schon Jahrzehnte alt, und allein die abenteuerliche Geschichte ihrer Herkunft wird mit Sicherheit den Geschmack des Brotes verbessern. Alternativ kann man aber in Reformhäusern, Bioläden und inzwischen auch manchen Supermärkten Trockensauerteig kaufen, den man stets gemäß Packungsanweisung verwenden sollte. Oder aber Sie starten selbst eine Familientradition, indem Sie Ihren eigenen unendlichen Sauerteig ansetzen.

4 EL Weizenmehl Type 550[1]

In einem großen Krug mit weiter Öffnung 1 EL Mehl und 1 EL Wasser vermischen. Mit einem sauberen feuchten Geschirrtuch abdecken und bei Raumtemperatur 48 Stunden lang stehen lassen.

Einen weiteren EL Mehl ebenso wie einen weiteren EL Wasser hinzufügen, gründlich unter die ursprüngliche Mischung rühren und weitere 24 Stunden stehen lassen.

Diesen Vorgang 3–4 Tage lang wiederholen – am Ende sollte man eine blasige Hefemischung haben. Sollte die Masse allerdings zu schimmeln beginnen, muss man sie wegwerfen und von vorn beginnen.

Diese doppelte Portion Sauerteig als Treibmittel für die ersten Brotlaibe verwenden. Jedes Mal, wenn man einen Laib knetet, eine Handvoll des Sauerteigs zurückbehalten und in den Kühlschrank legen, um es als Treibmittel für den nächsten Schub zu verwenden.

---

[1] A. d. Ü.: Dieses Mehl besitzt einen höheren Kleberanteil im Unterschied zum üblichen Type 405 (eher zum Kuchenbacken); Type 550 ist das typische deutsche Brötchenmehl.

Pane al forno a legna – Holzofenbrot

Jedes Haus besitzt hier sein eigenes Brotrezept. Das folgende Rezept ergibt zwei kleine, runde, relativ feste Laibe, die in einem luftdicht verschließbaren Behälter mehrere Tage lang frisch bleiben sollten. Auch altbacken schmeckt es als Bruschetta oder in Suppen, etwa einer winterlichen Minestra, noch sehr lecker.

400 g Sauerteig (siehe links)
500 ml lauwarmes Wasser
400 g Bioweizenmehl Type 550
600 g Biovollweizenmehl
2 TL feines Meersalz

Am Abend vor dem Brotbacken Sauerteig mit dem lauwarmen Wasser vermischen und über Nacht bei Raumtemperatur stehen lassen.

Am nächsten Tag das Mehl sieben und mit dem Salz in einer großen Schüssel vermischen. Eine Mulde hineindrücken.

Nun Sauerteig und Wasser in diese Vertiefung gießen und gründlich vermischen – zunächst das unmittelbar angrenzende Mehl unter die Flüssigkeit ziehen und damit fortfahren, bis man einen glatten Teig erhält. Sollte der sich, auch nachdem bereits ein Großteil des Mehls eingearbeitet ist, ein wenig klebrig anfühlen, noch etwas Mehl hinzufügen – der Teig soll sowohl fest und glatt als auch elastisch sein.

Den fertigen Teig auf die bemehlte Arbeitsfläche geben und mit dem Kneten beginnen – Teig auf der Arbeitsfläche glattdrücken, das entfernt liegende Ende hoch- und über den Teig zu sich herziehen. Dann das näherliegende Ende des Teigs hoch- und über den Teig hinwegheben. Den Teig um 90 Grad drehen und das Ganze wiederholen. Weitermachen, bis man einen sehr glatten, elastischen Teig erhält – was ohne weiteres 15 Minuten in Anspruch nehmen kann.

Den Teig in die Schüssel zurücklegen, mit einem sauberen, feuchten Geschirrtuch abdecken und an einem warmen Ort stehen

lassen, bis er auf die doppelte Größe aufgegangen ist – was wenigstens 3 Stunden in Anspruch nehmen dürfte, aber je nach verwende-
ter Mehlsorte, den in der Küche herrschenden Temperaturen und –
wie ich feststellen konnte – den Witterungsverhältnissen am Backtag
auch länger dauern könnte! Als Faustregel gilt: Ein junger Sauerteig
geht langsamer als ein älterer.

Den Teig aus der Schüssel nehmen und zusammendrücken,
um einen Teil der Luftblasen herauszupressen. Dann eine weitere
Stunde in der abgedeckten Schüssel aufgehen lassen.

Während der Teig geht, sollte, wer einen mit Holz befeuerba-
ren Backofen besitzt, einige Äste entzünden, so dass sie, bis das
Brot backbereit ist – zu Holzkohle verglüht sind. Dies könnte etwa
2 Stunden in Anspruch nehmen.

Alternativ kann man aber auch einen herkömmlichen Backofen
auf 220 °C vorheizen.

Nun den Teig auf eine bemehlte Arbeitsfläche kippen, mit dem
Messer halbieren und behutsam jedes Teigstück zu einem runden
flachen Laib formen. Auf ein großes gefettetes Backblech legen und
an der heißesten Stelle des Ofens etwa 40 Minuten lang backen, bis
das Brot eine goldbraune Kruste hat; während des Garens den Ofen
nicht öffnen.

Das fertige Brot aus dem Ofen nehmen, auf einem Gitterrost auskühlen lassen und in einem luftdicht verschließbaren Behälter aufbewahren.

Ergibt 2 kleine Laibe.

Bruschetta con pomodoro e basilico –
Bruschetta mit Tomate und Basilikum

*½ kleines pane al forno, 2–3 Tage alt, oder anderes Brot, das zum Toasten
geeignet ist*
1 Handvoll frische Eiertomaten
1 Handvoll Basilikumblätter, zerzupft
Einige Spritzer Olivenöl extra vergine
*4 große geschälte Knoblauchzehen, halbiert und mit der Messerklinge
zerdrückt*
Feines Meersalz

Das Brot in etwa 2–3 cm dicke Scheiben schneiden.

Die Tomaten grob hacken und mit Basilikum, Olivenöl und
Knoblauchzehen in eine Schüssel geben. Etwa 10 Minuten durchziehen lassen.

Das Brot im Holzbackofen, unter dem Backofengrill oder im
Toaster rösten.

Mit den restlichen Knoblauchhälften eine Seite jeder Toast-
scheibe einreiben und dabei den Knoblauchsaft in das Brot drücken.

Die Tomaten-Basilikum-Mischung auf die Brotscheiben setzen
und mit einer Prise Salz nach Geschmack würzen. Sofort genießen.

Für 4 Personen als Vorspeise, für 2 als schnelles Mittagessen.

Culo del pane – Brotknust

»*Culo*« ist eine umgangssprachliche und nicht allzu höfliche Bezeichnung für das »Hinterteil« – wobei die Herrlichkeit dieses köstlich üppigen Brots den unfeinen Namen Lügen straft.

½ runder Brotlaib (pane al forno oder anderes rustikales Weißbrot mit
  kräftiger, dicker Kruste)
Verschiedene Gemüse, gegart oder in Olivenöl eingelegt, wie etwa rote
  Paprikaschoten, Artischocken und Auberginen
Feines Meersalz
1 Handvoll frische Kräuter, etwa Basilikum oder Oregano

Das Ende des Brotlaibs abschneiden, so dass ein etwa 10 cm breites Reststück bleibt.

Die weiße Krume aus der Kruste dieses Brotstücks herauslösen und – etwa zum Auftunken von Saucen – aufheben.

Die ausgehöhlte Brotkruste mit Schichten gegarten oder eingelegten Gemüses füllen – beispielsweise einer Schicht Paprikaschoten, gefolgt von einer aus Artischockenscheiben und einer aus Auberginen. Falls gewünscht, auch noch rohe Spinatblätter zwischen die Schichten platzieren oder sie mit Salz und frischen Kräutern bestreuen.

Den gesamten *culo del pane* dann fest in Pergamentpapier oder Klarsichtfolie einschlagen und in den Kühlschrank legen, und zwar so, dass das offene Ende nach oben weist und Öl und Gemüsesäfte vom Brot aufgesogen werden können.

Am nächsten Tag den *culo del pane* aus dem Kühlschrank nehmen, warten, bis er sich auf Raumtemperatur erwärmt hat und genießen.

Für 1 Person.

Panzanella – Brotsalat

Rezepte, die man in mageren Zeiten erfand, um altbackenes Brot aufzubrauchen, sind heute so köstlich wie damals.

½ kleines, schon etwas altbackenes pane al forno oder sonstiges kräftiges
*   Weißbrot*
1 kleine Zwiebel, in dünne Halbmonde geschnitten
4 frische Eiertomaten, in Viertel oder Sechstel geschnitten
4 geschälte Knoblauchzehen, mit der Messerklinge zerdrückt
1 Handvoll frische Basilikumblätter, zerzupft
Einige Spritzer Olivenöl extra vergine
Einige Spritzer Weißweinessig
Feines Meersalz

Das Brot in kleine Stücke zerzupfen und mit Zwiebel, Tomaten, Knoblauch und Basilikum in eine große Schüssel geben. Gut vermischen.

Einige Spritzer Olivenöl hinzufügen – genug, um alle Zutaten damit zu überziehen und das Brot etwas anzuweichen.

Ein wenig Weißweinessig nach Geschmack darüberträufeln. Gut vermischen und mindestens 2 Stunden kühl stellen; dabei hin und wieder durchrühren, damit sich die Aromen verbinden und das Brot vom Öl durchfeuchtet wird.

Vor dem Servieren etwas Salz hinzufügen und unter den Salat mischen. Dieses Gericht ist leicht transportierbar und lässt sich daher gut zu einem Picknick servieren.

Für 2 Personen.

Das Fleisch des armen Mannes

Dies ist das einfachste, schlichteste, ärmste Gericht. Aber auch ein Gericht, das die Campomelani stark gemacht hat, denke ich mir, während auf der Dorfstraße unter den Kesseln die Flammen auflodern.

Schon wieder ein Food-Festival heute abend – *La Sagra di Laine e Fagioli* nämlich. *Laine*, die dünnen Nudelbänder, die nur aus Mehl und Wasser bestehen; *fagioli*, die kleinen weißen Cannellinibohnen, aus denen man die Pastasauce zubereitet. Eine Arme-Leute-Pasta und dazu das »Fleisch des armen Mannes«: *La carne dei poveri*. Obwohl man dieses Bettler-Gericht heute als Speise feiert, wie sie einem Prinzen gebührt.

Festliche Lichter ziehen sich über die Piazza, spannen sich über den sternenübersäten mitternächtlichen Himmel. Es gibt Musik, und es wird getanzt, an Ständen verkaufen senegalesische Händler Armreifen und Artefakte aus fernen Ländern. Der Palazzo Culturale von Campodimele hat eine Küche unter freiem Himmel eingerichtet, wo eine Truppe von Dorffrauen an Campingtischen Mehl und Wasser zu glatten Teigbergen verknetet; andere rollen den Teig aus und schneiden ihn dann in dünne *laine*. Die Bohnen tanzen schon in riesigen Kesseln voller Tomaten-*Sugo*, und die geschnittenen *laine* winden sich ein paar Minuten im siedenden Wasser, ehe man sie abgießt und mit der Bohnen-Tomatensauce serviert.

Jede *sagra* in Campodimele zieht Menschenmengen an, doch diese hat mehr Zulauf als die meisten, weil sie nur wenige Tage nach *Ferragosto* stattfindet, jenem Tag Mitte August, an dem die Italiener ihre Bürotüren schließen, den Kofferraum vollpacken und sich für zwei Wochen in Richtung *mare o montagna* verabschieden, also ans Meer oder ins Gebirge fahren. Tausende von Menschen drängen sich heute Abend in diesem kleinen Bergdorf. Touristen aus Sperlonga und Gaeta unten an der Tyrrhenischen Küste; Söhne und Töchter Campodimeles, die aus ihren Häusern in den Städten des Nordens geflüchtet sind, um nun die kühlere, reinere Luft ihres Heimatdorfes wiederzuentdecken. Ich höre Englisch mit kanadischem, amerikanischem und britischem Akzent – Stimmen von Italienern, die in Camopodimele zur Welt kamen und ausgewandert sind, um im Ausland ihr Glück zu machen, und die ihrer Kinder, die gekommen sind, um ihre Wurzeln zu erforschen.

Faszinierend – denke ich, während ich diese Besucher beim Anstehen fürs Abendessen beobachte –, wie sich Schicksale verändern können. Mehr als jedes andere Gericht, das ich in Campodimele kennengelernt habe, symbolisiert *laine e fagioli* die *cucina povera*. Heute Abend sind Tausende von Menschen die Bergstraße heraufgekommen, um freiwillig ein Gericht zu verkosten, dass man früher nur notgedrungen aß.

»*C'era la fame*«, sagte Pasqualina, leert eine Tüte Mehl auf der Arbeitsfläche aus, gräbt einen Vulkankrater in die Mitte und füllt die Vertiefung mit Wasser. Die *sagra* ist vorbei, die ersten kühlen Herbsttage sind da, und wir stehen in ihrer Küche im *centro storico*. »Die Menschen hungerten«, wiederholt sie.

Das ist ein Satz, den ich häufig höre, obwohl es einem heutzutage schwerfällt, sich diese schwierigen Zeiten zu vergegenwärtigen.

»Die, die Land besaßen, konnten sich ein Schwein, ein paar Hühner halten«, sagt Pasqualina, zieht mit klauenförmig gekrümmten Fingern Mehl ins Wasser, knetet ein paar Momente lang und wiederholt das Ganze dann immer wieder. »Aber die meisten Leute hatten kein Fleisch, und viele hatten nicht einmal Eier. Dafür aßen sie *fagioli* und *legumi*.«

Fagioli, Bohnen, und *legumi*, Hülsenfrüchte. Cannellini- und Borlottibohnen, Kichererbsen und natürlich *cicerchie*. Und wenn auch manch ein *contadino* das Fehlen des Fleisches auf seinem Tisch beklagt haben mag, so besaßen diese Hülsenfrüchte doch nachweislich einen heimlichen Bonus. Da sie weniger Cholesterin enthalten als Fleisch, glaubt man, dass sie über Generationen hinweg die Herzgesundheit der Campomelani geschützt haben. Kein Wunder also, dass die Menschen hier so lange leben.

Pasqualina lacht, als ich es ihr erzähle, und knetet energisch und stetig weiter an ihrem Teig, wie sie es seit mehr als sieben Jahrzehnten tut. Er besteht aus ihrem eigenen Weizen, den ihre Tochter Amalia alljährlich mäht, wäscht und in der Sonne trocknet, ehe sie ihn Sack um Sack in der Mühle von Pontecorvo mahlen lässt.

Die heute dreiundachtzigjährige Pasqualina hat sich das *Laine*-Machen als Kind selbst beigebracht, so dass es ihr langsam als feste Aufgabe zufiel. Damals war diese schlichte Mischung aus Mehl und Wasser die einzige Pasta, die sie kannte. *Pasta all'uovo* wurde erst nach dem Zweiten Weltkrieg populär, als sie in Form von Lasagne und *tagliolini* aus dem reicheren Norden hier eintraf.

»Als ich noch klein war, wussten wir nicht mal, was Lasagne ist«, erzählt Pasqualina. »Wenn man Eier hatte, dann wurden die gebraten. Oder man verkaufte sie, um was anderes dafür kaufen zu können.«

Und wie steht es mit der dritten Pastasorte, die inzwischen zur Alltagskost gehört und die ebenfalls nur aus Mehl und Wasser hergestellt ist: getrockneter Pasta wie den kilometerlangen Spaghetti und Kilos von Penne, die sich in jeder mir bekannten italienischen Küche stapeln?

»*Si pagava un sacco di soldi!*«, meint sie. Einen Sack voll Geld habe man in ihrer Jugend für getrocknete Pasta gezahlt. »Sie haben sie am Markttag lose, kiloweise verkauft und sie vor deinen Augen ausgewogen.« Erst in den leichteren Zeiten der 1960er wurden die Packungen getrockneter Pasta bezahlbarer. Hausgemachte *laine* blieben die billigere Option. Bedeuteten allerdings auch viel mehr Arbeit.

Inzwischen bearbeitet Pasqualina die Pasta schon zwanzig Minuten lang, wenn nicht länger; wendet sie, wirft sie herum und formt sie nun zu einer dicken Rolle. Sie schneidet das Ende ab und hält es mir hin, so dass ich sehen kann, wie das Mehl *è sparita*, verschwunden ist. »*Vedi com'è bella!*«, sagt sie. »Sieh mal, wie schön der Teig ist.

Sie rollt die Pasta dünn, sehr dünn aus, tut dies aber, da man sich nun getrocknete Pasta leisten kann, nur noch ein- oder zweimal im Monat. Sie rollt und wendet, rollt den Teig und wirft ihn herum, bis sie ein flaches Rechteck aus Pasta vor sich liegen hat, legt dann das hölzerne Nudelholz beiseite, schlägt mit der Hand eine Pastakante bis zur Mitte ein, dann die gegenüberliegende Seite ebenfalls, so dass sie aneinanderstoßen. Nun schneidet sie die gefaltete Pasta mit einem Messer in dünne Streifen, zieht diese dann behutsam auseinander und streut Mehl auf das dabei sich ergebende Knäuel, um ein Aneinanderhaften der Nudelbänder zu vermeiden.

In dem auf dem Herd kochenden Wasser brauchen die *laine* nur noch wenige Minuten – zwei oder drei –, um zu garen. Die Bohnen sind schon fertig – getrocknete Canellinibohnen, die Pasqualina über Nacht in kaltem Wasser eingeweicht und dann am Morgen etwa eine Stunde lang gekocht hat. Der *sugetto*, das Sößchen, ist ebenfalls fertig: eine Zwiebel, gehackt und in einen Topf *bottiglia* (»Flasche«), die hiesige Abkürzung für selbsteingekochte Tomatensauce, geworfen.

Pasqualina reicht mir einen Teller mit abgetropften *laine*, gibt einen Schöpflöffel der *fagioli* darüber und auch etwas Tomatensauce mit Basilikumsprengseln, die an das sommerliche Einwecken erinnern. Wir drehen die Gabeln in den Tellern herum, wickeln die *laine* um die Zinken und genießen sie. Die *laine* sind dick und schwerer als die Eiertagliatelle, denen sie ähneln, und schmecken süß nach Tomatensauce. Und im Kontrast zur Glätte der Pasta wirken die Bohnen wie etwas, das man – tja, nur als herzhaften Bissen bezeichnen kann.

Die Menschen haben hier früher mal gehungert. Wer auf der *sagra*, in all dem Getümmel *laine e fagioli* isst, kann sich diese schwierigen Zeiten kaum vorstellen. Jetzt, da die *orti* und *cantine* und Tische schier überquellen. Doch für diejenigen, die zu jung sind, um sich dieser Hungerzeiten zu entsinnen oder Tausende von Meilen von hier entfernt geboren wurden, erinnert das Denkmal der campome-lanischen Auswanderer am Rande des *centro storico* an jene Zeiten. Das Mosaik zeigt die Söhne des Dorfes in feinen Gewändern und in-mitten der Requisiten von Bildung und Muße – dem Leben, das sie in Übersee fanden. Doch es zeigt auch Kinder in Lumpen und einen hageren Mann, der eine leere Schüssel hält. Letztere Szene schildert die Zeit, in der es wohl in vielen Häusern Tag tagtäglich *laine e fagioli* zu essen gab. Jene *cucina povera*, der so viele Campomelani, so viele Italiener durch Emigration entkommen wollten. Und die jetzt den Grund für eine Festivität darstellt, um derentwillen sie nach Hause zurückkehren.

Laine e fagioli – Laine mit Bohnen

Manche, wie etwa Pasqualina, bereiten Bohnen und Tomatensauce getrennt zu. Andere kochen die Bohnen in der Sauce, überzeugt davon, dass die Hülsenfrüchten auf diese Weise die Aromen der *odori* besser aufnehmen – eine Überzeugung, die ich übrigens teile. *Guanciale* ist Speck aus der Schweinebacke und wird häufig verwendet, um Bohnen-Tomatensauce mehr Geschmack zu verleihen. In Italien kann man *guanciale* überall kaufen; in Deutschland sollte er bei guten Fleischern erhältlich sein.

Für die Bohnensauce:
200 g getrocknete Canellinibohnen oder 500 g frische Cannellinibohnen
1 Prise Natron (falls gewünscht)
500 ml selbsteingekochte Tomatensauce (siehe Seite 280)
1 Zwiebel, fein gehackt
1 Streifen guanciale
Etwas frisches Basilikum, gehackt
1 Handvoll frische glatte Petersilie, gehackt
Feines Meersalz
1 Schuss Olivenöl extra vergine

Für die *laine*:
400 g italienisches Weizenmehl tipo 00 (doppio zero) oder
   deutsches Mehl Type 405
Etwa 200 ml kaltes Wasser

Zunächst die Bohnen-Tomatensauce zubereiten.

Falls man getrocknete Bohnen verwendet, sie in einer großen Schüssel mit kaltem Wasser mindestens 48 Stunden einweichen. Eventuell 1 Prise Natron hinzufügen, um den Rehydrierprozess zu erleichtern.

Die Bohnen in ein Sieb abgießen, dann gründlich unter kaltem Wasser abspülen.

Bei Verwendung frischer Bohnen, diese enthülsen und in kaltem Wasser waschen.

Die Bohnen in einem großen Topf mit Wasser zum Kochen bringen und dann in 40–60 Minuten al dente kochen. Die benötigte Garzeit hängt von der Größe und dem Alter der Hülsenfrüchte ab.

Während die Bohnen kochen, Tomatensauce in einen Topf geben und Zwiebel, Schweinebacke und Salz nach Geschmack hinzufügen. 15 Minuten köcheln lassen. (Falls Sie den Geschmack und die Textur gebratener Zwiebeln mögen, die Zwiebel behutsam in Olivenöl anschwitzen und dann erst Tomatensauce, Schweinebacke und Salz hinzufügen.)

Vom Herd nehmen und Basilikum und Petersilie dazugeben.

Nun die *laine* zubereiten.

Das Mehl auf eine große ebene Arbeitsfläche geben und eine Mulde hineindrücken.

Etwa 200 ml Wasser in die Vertiefung gießen, dann den Teig herstellen. Dazu mit den Fingern nach und nach kleine Mehlmengen ins Wasser rühren und jede Handvoll Mehl gründlich untermischen. Fortfahren, bis alles Mehl eingearbeitet ist, was etwa 15–20 Minuten in Anspruch nehmen kann. Sollte der Teig zu trocken sein, immer wieder die Finger anfeuchten, damit er besser zusammenhält.

Nun den Nudelteig kneten – den Handballen in das einem näherliegende Ende des Teiges drücken, dann das entferntere Ende der Pasta zu sich herziehen, und diesen Vorgang wiederholen. Mit dieser Bewegung etwa 20 Minuten lang fortfahren, dabei die Pasta von Zeit zu Zeit im Uhrzeigersinn drehen, bis sie weich und formbar geworden ist. Den Teig zu einer Rolle formen und diese in der Mitte durchschneiden. Ist der Teig nun glatt und alles Mehl absorbiert, so ist er fertig. Sind immer noch kleine Mehleinschlüsse zu erkennen, weiterkneten, bis sie verschwunden sind.

Die eine Hälfte des Nudelteigs in ein sauberes, feuchtes Geschirrtuch einschlagen und beiseitelegen.

Die andere Hälfte auf eine flache, leicht bemehlte Arbeitsfläche legen und mit dem Ausrollen beginnen – dabei die ausgerollte Pasta im Uhrzeigersinn drehen, immer wieder auf das Nudelholz rollen und dann wenden.

Ist die Pasta schließlich nur noch 3–4 mm dick, die Arbeitsfläche leicht bemehlen und für das Schneiden vorbereiten. Das einem nähere Ende der Teigplatte zur Mitte hin falten. Dann das gegenüberliegende Ende ebenfalls zur Mitte einschlagen, bis es mit der ersten Teigkante zusammenstößt.

Nun mit dem schärfsten Messer, das man besitzt, gleichzeitig durch beide Teigschichten schneiden, so dass man Bandnudeln erhält.

Die *Laine*-Bänder entwirren und dafür sorgen, dass sie nicht aneinanderhaften.

Die beiseitegelegte Teighälfte auspacken und auf gleiche Weise eine zweite Portion *laine* herstellen.

Dann in einem großen Topf Salzwasser zum Sieden bringen, die *laine* hineingeben und kochen, bis sie al dente sind – was vielleicht nur 2 Minuten dauert, so dass man sie etwa alle 20 Sekunden kontrollieren sollte, um Verkochen zu verhindern.

Während die *laine* garen, rasch die Bohnen-Tomatensauce erhitzen.

Die gekochten *laine* in Pastateller geben, einen dicken Löffel Bohnen-Tomatensauce darüberschöpfen. Und sofort genießen.

Für 4 Personen.

Fagioli conditi – Gewürzte Bohnen

Viele Campomelani würden diese Bohnen wohl eher nur mit Zwiebel zubereiten, doch wer die meist weniger intensiv schmeckenden Lebensmittel aus unseren Supermärkten verwendet, kann den Geschmack der Hülsenfrüchte durch Zugabe von Knoblauch verbessern. Weil das Einweichen und Garen der Bohnen ein wenig zeitaufwendig sind, kochen manche Campomelani gleich die doppelte oder dreifache Menge und frieren sie dann in kleinen Portionen ein, wobei sie das frische Basilikum erst nach dem Auftauen und Wiedererhitzen hinzufügen. Im Gefrierschrank halten sich die Bohnen monatelang.

200 g getrocknete Cannellini- oder Borlottibohnen
1 Prise Natron
2 Stangen Bleichsellerie
1 große Zwiebel
1 Handvoll frische glatte Petersilie
2 große Knoblauchzehen (falls gewünscht)
2 oder 3 Spritzer Olivenöl extra vergine
500 ml selbsteingekochte Tomatensauce (siehe Seite 280)
Feines Meersalz
1 Handvoll frisches Basilikum, gehackt
Zerdrückte getrocknete rote Chilischote (falls gewünscht)

Die getrockneten Bohnen in eine große Schüssel geben und mindestens 8 Stunden in kaltem Wasser einweichen. Eventuell 1 Prise Natron hinzufügen, um die Wasseraufnahme zu erleichtern.

Sellerie, Zwiebel, Petersilie und, falls gewünscht, auch Knoblauch fein hacken – wer eine *mezzaluna* oder ein Wiegemesser besitzt, sollte es hier verwenden, denn je feiner das Gemüse ist, umso besser.

In einem großen, tiefen Topf das Olivenöl erhitzen, gehacktes Gemüse hinzufügen, Deckel auflegen und das Gemüse bei schwacher Hitze etwa 10 Minuten schwitzen lassen; dabei gelegentlich umrühren, um Anhaften zu verhindern.

Nun die eingeweichten Bohnen abgießen und in reichlich frischem kaltem Wasser waschen, zum Gemüse in den Topf geben und gut mit diesem vermischen.

Die Tomatensauce hinzufügen und ebenso viel Wasser, damit die Flüssigkeit etwa 2–3 cm über den Bohnen steht.

Etwa 45 Minuten köcheln oder aber so lange, bis die Bohnen al dente und verzehrbereit sind. Hin und wieder etwas Wasser hinzufügen, um sicherzustellen, dass die Bohnen stets bedeckt sind, und häufig rühren, damit sie nicht am Topfboden anhaften. Mit Salz – 3–4 kräftige Prisen – abschmecken und frisches Basilikum und eventuell auch die Chilischote hinzufügen. Heiß servieren.

Für 4–6 Personen.

Fagioli conditi con olio, aglio e prezzemolo –
Bohnen mit Öl, Knoblauch und Petersilie

250 g frische Cannellini-, Borlotti- oder andere Bohnen
1 Prise Natron (falls gewünscht)
6 Knoblauchzehen, geschält und mit der Messerklinge zerdrückt
4 kräftige Spritzer Olivenöl extra vergine
Feines Meersalz
1 Handvoll gehackte frische glatte Petersilie (falls gewünscht)

Die Bohnen gründlich waschen. Mit Wasser in einen Topf geben und zum Sieden bringen. In 45–60 Minuten al dente kochen.

Etwa 10 Minuten vor Ende der Garzeit das Öl in einen großen Topf geben, zerdrückten Knoblauch hinzufügen, Öl erhitzen und den Knoblauch behutsam garen, so dass er das Öl aromatisiert.

Sobald die Bohnen gar sind, eventuell vorhandenen Schaum abschöpfen und sie in ein Sieb gießen – um allen Schaum zu entfernen, kann man sie auch noch mit gekochtem Wasser abspülen.

Die Bohnen in die Öl-Knoblauch-Pfanne geben und mit 3 oder 4 Prisen Salz würzen.

Dann in eine Servierschüssel geben und mit Petersilie bestreuen (falls verwendet). Heiß oder kalt servieren.

Für 4–6 Personen.

Zuppa di pasta e fagioli – Nudel-Bohnen-Suppe

Wenn man an einem kalten Abend nach Hause kommt, ist dies eine wunderbar nahrhafte und ausgewogene Mahlzeit; die Bohnen kann man schon im Voraus zubereiten, so dass das Gericht – nach Hinzufügen der Pasta – innerhalb von Minuten auf dem Tisch steht.

1 Portion fagioli conditi, nach dem Rezept auf Seite 258
400 g Spaghetti oder kleine Nudeln
1 Handvoll frisches Basilikum zum Servieren
100 g Parmigiano-Reggiano oder Pecorino Romano, frisch gerieben
  (falls gewünscht)

Die *fagioli conditi* in einen großen weiten Topf geben und etwa 250 ml kaltes Wasser hinzufügen.

Die Bohnen erhitzen, bis sie aufwallen.

Während man wartet, dass die Bohnen zu sprudeln beginnen, Spaghetti in 2–3 cm lange Stücke brechen – oder aber andere Nudeln verwenden.

Sobald die Bohnen kochen, Pasta in den Topf geben und – entsprechend Packungsanweisung – so lange weiterkochen, bis die Pasta al dente ist. Darauf achten, dass sich immer genug Flüssigkeit im Topf befindet und die Bohnen bedeckt sind, aber nicht zu viel Wasser zugeben, damit die *zuppa* nicht zu dünn wird.

Sobald die Pasta bissfest ist, die *zuppa* vom Herd nehmen und sofort in Suppentellern servieren.

Zuvor aber noch mit frischem Basilikum und, falls gewünscht, auch frisch geriebenem Parmesan oder Pecorino Romano bestreuen.

Für 4 Personen.

September

Etwas Scharfes ...

Oft schon hatte ich Irma auf den Straßen Campodimeles gesehen, bis ich sie dann endlich abfangen und ihr die Frage stellen konnte, die mich umtrieb.

Häufig bog ich in einer der Gassen rund ums *centro storico* um eine Ecke und sah sie plötzlich vor mir gehen – und wieder verschwinden. Manchmal spurtete ich ihr hinterher über eine gepflasterte Piazza, verlor sie jedoch aus den Augen, da sie in einen der Treppendurchgänge glitt und nicht mehr zu sehen war.

Ich glaube nicht, dass Irma, während sie durch die Dorfstraßen schritt, etwas von meiner Beschattung ahnte oder auch davon, dass ich endlich einmal ihr Gesicht sehen wollte – statt nur ihres stocksteifen Rückens –, um sie zu fragen, warum sie denn ständig den großen Eimer auf dem Kopf balancierte.

Die Antwort, erfuhr ich bald, hätte mir tatsächlich überall ins Gesicht springen müssen, bei jedem Abendessen und in jedem Haus, in dem ich eingeladen war. Sie lautete nämlich: *peperoncino.*

Peperoncino – scharfer Chili – wird immer wieder als der »König der *cucina povera*« bezeichnet, doch angesichts der Verehrung, die man ihm hier entgegenbringt, sollte man ihn wohl besser auf den Namen »König der Küche von Campodimele« taufen. Der *peperoncino* ist allgegenwärtig, und zwar zu jeder Jahreszeit: Im Sommer werden die langen dünnen roten Chilischoten frisch gepflückt, gehackt und gebraten, um Pastasaucen mehr Pep zu verleihen; zu Herbstbeginn füllt man rundliche rote und grüne Chilischoten und legt sie in Öl ein; im Winter und Frühjahr hängen getrocknete Chilischoten an

Schnüren aufgefädelt in allen Häusern – als Amulette, um das Glück anzuziehen, und als Schnellwürze, um einer Suppe oder einem anderen Gericht feurige oder milde Schärfe zu verleihen. Die Campomelani streuen den *peperoncino* so großzügig über ihr Essen, wie heutige englische Köchinnen und die meisten italienischen Restaurants in England über jedes und alles schwarzen Pfeffer mahlen. Er sei einfach *essenziale*, behauptet Peppe, Justitiar des Gemeinderats von Campodimele und bekannt dafür, dass er ständig frische rote Chilischoten in seiner Brusttasche bei sich trägt.

Und diesen essenziellen Charakter vermittelte mir Peppe auf die harte Tour, als er bei meiner ersten campomelanischen Dinner-Einladung mein Gast war. Ich hatte gerade mein Lieblingsgericht, englisches Rinderragout mit Biersauce, aufgetischt, und war verblüfft, als Peppe plötzlich die Gabel senkte und sich erkundigte, ob die getrockneten Chilis über meinem Kamin wohl essbar seien. Als ich es bejahte, riss er eine der Schoten ab, zog ein Taschenmesser hervor und schlitzte das ganze Ding, ohne sich irgendwie weiter zu erklären, über seinem Teller auf. Ich weiß nicht, wer von uns beiden verblüffter war: ich – dass der so überaus höfliche Peppe zu so etwas imstande war, oder Peppe, dass ich es fertigbrachte, eine Mahlzeit zu servieren ohne auch nur ein Krümelchen *peperoncino* darin.

Obwohl man schwarzen Pfeffer überall mit der italienischen Küche assoziiert, ist dieser nicht in Italien beheimatet – sondern stammt aus dem Fernen Osten. Mit seiner scharfen Wärme mag er das Römische Reich und die nördlichen Regionen verführt haben, doch sein relativ hoher Preis – ja die Tatsache, dass man überhaupt dafür zahlen musste – hatte zur Folge, dass er in Campodimele nie einen Fuß in die Tür bekam. In magereren Zeiten gab man das Geld lieber für andere Dinge aus. Und heute fühlen sich nur wenige geneigt, sich die lauwarmen schwarzen Pfefferkörner – denn so sieht man sie hier – in die Vorratskammer zu stellen, wenn man etwas Feurigeres und Vielseitigeres im eigenen Gemüsegarten anbauen kann. Abgesehen davon, *pepe nero fa male*, schreien hier alle – schwarzer Pfeffer sei ungesund, und es ist mir nicht gelungen, irgendjemanden davon überzeugen, dass Wissenschaftler Belege für das Gegenteil gefunden haben. Obwohl ich die Philosophie des *peperoncino fa bene* (*peperoncino* ist gesund) – vor allem für das Immunsystem – gerne akzeptiere.

Und dies ist auch die Erklärung dafür, warum Irma tagtäglich mit einem großen Eimer auf dem Kopf durchs Dorf pilgert: Sie transportiert darin das Wasser für die Chilis. Von ihrem Haus an der Via Roma aus passiert sie kopfsteingepflasterte Gassen und steinerne Treppen, wobei sie etwa zwanzig Liter Wasser auf ihren üppigen roten Locken balanciert. *»Non è pesante«* – »Ist nicht schwer« –, versichert sie mir, als ich sie endlich einhole, und ehe ich mich versehe, hat sie schon mit der Rechten nach meiner Tragetüte mit den Einkäufen gefasst, während sie mit den Fingern der Linken den Eimer hält und mir ein Lächeln zuwirft, das mir wohl so etwas wie »nur keine Hektik« signalisieren soll.

Irma hat ihre Chilis bei *le galline* stehen, den Hühnerställen östlich des Dorfes. Während sie die Wurzeln ihrer Pflanzen mit Wasser besprengt, erzählt sie mir, dass sie schon seit ihrer Heirat im Alter von sechsundzwanzig Jahren hier Chilis anbaut, seit sie aus einem der Nachbardörfer nach Campodimele zog. Ihre Pflanzen sind saftige Büsche mit tropisch grüner Belaubung, die aus alten Ölkanistern und übergroßen Aluminiumtöpfen wuchern. Drei Sorten von Chilis kultiviert Irma: eine winzige, aber feurige rote Art; deren längere, dünnere, mildere rote Vettern, sowie den *peperoncino rotondo* – runde Chilischoten, deren Bäuche sich ideal für Irmas Spezialität *peperoncini ripieni*, gefüllte Chilis, eignen.

Wie Edelsteine, leuchtend rot und grün, baumeln die Chilis an den Büschen und sehen aus, als seien sie reif zum Pflücken. Aber nicht heute. *»Aspetto la luna calante«* – »Ich warte auf den abnehmenden Mond« –, erklärt sie mir in einem Ton, aus dem hervorgeht, dass ich wohl verrückt sein müsse, so was auch nur vorzuschlagen, solang der Mond noch zunimmt. *»Non vengono buoni!«*, meint sie warnend. »Sonst werden sie nichts!«

Wie Irma befürworten hier noch immer viele Dorfbewohner die uralte Praxis, sich beim Säen und Ernten an die Mondphasen zu halten. Dennoch habe ich eine Verrückte gefunden, die bereit war, mir schon jetzt ein paar der runden Feuerbälle zu überlassen, und Irma, deren gefüllte Chilis man in der ganzen Gegend rühmt, hat sich bereiterklärt, mir zu zeigen, wie man sie macht. Obwohl ihre Miene überdeutlich verrät, dass sie für die Schmackhaftigkeit dieser viel zu frühen Exemplare keine großen Hoffnungen hegt.

In der Kühle ihrer Küche, in der Frauen seit Jahrhunderten Essen zubereiten und kochen, reiht Irma die Zutaten auf, mit denen sie ihre *peperoncini ripieni* füllen wird: Kapern, Thunfisch, Sardellen, Oliven. Sie streift sich dünne Gummihandschuhe über, um die Haut vor der Schärfe der Chilis zu schützen, schneidet mit einem Messer einen kleinen Deckel von den Früchten ab und klopft die Samen heraus. Das Innere der Schoten bestreut sie mit fein gemahlenem Meersalz und beträufelt es mit Weißweinessig. Dann löffelt sie einige Kapern in jede Schote und setzt zerzupften Dosenthunfisch darauf. Als Nächstes wickelt sie ein Sardellenfilet um eine entsteinte grüne Olive und drückt dies in die Schotenöffnung, um sie zu verschließen. Danach werden die Chilis in Gläser geschichtet, die Irma mit Olivenöl füllt und in ihrer *cantina* gleich um die Ecke aufbewahrt, einem Keller, dessen Regale vor *Sugo*-Flaschen, eingelegter Wurst, Zwiebelgirlanden und Kartoffelbergen schier bersten. In einigen Monaten werden sich die Aromen der Füllung mit dem des feurigen Fruchtfleischs verbunden haben. Die Chilischoten können als schnelle Antipasti genossen werden oder sogar als *contorno*, Happen von latenter Schärfe, die, wenn man daraufbeißt, im Mund zu einem komplexen und vielschichtigen Feuerwerk von Aromen explodieren.

Aber wird es tatsächlich so sein? Werden sie, nachdem sie verfrüht, in der falschen Mondphase gepflückt wurden, nicht doch misslingen?

Irma lächelt, schraubt einen Deckel auf das Chiliglas. »Lassen wir sie mal eine Weile stehen«, meint sie. »Dann wirst du schon sehen, was ich meine.«

Aber warum macht die Mondphase so viel aus? Wie kann das sein?

Irma zuckt die Achseln.

»*Così*«, erwidert sie, »*sempre così.*« So ist es eben, so ist es immer gewesen. Und manchmal ist das ja auch Grund genug. Ehrfurcht vor der Tradition, Vertrauen in die geheimnisvollen Gaben der Natur. Die Einsicht, dass wir manchmal keine Antworten haben. Dass man gar nicht weiter zu fragen braucht.

Peperoncini sott'olio – Eingelegte Chilischoten

Dies ist eine praktische Methode zum Haltbarmachen von Chilis, so dass man stets welche vorrätig hat, die man zu allen möglichen Gerichten hinzufügen kann.

12 rote oder grüne frische Chilischoten
Etwa 100 ml Weißweinessig
Etwa 150 ml Olivenöl extra vergine
1 Glas mit Schraubverschluss à 500 g, sterilisiert (siehe Seite 203)

Gummihandschuhe überstreifen, dann die Chilischoten waschen, abtrocknen, in feine Scheiben schneiden und in eine flache Schale geben.

Mit ausreichend Weißweinessig besprengen, so dass alle Chilischoten benetzt sind, etwa 48 Stunden im Essig ziehen lassen und regelmäßig umrühren.

Chilis nach 48 Stunden in ein Sieb gießen und mit kaltem Wasser abspülen. Mit einem sauberen Geschirrtuch oder Küchenpapier gründlich abtrocknen, dann an einem kühlen, trockenen Ort ausbreiten und weitere 1–2 Stunden trocknen lassen.

Etwas Olivenöl in ein Glas gießen, die Chilischeiben bis 1 cm unter den Rand hineinschichten und mit Olivenöl auffüllen; dabei das Glas einige Male nach beiden Seiten kippen, damit keine Luftblasen bleiben.

Ehe man das Glas verschließt, kontrollieren, ob die Chilis mit Öl bedeckt sind; anschließend an einem kühlen, dunklen Ort aufbewahren. Nach dem Öffnen sollte man die Chilis in den Kühlschrank stellen und innerhalb von 2 Monaten aufbrauchen. Bei der Entnahme darauf achten, dass die Chilis nicht der Luft ausgesetzt werden, indem man sie jedesmal mit Olivenöl auffüllt.

Ergibt 1 Chiliglas à 500 g.

Peperoncini ripieni – Gefüllte Chilischoten

Um diese Chilis haltbar zu machen, benötigt man 2 oder 3 Gläser mit luftdichten Schraubverschlüssen, die man vorher sterilisieren muss, indem man sie mit sehr heißer Seifenlauge auswäscht und dann bei niedriger Hitze im Backofen trocknet (siehe Seite 203). Die Größe der Chilis entscheidet, wie viele Gläser sich damit füllen lassen.

20 kleine runde Chilischoten – rote oder grüne, nach Geschmack
Feines Meersalz
200 ml Weißweinessig
200 g Kapern in Weißweinessig (Glas)
400 g Thunfischfilets in Olivenöl (Glas)
20 Sardellenfilets
20 grüne Oliven, entsteint
3 Gläser mit Schraubverschlüssen à 300 g, sterilisiert
Etwa 1 l Olivenöl extra vergine, je nach Größe der Chilis

Die Chilischoten waschen und trocknen, dann oben einen Deckel abschneiden und Samen und sämtliche weißen Teile entfernen.

Schoten innen mit feinem Meersalz bestreuen und mit Essig beträufeln, dann über Nacht in einer Schüssel an einen kühlen Ort stellen, damit das Salz die bitteren Säfte herausziehen kann.

Am nächsten Tag das Salz abspülen und die Chilischoten zum Trocknen mit der Öffnung nach unten auf ein trockenes Geschirrtuch setzen.

Sobald sie innen trocken sind, ein paar Kapern in jede Schote geben, gefolgt von jeweils 1 Löffel Thunfischfilet. Dann jeweils 1 Sardellenfilet um 1 entsteinte Olive wickeln und den Chilihals damit zustöpseln. Die Chilischote auf den Boden eines der sterilisierten Gläser setzen. Auf diese Weise fortfahren, bis das Glas fast voll ist, und zwischen den obersten Chilis und der Glasöffnung einen etwa 1 cm breiten Rand lassen.

Nun Olivenöl in das Glas gießen und das Glas hin- und herruckeln, so dass das Öl in alle Spalten dringt und Lufteinschlüsse eliminiert werden. Die Chilis müssen vollständig mit Öl bedeckt sein.

Glas verschließen und einige Wochen an einem kühlen, dunklen Ort stehen lassen, damit sich die Aromen verbinden können.

Nach dem Öffnen des Glases und der Entnahme von Chilis etwas Olivenöl nachgießen, damit die verbliebenen Chilis stets vollständig mit Öl bedeckt und dadurch haltbar bleiben. Nach dem Öffnen sollte man das Glas im Kühlschrank aufbewahren und den Inhalt rasch aufbrauchen.

Ergibt 3 Chiligläser à 300 g.

Eines der Pferde, die bei der Ernte der Eichenstämme helfen,
mit denen die Feuer und *forni* Campodimeles gespeist werden.

Nachmittägliches Entsteinen der Amarena-Kirschen unter der Pergola. Von links nach rechts: Pasqualina, Assunta und Amalia.

Dieses Glas voller Zucker und Kirschen wird vierzig Tage in der Sonne stehen, bis sich sein Inhalt in Amarena-Sirup verwandelt hat (siehe Seite 207).

Im Sommer strotzen die Wiesen Campodimeles vor Wildblumen wie etwa dem Klatschmohn.

Melanzane ripiene al forno – gefüllte, gebackene Auberginen (siehe Seite 215).

Getrocknete *fagioli* und Borlottibohnen gehören zu den Hülsenfrüchten, die in der campomelanischen Küche schon immer eine entscheidende Rolle spielten.

In Wasser gequollene *cicerchie*, die für Campodimele so typischen Hülsenfrüchte, die darauf warten, für die *Sagra delle Cicerchie* im August geköchelt zu werden.

Gerardo schnurrt auf seiner Vespa die kurvige Bergstraße hinauf und hinunter, um sein Weizenfeld im Talgrund im Auge zu behalten.

La trebbia – Gerardo verfolgt die Weizenernte auf seinem Acker.

Gerardos Frau Leana wäscht
die Weizenkörner, ehe sie sie
zum Sonnentrocknen auf der
Piazza verteilt.

Der Weizen wird zur Herstellung von *pane al forno a legna*, das heißt, dem
Backen von Holzofenbrot verwendet (siehe Seite 245).

Eine typisch campomelanische *cantina* – vollgestopft mit einem Jahresvorrat an selbst eingekochter Tomatensauce.

Theodora kocht mit Hilfe ihrer Enkelkinder, Martina und Lorenzo,
Tomatensauce ein (siehe Seite 280).

Frauen bereiten beim alljährlichen *Laine-e-fagioli*-Fest im August Campodimeles traditionelle Wasser-Mehl-Bandnudeln zu.

Paulo Zannella (links) und Generale Aldo Lisetti (rechts), ehemalige Bürgermeister des *Paese della Longevità*.

Tagtäglich läuft Irma durch die mittelalterlichen Gassen von
Campodimele und transportiert Wasser zu ihren Chilipflanzen.

Ein *magazzino* mit aufgestapeltem Holz für die *forni a legna*, die holzbefeuerten Öfen, in denen Brot und Pizza gebacken wird.

Luisa beim Ausrollen des von Hand gekneteten Teigs, aus dem sie ihre Pizzen macht.

Luisas Tomatenpizza (siehe Seite 336) und Kartoffelpizza mit Rosmarin und Chili (siehe Seite 337).

Marietta beim Formen ihrer Gnocchi (siehe Seite 328).

Ii presepio – Gigino und Theodoras Weihnachtskrippe, die während der Feiertage zum Mittelpunkt eines italienischen Hauses wird.

Michele und Marias Esel, der auf den Abtransport der Olivenernte wartet, die häufig im Dezember beginnt und bis in den Januar hinein dauert.

La Vergine – Schrein der heiligen Jungfrau an der ins Zentrum von Campodimele führenden Hauptstraße.

Spaghetti con olio, aglio e peperoncino – Spaghetti mit Olivenöl, Knoblauch und scharfem Chili

Dieses Spaghettigericht wird in Campodimele auch Spaghetti des Gehörnten genannt, weil es so rasch zubereitet ist, dass es als die bevorzugte Pasta von Hausfrauen gilt, die zu sehr mit dem Betrügen ihrer Ehegatten beschäftigt sind, um etwas Komplizierteres auf den Tisch zu bringen. Tatsächlich handelt es sich um ein überaus einfaches und köstliches Mahl, das sich aus Zutaten zaubern lässt, die jeder vorrätig hat.

400 g Spaghetti
3 oder 4 kräftige Spritzer Olivenöl extra vergine
3 frische Knoblauchzehen, fein gehackt
Feines Meersalz
Einige kräftige Prisen zerdrückte getrocknete rote Chilischote

In einem großen Topf Salzwasser zum Sieden bringen, die Spaghetti hieingeben und nach Packungsanweisung – in der Regel etwa 8–10 Minuten lang – kochen.

Etwa 1 Minute ehe die Pasta al dente ist, Olivenöl in einem großen, tiefen Topf erhitzen, den Knoblauch dazugeben, bei starker Hitze etwa 1 Minute lang rühren und darauf achten, dass er nicht bräunt.

Den Topf vom Herd nehmen und wenige Prisen Salz sowie einige Prisen zerdrückten, getrockneten Chili dazugeben – das heißt wenig oder auch viel, ganz nach Geschmack.

Die Spaghetti sollten inzwischen al dente sein, sie daher abgießen, in den Topf mit dem aromatisierten Öl kippen und gründlich damit vermengen, so dass jede Nudel mit Öl überzogen ist.

Für 4 Personen.

Penne all'arrabbiata – Penne mit Chili-Tomatensauce

Arrabiato ist das italienische Wort für »zornig« – *wie* zornig, hängt ganz davon ab, wie viel Chili Sie an dieses Gericht geben.

400 g Penne
1 kräftiger Schuss Olivenöl extra vergine
2 Knoblauchzehen, fein gehackt
½ kleine frische rote Chilischote oder 1 kräftige Prise zerdrückte getrocknete
  rote Chilischote
500 ml selbsteingekochte Tomatensauce (siehe Seite 280)
Feines Meersalz
1 Handvoll frische glatte Petersilie, fein gehackt
100 g frisch geriebener Parmigiano-Reggiano oder Pecorino Romano
  (falls gewünscht)

In einem großen Topf Salzwasser zum Sieden bringen, die Penne hinzufügen und nach Packungsanleitung kochen.

Etwa 4 Minuten ehe die Penne al dente sind, das Olivenöl in einem großen tiefen Topf erhitzen, dann den Knoblauch und frische Chilischote (falls verwendet) hinzufügen und etwa 1 Minute rühren – darauf achten, dass der Knoblauch nicht verbrennt. Bei Verwendung getrockneten Chilis diesen erst in den Topf geben, nachdem der Knoblauch bereits 1 Minute lang angeschwitzt wurde.

Die Tomatensauce hinzufügen und mit 1 kräftigen Prise Salz abschmecken. Behutsam zum Kochen bringen, dann die Hitze reduzieren, so dass das Ganze nur noch sanft köchelt.

Sobald die Penne al dente sind, werden sie abgegossen und in den Saucentopf gekippt. Sofort mit der gehackten Petersilie und dem geriebenen Käse (falls verwendet) servieren.

Für 4 Personen.

Die Flasche

Überall ist in den letzten Tagen das Klirren von Glas zu hören. Es scheppert in alten zinnernen Ölfässern, die auf kopfsteingepflasterten Gassen über Gaskochern stehen; es klimpert in Aluminiumkesseln, die auf Küchenherden brodeln; es klingt in Plastiktragetüten, die durchs Dorf geschleppt und in mit Steinregalen bestückten *cantine* landen.

Die Tomatenschwemme ist da, und mit ihr das alljährliche Ritual, das vielleicht mehr als jedes andere die campomelanische Fastfoodpraxis im Slow-Style auf den Punkt bringt: *la conservazione dei pomodori* – das Einkochen der Tomatensauce.

Der Umfang der Aktivitäten ist immens: Berge von Tomaten werden von den Feldern eingefahren; Ozeane von roter Sauce in riesigen Töpfen zum Sieden gebracht; Hunderte von Flaschen in eine einzige Küche gequetscht. Man hat den Eindruck, als sei jeder Einzelne in jeder Ecke des Dorfes mit dem Ernten, Kochen und Einwecken von Tomaten beschäftigt, deren sonnenreife Süße zuckrig und schwer die Luft erfüllt.

»*Quattro quintali*«, lächelt Leana vor ihrem aus Steinen erbauten Haus mit der geraniengeschmückten Treppe. Vierhundert Kilo, etwa viertausend Tomaten, die es zu waschen, zu hacken und zu kochen gilt.

Schon am Morgen um halb vier ist Leana gestern aufgestanden, um mit *la conservazione* zu beginnen, und hat zwei Tage lang jeweils sechzehn Stunden geschuftet, um die Prozedur über die Bühne zu bringen und ihre Vorratskammer mit etwa 350 Flaschen *sugo* neu aufzustocken. Ihr Wochenende war ein logistischer Marathon, doch jetzt sind die Tomaten am besten, unglaublich süß nach Monaten in der Sonne, und wenn sie nicht auf der Stelle geerntet und eingekocht werden, verderben sie am Strauch.

Meine Freundin Theodora wählt einen entspannteren, aber ebenso systematischen Ansatz und widmet fünf Vormittage einer Woche dem Einwecken gekaufter Tomaten, die jedoch – und das ist das Entscheidende – *della zona* sind, also aus der Gegend um Campodimele stammen, frisch vom Strauch und daher wohl kaum von Chemikalien verseucht sind. Heute hat sie ihren Sohn Francesco (24), ihre Enkel Martina (13) und Lorenzo (9) zur Mithilfe herangezogen, nicht nur, weil dies harte Arbeit ist, sondern auch, weil ihr daran liegt, dass ihre Familie diese Tradition aufrechterhält.

»Cibo genuino, niente conservanti«, meint Theodora und zuckt die Achseln. »Naturkost, ohne Konservierungsstoffe«, abgesehen von ein wenig Salz und dem natürlichen Konservierungseffekt des Erhitzens. Angesichts der Menge an Tomatensauce, die die Italiener konsumieren, ist leicht zu verstehen, weshalb es einer Großmutter am liebsten ist, wenn ihre Familie die selbsteingekochte verwendet.

Und Martina liegt auch durchaus daran, von der Großmutter zu lernen. »Bei Freunden hab ich schon industriell gefertigte Tomatensauce gegessen, aber die schmeckt einfach nicht so gut«, meint sie, reiht die sterilisierten Gläser auf dem Küchentisch auf und wirft in jedes ein Basilikumblatt, um der Sauce ein sommerliches Parfum zu verleihen.

Theodora weckt zwei verschiedene Sorten von Tomatensauce ein: *cotto*, gekochte, und *crudo*, rohe. Sie hat sich für San Marzano, die klassische Tomate für italienische Saucen, und Roma, eine weitere beliebte Sorte, entschieden. Im vollreifen Zustand munden diese Tomaten allerdings auch dann, wenn man sie lediglich roh mit Basilikum und Knoblauch hackt und an einem heißen Tag zu Spaghetti genießt.

Aber nicht heute.

»Tomaten mit geplatzter Haut musst du wegwerfen, denn die könnten Säure enthalten«, erklärt Theodora und tastet im Tomatenhaufen. »Und es könnten Insekten drin sein.« Sie schneidet die Stielansätze der Tomaten mit einem Messer heraus, halbiert die Früchte und schichtet sie mit nichts weiter als einer kräftigen Prise Salz in einen riesigen Aluminiumtopf. Bei hoher Temperatur kocht sie sie nun eineinviertel Stunden lang, bis ein Großteil des Wassergehalts der Tomaten verdampft ist und ein dicker *sugo* übrig bleibt. Danach hält Lorenzo einen Trichter über jede Flasche, während seine Großmutter Ströme von kochend heißer roter Sauce hineinschöpft und sie fast bis zum Rand füllt, um sie dann mit einem Schraubdeckel zu verschließen. Theodora stellt die Flaschen in Plastikkästen, die mit Zeitungen und Wolldecken ausgelegt sind und in denen sie fast einen Tag brauchen werden, um vollständig auszukühlen.

Inzwischen haben Martina und Lorenzo ihr Fertigungsband für den *sugo crudo* entwickelt. Martina schneidet zwei rohe Tomaten längs in Viertel, lässt sie in ein Glas fallen und reicht es dann ihrem Bruder. Lorenzo zerstampft die rohen Früchte mit dem Griff eines Holzlöffels, reicht Martina das Glas zurück, und das Ganze beginnt von vorn. Lorenzo seufzt, während sich das Glas füllt und sich das Zerstampfen immer schwieriger gestaltet. Wird er diese Tradition fortsetzen, wenn er einmal erwachsen ist, wie Nonna Theodora hofft? »*Se mi pagano!*«, erwidert er. »Wenn man mich dafür bezahlt!«

Anders als die direkt aus dem brodelnden Topf abgefüllten Tomaten sind diese hier roh und müssen in den verschlossenen Gläsern sterilisiert werden, um die Möglichkeit von Botulismus auszuschließen. Dies erreicht man durch Erhitzen mithilfe eines *bagnomaria*, Franzosen wie Deutschen auch als *bain-marie* oder Wasserbad bekannt. Theodora verteilt die Gläser in einem großen Aluminiumtopf und bedeckt sie mit kaltem Wasser. Sie bringt das Wasser zum Sieden und lässt es dann mindestens 45 Minuten sprudelnd kochen, wodurch die gegarten Tomaten hygienisch und bis zu einem Jahr lang verzehrbar bleiben.

Diese rohe Sauce enthält sowohl die Feuchtigkeit als auch einen Großteil der Struktur der Tomaten und wird für Gerichte verwendet, die längeres Schmoren oder eine gewisse Textur erfordern, wie etwa *fave in umido*, geschmorte dicke Bohnen, oder auch einen Pizzabelag, der im Ofen gebacken wird. Bei der stärker eingekochten Sauce verdampft ein Großteil des Wassers während des Garens, so dass sie sich wunderbar als Pastasauce eignet oder auch, um einem Fleisch-*Ragù* während der letzten Viertelstunde der Garzeit noch zusätzliches Aroma zu verleihen.

Manche Köchinnen drücken die Sauce vor dem Abfüllen noch durch ein Passiergerät, um Haut umd Samen zu entfernen, wodurch man eine *passata* erhält, was wortwörtlich so viel wie »passiert« bedeutet. Theodora tut dies gewöhnlich *al momento* – also direkt nach Öffnung der Saucenflaschen und vor der Weiterverwendung ihres Inhalts. Heute jedoch kocht sie einen zweiten Topf mit Tomaten, gießt die heiße Sauce in eine metallene *mulino per verdure* und betätigt den Drehgriff, so dass der *sugo* wie eine samtene Flüssigkeit austritt, bereit zum Abfüllen und Sterilisieren im *bagnomaria* – weil er durch das Passieren bereits wieder abgekühlt ist.

Die eingekochte Sauce sieht fabelhaft aus – diese Kisten voller Sommerreife in Theodoras Küche, die Regale voller Tomatenrot, gesprenkelt mit Basilikumgrün in Leanas *cantina*. Doch das Ganze war auch ganz schön zeitaufwendig: zwei Tage im Leben von Leana, fünf Vormittage von Theodoras Woche. Wäre es da nicht schneller, eine frische Tomatensauce erst dann zu kochen, wenn man sie benötigt, obwohl die Winterfrüchte natürlich unter künstlichem Licht gezogen werden und nicht die Süße der Sommerernte besitzen?

Nein, meint Theodora, die sich nicht im Traum vorstellen mag, einen Sommer ohne dieses Ritual des Sauce-Einkochens verstreichen zu lassen. Abgesehen von der ganz entscheidenden Tatsache, dass dies gesundes und köstliches *cibo genuino* ist, hat sie nun einen ganzen Vorratsschrank voller Instant-Tomatensauce – das campomelanische Pendant zu den sogenannten frischen Pastasaucen, die es in Supermärkten zu kaufen gibt, allerdings ohne künstliche Zusätze und zu einem Bruchteil der Kosten. Außerdem bringt das Einwecken auf perfekte Weise den praktischen Aspekt der Küche Campodimeles auf den Punkt: Verwende heute ein, zwei Tage aufs Einmachen, dann kannst du morgen, sprich das ganze kommende Jahr über, die Früchte deiner Arbeit genießen.

Mit seinen neun Jahren hat Lorenzo noch Mühe, den Wert des Ganzen zu begreifen.

»*Nonna, dove trovi questa forza?*«, schreit er, während er versucht, noch zwei weitere rohe Tomaten ins Glas zu stampfen. »Woher nimmst du nur die Kraft dazu?«

Theodora lächelt. Es ist das Lächeln einer Million italienischer *nonne*, für die keine Küchenarbeit zu ermüdend oder zeitaufwendig ist, wenn sie dem Gaumen oder der Gesundheit der Familie dient.

»*Dove trovo l'amore, trovo la forza!*«, erwidert sie. »Wo ich die Liebe finde, da finde ich auch die Kraft!«

Sugo cotto in bottiglia – Gekochte Tomatensauce in Flaschen

Zehn Kilo Tomaten ergeben etwa zehn Liter gekochter Sauce, obwohl die erzielte Menge natürlich sowohl vom Wassergehalt der Tomaten als auch davon abhängt, wie viel Wasser vor dem Abfüllen verdampft. Salz hilft beim Konservieren der Tomaten, so dass man nicht daran sparen sollte. Bei diesem Rezept lässt man einen Großteil des Wassers verdampfen, wodurch sich die Sauce ideal als schnelle Pastasauce oder zur Ergänzung von Fleisch-*Ragùs* eignet, die man dem Gericht während der letzten Viertelstunde der Garzeit hinzufügt.

10 kg frische, vollreife Biotomaten
10 kräftige Prisen feines Meersalz
10 Literflaschen oder -gläser mit Schraubverschlüssen
10 große, frische Basilikumblätter, gründlich gewaschen

Die Tomaten gründlich waschen.

Alle Tomaten mit Hautrissen aussortieren – sie könnten säurehaltig sein oder Insekten beherbergen.

Die Tomaten grob hacken, dann in einen Topf geben und langsam zum Sieden bringen.

Für jedes Kilo Tomaten 1 kräftige Prise Salz hinzufügen – das sowohl zur Konservierung als auch zur Verbesserung des Geschmacks beiträgt.

Die Hitze etwas herunterschalten, die Tomaten aber noch 1¼ Stunden sprudelnd weiterkochen lassen, bis ein Großteil des Wassers verdampft ist und man eine dicke, rote Sauce erhält.

Während die Sauce kocht, Flaschen oder Gläser sowie einen Trichter gemäß den Anweisungen auf Seite 203 sterilisieren.

Ein Basilikumblatt auf den Boden jedes Glases geben.

Sobald die Sauce eingedickt ist und schmatzende Geräusche erzeugt, den sterilisierten Trichter auf eine Flasche setzen und die kochend heiße Sauce direkt hineinschöpfen. Sobald die Flasche gefüllt ist, den Deckel fest aufschrauben, um das Eindringen von Bakterien zu verhindern.

Falls sich die Sauce vor dem Abfüllen abgekühlt hat, sollte man eine zusätzliche Hygienemaßnahme ergreifen und die verschlossenen Flaschen in einem *bagnomaria* erhitzen, um das Risiko einer Lebensmittelvergiftung auszuschließen (siehe Seite 277).

Die Flaschen in eine mit Zeitungen und einer alten überhängenden Wolldecke ausgekleidete Kiste oder einen Karton stellen – dann eine Schicht Zeitungen darauflegen und die überhängende Wolldecke über die Kiste schlagen, so dass die Flaschen bedeckt sind. Das derart bewirkte Zurückhalten der Hitze wird in Campodimele als entscheidender Faktor für den Sterilisierungsprozess betrachtet. 24 Stunden später sind die Flaschen immer noch warm.

Sobald die Flaschen völlig ausgekühlt sind, werden sie an einem kühlen, dunklen Ort gelagert. Greifen Sie nach *la bottiglia*, wann immer Sie sie brauchen! Sollte in einem der Gläser Schimmel auftauchen, muss es mitsamt dem Inhalt entsorgt werden.

Ergibt etwa 10 l Sauce.

Sugo di pomodori crudi in bottiglia –
Roh eingemachte Tomatensauce

Wie beim vorausgegangenen Rezept für die gegarte Tomatensauce sind auch hier gründlich sterilisierte Gläser unerlässlich. In der Rohkonserve bleibt der Wassergehalt der Tomaten erhalten ebenso wie ein Großteil ihrer Textur, wodurch sie sich besser für Dinge eignen, die man bei hohen Temperaturen gart wie etwa Pizza, oder aber für Pastasaucen oder *ragùs*, die mehr Textur aufweisen sollen – wobei man stets ein wenig Zeit einplanen sollte, in der das Wasser in der Sauce oder dem *ragù* etwas verdampfen kann.

20 kg frische, vollreife Biotomaten – am besten San Marzano oder Roma
30 Halblitergläser mit Schraubverschlüssen
30 große Basilikumblätter, gründlich gewaschen

Die Tomaten gründlich waschen.

Die Gläser und einen Holzlöffel gründlich sterilisieren (siehe Seite 203).

In jedes der Gläser 1 Basilikumblatt legen. Nun 2 Tomaten längs halbieren oder vierteln und in das Glas geben. Mit dem Griffende des Holzlöffels zusammendrücken, um mehr Platz im Glas zu schaffen. Dann 2 weitere Tomaten halbieren oder vierteln, ins Glas geben und zerdrücken. Dies wiederholen, bis das Glas fast voll ist. Sofort mit dem Schraubdeckel verschließen.

Sobald alle Gläser gefüllt sind, stellt man sie – als ersten Schritt des *Bagnomaria*-Verfahrens – aufrecht in einen großen Topf. Dies muss man womöglich in zwei oder drei Schüben erledigen.

Den Topf mit genug Wasser füllen, so dass die Gläser völlig davon bedeckt sind. Wasser zum Sieden bringen und die Gläser etwa 60 Minuten lang kochen.

Sobald die Gläser wenigstens 1 Stunde gekocht haben, vorsichtig das heiße Wasser aus dem Topf gießen und die Gläser herausheben. Abtrocknen und in eine mit Zeitungen und wenn möglich auch eirer Wolldecke ausgekleideten Kiste oder Schachtel stellen. Fest einpacken und derart eingemummt bis zum nächsten Tag abkühlen lassen.

Die abgekühlten Tomaten an einem kühlen dunklen Ort aufbewahren und genießen, wann immer einem danach ist.

Ergibt ungefähr 15 l Sauce.

Spaghetti ai pomodori freschi e crudi –
Spaghetti mit frischer roher Tomatensauce

Diese kalte Sauce aus rohen Tomaten ist das perfekte Antidot für einen glühend heißen Sommertag. Da ein Großteil der Sauce aus Olivenöl besteht, sollte man dafür nur beste Qualität verwenden.

500 g vollreife, frische Bio-Eiertomaten – San Marzano oder
   Roma sind die besten
Einige kräftige Spritzer gutes Olivenöl extra vergine
1 Handvoll frisches Basilikum, zerzupft
1 Handvoll frische Petersilie, fein gehackt
1 Knoblauchzehe, sehr fein gehackt
Fein gemahlenes Meersalz
400 g Spaghetti

Die Tomaten abziehen und die Samen entfernen, das Fruchtfleisch fein hacken.

Die gehackten Tomaten mit einigen kräftigen Spritzern Olivenöl, den Kräutern und Knoblauch in eine Schüssel geben. Bei Zimmertemperatur mindestens 15 Minuten durchziehen lassen.

In einem großen Topf Salzwasser zum Sieden bringen. Sobald es sprudelt, die Spaghetti hineingeben und nach Packungsanleitung – in der Regel 8–10 Minuten – garen.

Sobald die Spaghetti al dente sind, in ein Sieb gießen, wieder in den Topf zurückgeben, Sauce hinzufügen und mit 2 Gabeln vorsichtig vermengen, so dass jeder Nudelstrang mit Sauce überzogen ist. Mit Salz abschmecken. Sofort servieren.

Für 4 Personen.

Penne al sugo fresco di pomodori –
Pasta mit frischer Tomatensauce

Diese warme Tomatensauce ist in 15 Minuten zubereitet und stellt damit die Alltags-Alternative zur eingeweckten Tomatensauce dar: viele Campomelani kochen sie im Sommer vor *la conservazione*, wenn ihr Saucenvorrat allmählich zur Neige geht und man schon frische reife Tomaten ernten kann. Sollten Ihre Tomaten nicht superreif sein (was bei Importware häufig der Fall ist), so geben Sie, um der Säure die Spitze zu nehmen, eine Prise Zucker dazu.

1 kg vollreife frische Biotomaten – in Campodimele ist bei dieser Sauce
  häufig Piccadilly die Sorte der Wahl
1 kräftiger Spritzer Olivenöl extra vergine
2 oder 3 große Knoblauchzehen, geschält und mit der Messerklinge zerdrückt
400 g Penne oder andere Pasta
Feines Meersalz
4 große Basilikumblätter, zerzupft, und einige kleinere Blätter, zum
  Garnieren
100 g fein geriebener Parmigiano-Reggiano oder Pecorino Romano
  (falls gewünscht)

Die Tomaten grob hacken.

Einige Spritzer Olivenöl in einen weiten tiefen Topf geben und den Knoblauch hinzufügen. Vorsichtig erhitzen, bis der Knoblauch zu zischen beginnt, aber darauf achten, dass er keine Farbe annimmt – sondern lediglich das Öl aromatisiert.

Die Tomaten in den Topf geben, zum Brodeln bringen, dann die Hitze reduzieren und etwa 10 Minuten lebhaft köcheln lassen, so dass das Wasser der Tomaten verdampft und man eine dicke Sauce erhält.

Ist die Sauce eingedickt und fast fertig, mit dem Kochen der Pasta beginnen – in einem großen Topf Salzwasser zum Kochen bringen, die Pasta hineingeben und nach Packungsanleitung kochen, in der Regel etwa 8–10 Minuten lang.

Ist die Pastasauce inzwischen so dick, dass sie schmatzende Geräusche erzeugt, die zerzupften Basilikumblätter hinzufügen (die kleineren als Garnierung zurückbehalten) und mit Salz abschmecken. Bei schwacher Hitze köcheln lassen, bis die Pasta al dente ist.

Die fertigen Nudeln in ein Sieb gießen, dann in den Topf zur Sauce geben, behutsam mit zwei Gabeln vermengen, bis alle Nudeln mit Sauce überzogen sind.

Sofort in vorgewärmten Pastatellern mit Käse bestreut servieren und, falls gewünscht, mit ein, zwei frischen Basilikumblättern garnieren.

Für 4 Personen.

Sommer im Glas

Bis vor wenigen Jahrzehnten verstand man unter frischen Zutaten, dass man sich aus dem *orto* holte, was immer dort gerade reif war oder was der Berg sonst noch hergab. Moderne Landwirtschaft und Transportverbindungen bewirken jedoch, dass sich sogar in Campodimele – dessen Herz so stark im Einklang mit den natürlichen Rhythmen schlägt – die jahreszeitlichen Grenzen mitunter verwischen.

Dies ging mir auf, als ich mitten im tiefsten Winter hier eintraf. Januarnebel verhüllten die Berge und den Talboden und machten Campodimele zu einem Königreich der Lüfte. Der Wind fauchte wie eine wütende Schlange durch die uralten Gassen, und Regen tröpfelte vom sonnenlosen Himmel. Die Erde der *orti* war tiefschwarz, aufgelockert lediglich von den dunklen Schatten der *broccoletti* und des *cavolo nero*, der beiden wichtigsten Wintergemüsesorten. Inmitten dieser gedämpften Landschaft gab es draußen im Freien nur eine bunte Oase – die *frutta verdura*.

Frutta verdura bedeutet so viel wie »Obst und Gemüse« und bezeichnet in Italien Läden, die frische landwirtschaftliche Erzeugnisse verkaufen. Zwar besitzt Campodimele keine eigene *frutta verdura*, doch mittwochs und freitags kommen Franco und Anna mit ihrem Obst-Gemüse-Wagen aus Fondi herauf, um hier ihre Ware loszuwerden, die äußerst geschätzt ist, weil vieles davon *della zona* ist, also »aus der Gegend« stammt.

An jenen ersten grauen Januartagen wirkte die *frutta verdura* mit ihren Bergen roter Tomaten und Reihen goldener Melonen manchmal wie der einzige Farbklecks im Dorf. Sofort fiel mir auf, dass viele Menschen dieses bisschen Sonnenschein außerhalb der Saison gerne mit nach Hause nahmen. Andere jedoch – vor allem die älteren Bewohner – füllten ihre Einkaufskörbe einzig und allein mit Wintergemüse. Oder, anders ausgedrückt, mit saisonalen Erzeugnissen.

Assunta etwa ist eine typische Vertreterin dieser Gruppe. In der *frutta verdura* holt sie sich die Lebensmittel, die man hier in der Gegend nicht anbaut, beziehungsweise Gemüse oder Obst, das in Campodimele gar nicht wächst – Zitronen aus Sizilien oder jene fabelhaften Orangen aus Fondi – Winterfrüchte, die in diesem kühlen Bergklima nicht gedeihen.

»*Ma sempre in stagione!*« Darauf pocht sie. »Immer saisonale Produkte!« Bei Assunta ist das saisonale Kochen etwas Instinktives, ein Lebensstil, mit dem sie groß geworden ist und den sie niemals infrage stellen würde. Und so wie Assunta sie erklärt, klingt saisonale Ernährung einfach nur vernünftig.

Inzwischen ist es September, die Zeit, in der man Paprikaschoten isst, und weil Assunta keine anbaut, kauft sie sie körbeweise bei der *frutta verdura*. Die Paprikaschoten sind riesig, doppelt so groß wie ihre Handfläche, unregelmäßige Gebilde, die vor Frische fast zu bersten scheinen und deren glänzende rote und gelben Schalen grüne Einsprengsel zeigen.

»*In padella con aglio e prezzemolo ... in padella con melanzane ... nel forno, poi condito con olio, aglio e prezzemolo ...*« Assunta zählt auf, wie sie die frischen Paprika in der Saison serviert: in der Pfanne gebraten mit Knoblauch und Petersilie ... in der Pfanne mit Auberginen ... im Ofen geröstet und dann mit Olivenöl beträufelt, mit Knoblauch und Petersilie bestreut ... »*Ti faccio assaggiare!*«, verspricht sie. »Ich mach dir welche, damit du sie probieren kannst!« Die Campomelani sind am glücklichsten, wenn sie andere Leute bekochen können.

Der Paprikahaufen in Assuntas Küche soll allerdings heute nicht mehr gegessen werden; er ist zum Einlegen und späteren Verzehr bestimmt – der einzigen Form des nichtsaisonalen Essens, die hier allgemein akzeptiert ist. Assunta hat eine große Ballonflasche in ihre Küche gewuchtet, eine riesige Glasflasche mit bauchigem Körper und schmalem Hals, umhüllt von einem Plastikgeflecht, das sie vor Stößen und Erschütterungen schützen soll. Es riecht nach Rotweinessig, den sie mit Wasser vermischt in die Korbflasche gegossen hat. Sie wäscht die Paprikaschoten und drückt sie eine nach der anderen ins Glas, sorgfältig, um möglichst viele hineinzubekommen. Jetzt den Deckel darauf, und die Paprika sind eingemacht, fertig, um nächsten Monat oder nächstes Jahr, wann immer man sie benötigt, aufgeschnitten und in Salaten oder als Beilage genossen zu werden.

Es scheint erstaunlich schnell und leicht zu gehen, Paprika, am Obststand gekauft, aber selbsteingelegt, eine Vermählung von Kommerz und *casereccio*, eine ländliche Tradition, von der ich mir vorstellen könnte, sie in städtischer Umgebung ohne großen Aufwand nachzuahmen. Doch irgendwie muss ich mich dabei schon fragen, warum man diese ja schließlich gekauften und nicht auf Assuntas Land gezogenen Paprikaschoten überhaupt einlegen sollte. Warum nicht einfach im Winter zur *frutta verdura* hinuntertraben und frische kaufen, wenn man sich welche zum Mittagessen machen will?

»*Perché d'inverno non sono in stagione!*« – »Weil sie im Winter nicht Saison haben!« Auf das Saisonale, fügt sie hinzu, komme es an.

Und das tut es aus vielerlei Gründen: Während der Saison gekaufte Produkte sind meist *della zona*, so frisch wie nur möglich und nicht aus dem wärmeren Süden oder – schlimmer noch – gar aus dem Ausland importiert. Und sie sind nicht konserviert. Außerdem bezahlt man im Winter einen ganz schönen Batzen Geld dafür, fügt sie mit der unverhohlenen Sparsamkeit der italienischen Hausfrau hinzu, die weiß, dass man für Obst und Gemüse, wenn es sie im Überfluss gibt, nur einen Bruchteil dessen bezahlt, was sie nur eine oder zwei Wochen später kosten würden. Noch wichtiger aber ist die Frage des Geschmacks. »*Sono ottime adesso*«, stellt Assunta klar. »Momentan sind sie am besten. Die, die man im Winter bekommt, schmecken nie so gut.«

»*Ogni cosa ha il suo momento*« – »Alles hat seine Zeit«, folgert Assunta daher, indem sie das Mantra des *contadino* zitiert, die Philosophie jener, die das Land bestellen und es respektieren. Und genauso wie jetzt, da man die Früchte frisch von der Pflanze ernten kann, die beste Zeit für saisonale Produkte ist, ist jetzt auch der beste Moment für nichtsaisonale Genüsse – in dem Sinne nämlich, dass man Obst und Gemüse auf ihrem aromatischen Höhepunkt pflückt, dann in Essig oder Öl einlegt und so ein Stückchen Sommer einweckt, um es dann mitten im frostigen Winter zu genießen – und auf diese Weise aus nichtsaisonalem Essen schließlich doch noch etwas Saisonales macht.

Peperonata – Geschmorte Paprikaschoten

3 kräftige Spritzer Olivenöl extra vergine
2 Knoblauchzehen, geschält und mit der Messerklinge zerdrückt
1 große rote Paprikaschote, geputzt und in Ringe geschnitten
1 große gelbe Paprikaschote, geputzt und in Ringe geschnitten
1 kleine Zwiebel, in feine Ringe geschnitten
Feines Meersalz
1 Handvoll glatte Petersilie, fein gehackt
1 Handvoll frische Basilikumblätter
Zerdrückte getrocknete rote Chilischote (falls gewünscht)

Das Öl mit dem Knoblauch in eine tiefe Bratpfanne geben und langsam erhitzen, so dass der Knoblauch es aromatisiert. Er darf jedoch keinesfalls Farbe annehmen oder gar verbrennen.

Paprikaschoten und Zwiebel mit 1 kräftigen Prise Meersalz dazugeben, bei schwacher Hitze 20–30 Minuten braten und häufig umrühren, damit die Paprikaschoten nicht anbrennen. Sollte der Knoblauch verbrennen, aus der Pfanne fischen und wegwerfen.

Sobald Paprika und Zwiebel gar und zart sind, Petersilie und Basilikum darüberstreuen, umrühren und – falls verwendet – noch einige Prisen Chili hinzufügen. Die Peperonata probieren und eventuell nachsalzen.

Dann heiß und mit viel frischem knusprigem Brot servieren – obwohl: einen Tag nach seiner Zubereitung und bei Zimmertemperatur serviert, schmeckt dieses Gericht sogar noch besser.

Für 4 Personen als Beilage.

Insalata di peperoni arrostiti –
Salat aus gerösteten Paprikaschoten

4 rote Paprikaschoten – gelbe eignen sich ebenfalls
1 Handvoll frische glatte Petersilie, fein gehackt
1 Handvoll frisches Basilikum, in kleine Stücke zerzupft
2 Knoblauchzehen, in sehr feine Scheiben geschnitten
Feines Meersalz
4 kräftige Spritzer Olivenöl extra vergine

Den Backofen auf etwa 200 °C vorheizen. Dann die Paprikaschoten in eine flache Backform geben und 25–30 Minuten rösten, bis ihre Haut geschwärzte Stellen aufweist. Oder aber die Paprikaschoten über offener Flamme grillen.

Paprikaschoten aus dem Ofen nehmen und schälen, solange sie noch heiß sind; steckt man die gerösteten Schoten für etwa 15 Minuten in eine verschlossene Plastiktüte, lassen sich die Häute leichter entfernen.

Die geschälten Paprika in Streifen schneiden und auf eine Servierplatte legen.

Mit Petersilie, Basilikum, fein geschnittenem Knoblauch und Salz nach Geschmack bestreuen und mit reichlich Olivenöl beträufeln.

Am besten schmeckt der Salat, wenn man ihn noch wenigstens 1 Stunde bei Raumtemperatur stehen lässt, damit sich die Aromen verbinden können.

Für 4 Personen.

Peperoni e melanzane imbottiti –
Gefüllte Paprikaschoten und Auberginen

Dies ist ein herzhaftes Hauptgericht, bei dem die Paprikaschoten mit altbackenem Brot gefüllt werden – ein Vermächtnis aus den Zeiten der *cucina povera*, in denen nichts weggeworfen wurde.

4 große Paprikaschoten – 2 rote und 2 gelbe
2 Auberginen – von der runden, zum Füllen geeigneten Sorte; am besten
    Früchte, denen man keine Bitterstoffe entziehen muss
3 große, dicke Scheiben altbackenes Brot, zerzupft
3 frische Bioeier, leicht verschlagen
150 g Parmigiano-Reggiano oder Pecorino Romano, frisch gerieben
1 Handvoll grüne Oliven, entsteint und gehackt
Einige Prisen feines Meersalz
Etwa 12 Eiertomaten, abgezogen, Samen entfernt und gehackt
1 große Handvoll frische Basilikumblätter, zerzupft
4 Knoblauchzehen, geschält und mit der Messerklinge zerdrückt
6 oder 7 kräftige Spritzer Olivenöl extra vergine
750 ml selbsteingekochte Tomatensauce (siehe Seite 280)

Zunächst Stiele und dann Oberseiten der Paprika abschneiden, die Samen entfernen und die Innenwände der Schoten mit Salz bestreuen.

Von den Auberginen die grünen Blätter entfernen und oben jeweils einen Deckel abschneiden. Mit einem scharfen Messer ins Fruchtfleisch der Auberginen schneiden, um sie auszuhöhlen, ohne dabei jedoch die Haut zu perforieren. Fortfahren, bis sie ausgehöhlt sind.

Das Fruchtfleisch der Auberginen, zerzupftes altbackenes Brot, Eier, Parmesan, Oliven, Salz, Tomaten und die Hälfte des Basilikums in einer Schüssel vermischen. Eine der Knoblauchzehen fein hacken, dazugeben und untermischen, und mit dieser Masse die Paprikaschoten und Auberginen füllen. Das Gemüse mit der Masse sehr fest stopfen, da das Brot während des Garens stark an Volumen einbüßt.

Die abgeschnittenen Deckel wieder auf die Paprika und Auberginen setzen und mit einem oder zwei Zahnstochern oder einem Metallspieß befestigen.

Das Olivenöl mit den restlichen Knoblauchzehen in einen großen weiten Topf gießen und vorsichtig erhitzen. Sobald das Öl heiß ist, Paprikaschoten und Auberginen seitlich hineinlegen und Topf mit einem Deckel verschließen. Bei schwacher Hitze etwa 1 Stunde behutsam schmoren; dabei Paprikaschoten und Auberginen häufig wenden, so dass sie von allen Seiten gleichmäßig garen.

Nach 1 Stunde die selbsteingekochte Tomatensauce zum gefüllten Gemüse in den Topf gießen und mit dem Öl vermischen. Behutsam weitergaren und Paprika und Auberginen eine weitere Stunde unter häufigem Wenden garen, bis die Paprikaschoten weich geworden sind.

Warm oder bei Raumtemperatur servieren, mit dem Bratensaft übergießen und mit etwas zusätzlichem Basilikum bestreuen.

Für 6 Personen.

Peperoni e peperoncini sott'aceto –
Rote Paprika- und Chilischoten in Essig

Für dieses Rezept benötigt man ein Glas mit weiter Öffnung, das überdies groß genug ist, um die beabsichtigte Anzahl von Paprikaschoten und Chilis aufzunehmen.

Etwa 12 mittelgroße rote Paprikaschoten
Etwa 12 kleine rote Chilischoten
Etwa 1 l Rotweinessig
Etwa 1 l Wasser, abgekocht und in einem abgedeckten Behälter abgekühlt
1 Achtliterglas mit Schraubverschluss und sterilisiert (siehe Seite 203)
Großer Topf, sterilisiert

Paprika- und Chilischoten gründlich waschen, dann eine Lage Paprikaschoten auf dem Boden des sterilisierten Glases verteilen, der man eine Schicht Chilis und eine Lage Paprikaschoten folgen lässt. Weitere Lagen aufschichten, bis das Glas beinahe voll ist – wobei man das Ganze etwa 4 cm unter dem Rand des Glases mit einer Paprikaschicht abschließen sollte.

Rotweinessig und gekochtes Wasser in einem sterilisierten Topf vermischen und diese Flüssigkeit in das Glas gießen, während man die Paprikaschoten mit einem Holzlöffel nach unten drückt; das Glas fast bis zum Rand füllen und darauf achten, dass alle Paprikaschoten mit der Essig-Wasser-Mischung bedeckt sind. Fest verschließen.

Die Paprika- und Chilischoten an einem kühlen, dunklen Ort wenigstens 3 Wochen lang stehen lassen, damit sie das Aroma des Essigs aufnehmen können, ehe man sie weiterverwendet. Sie sollten mindestens 6 Monate haltbar sein.

Man kann die Paprikaschoten in Streifen schneiden und unter Salate mischen oder aber mit Olivenöl beträufeln, mit Salz, glatter Petersilie und Basilikum bestreuen und als Antipasti servieren.

Ergibt ein Achtliterglas Paprika- und Chilischoten.

Oktober

Im Obstgarten und unter der Pergola

Es liegt ein Erdbeerduft, ein rubinroter Reifeton in der Herbstluft. So stark, dass er mich in die Heimat zurückversetzt, zu sommerlichen englischen Teestunden, Sahnekännchen, Tennis auf gepflegtem, grünem Rasen. Doch eine Erdbeere ist weit und breit nicht in Sicht. Lediglich die an den Reben sprießenden Trauben.

»*Uva fragola*«, sagt Pasqualina, pflückt eine der purpurroten Kugeln und reicht sie mir. Sie schmeckt wie ein Erdbeercoulis mit Rotwein. Das also ist die Erdbeertraube, denke ich mir, und begreife zum ersten Mal ihren italienischen Namen.

Schwer hängen die *uva fragola* von den Rebstöcken. Sie baumeln von den Pergolas und aalen sich in der Sonne, die ihnen Süße verleiht. Pasqualina hat ihren Weinstock an einem Zaun hochgezogen, in den sie einen niedrigen Bogen geschnitten hat, und wenn man darunter hindurchgeht, streift einen die *uva fragola* und hinterlässt Saftflecken auf der Haut. Sie schneidet mir ein *grappolo*, eine Handvoll, Trauben herunter. Der *grappolo* ist erstaunlich schwer, aber schließlich stammt er direkt vom Rebstock, und sein Saft hatte noch keine Chance, zu verdunsten.

»*Uva da tavola*«, »Tafeltrauben.« Pasqualina rät mir, sie noch heute und solange sie diese vollkommene Reife besitzen, zu *la frutta*, dem Obstgang meiner Mittagsmahlzeit, zu verspeisen.

Frutta heißt der letzte Gang eines Essens in Italien und ist genauso unverzichtbar wie der *primo*, der *secondo* mit dem dazugehörigen *contorno* oder der gaumenreinigende dritte Gang des *insalata*.

Viele Obstbäume trotzen der Kälte und Feuchtigkeit des hiesigen Winters: Kirschen gibt es bereits im Spätfrühling, dann kommen die Aprikosen mit ihren an Sonnenuntergänge erinnernden zarten Rottönen und purpurne Maulbeeren. Wenn der Sommer an Kraft verliert, erntet man Äpfel und Birnen und herrlich klebrige Feigen. Und in den kälteren Monaten folgen die *cachi*, die grell orangefarbenen Kakifrüchte, sowie *mele cotogne*, Quitten.

Im Spätherbst aber gibt es dann auch die *frutta secca*, was man als »Trockenobst« übersetzen könnte, hier allerdings Nüsse und Mandeln meint – Walnüsse, die man zu *Nocciola*-Likör verarbeitet, und Süßmandeln, die man zerstößt und zusammen mit frischem Obst verzehrt. Weiter oben in den Bergen, höre ich, findet man im Spätfrühling und Sommer auch wilde Erdbeeren, die kleiner und süßer sind als die aus den *orti*. Aber dort gibt es auch in Rudeln umherstreunende wilde Hunde, so dass es wahrscheinlich klüger ist, die wilden Erdbeeren den Vögeln zu überlassen.

Wie die *uva da tavola* werden fast all diese Früchte frisch und roh, also ungekocht und unverfälscht genossen. Oder aber in Sirup oder als Marmelade konserviert.

Roh oder eingekocht. Selten, so scheint es, werden saisonale Früchte gebacken, und ich muss gestehen, zunächst hat es mich enttäuscht, dass eine *torta alle ciliegie* hierzulande keine üppig belegte Mürbeteigtorte mit Kirschen ist, in denen noch die nach Mandeln schmeckenden Kerne stecken, eine *torta all'albicocca* keine Torte mit Aprikosenhälften, deren Zucker die Ofenhitze in Karamell verwandelt hat – nicht jene köstlichen *tartes* also, die ich aus Frankreich kannte.

Stattdessen sind derartige »Torten« für mich, die ich mit der britischen Küche aufwuchs, eher so etwas wie eine *jam tart*. *Torta alle ciliegie* lässt sich zwar durchaus mit »Kirschtorte« übersetzen, in Wirklichkeit aber ist sie ein mit Kirschmarmelade bestrichener Mürbeteig. Und *torta all'albicocca* das Gleiche mit Aprikosenmarmelade.

Inzwischen bin ich zu dem Schluss gelangt, dass sich dieser Aspekt der campomelanischen Küche der Kargheit der *cucina povera* verdankt. Denn wenn man Obst als ganze Frucht und während der

Saison verzehren wollte, dann aß man es direkt vom Baum; warum sollte man Eier, Mehl und Zucker auf eine Frucht verschwenden, die einem die Natur schon verzehrfertig lieferte, wenn all diese Zutaten und das zum Backen nötige Holz auch für andere Zwecke verwendet werden konnten? Wenn dann allerdings die Äste unter ihrer saisonalen Last von Feigen oder Birnen ächzen, es einfach zu viele sind, um sie sofort und auf der Stelle zu verzehren, so diktieren einem gesunder Menschenverstand und Sparsamkeit, dass man sie einkocht, in der *cantina* lagert, um sie später und wann immer man möchte zu genießen.

Und natürlich gibt es hier auch noch eine andere Frucht, die nicht aus Not oder Sparsamkeit konserviert wird, sondern mit voller Absicht: *l'uva per vino*, die Trauben für den Wein.

Die *uva per vino* wird hier in erster Linie für den eigenen Bedarf und nicht aus kommerziellen Gründen kultiviert, aber die *vinificazione*, die Weinproduktion, wird deswegen nicht weniger ernst genommen. Seit Wochen schon ist die Bestimmung des richtigen Moments der *vendemmia*, der Lese, das Thema, das die Leute umtreibt: *presto, presto*, meinen alle – man ist früher dran in diesem Jahr, weil der Sommer ungewöhnlich heiß und trocken war. Der Zeitpunkt der Lese ist entscheidend: Die Trauben müssen gepflückt werden, sobald sie vollkommen reif, aber noch nicht überreif sind, um die richtige Balance von Zucker und Säuregehalt zu gewährleisten, von der der vom Winzer angestrebte Geschmack abhängt.

Uno di questi giorni, erzählen mir die Leute – jeden Tag kann es so weit sein. Schon das ganze Jahr lang warte ich auf diesen Moment, registriere täglich den langsamen Fortschritt des Weins, während ich an den flachen Wänden der aufrechten Rebstöcke vorübereile, die im Vorgarten eines Hauses am Rande Tavernas stehen. Jeden Tag, wenn ich aus dem Dorf hinausfuhr und dann später wieder herein, fielen mir die Veränderungen an den Rebstöcken auf: die graue Nacktheit zu Jahresbeginn, die ein wenig an Lichterketten erinnernden grünen Triebe in der Frühlingssonne, das üppige Laubwerk und die kaskadenförmigen Trauben des Sommers, gefolgt vom Rotton, der sich im Herbst über die Blätter breitete. Nie habe ich einen

Menschen in diesem Vorgarten erblickt, der sich um die Weinstöcke gekümmert hätte, und ich habe auch keine Ahnung, wem sie gehören, doch hier muss man nur um Hilfe bitten und sie wird einem sofort und aufs Großzügigste gewährt.

Ein paar Nachfragen in Taverna, und ehe ich mich versehe, sitze ich mit Aguillino im Wagen und wir parken neben den Weinstöcken, wo er mich Gerolomo und seiner Frau Anna vorstellt, die bereits die Trauben ernten. Es dämmert schon, und die beiden und ein paar Freunde lesen mit der Dunkelheit um die Wette, um so viele Trauben wie möglich von Hand zu pflücken. Ja, selbstverständlich könne ich ihnen bei der Weinherstellung zusehen. Komm in ein, zwei Tagen wieder, da sollten wir mit dem Roten begonnen haben. Wir überlassen sie ihrer Arbeit.

Als ich wiederkomme, zeigt mir Gerolomo, wie sie den Wein durch den *torchio*, eine handbetriebene, fassförmige Holzpresse, drücken. Die Trauben kommen als ganze Strünke hinein, Gerolomo betätigt den Griff, und die zerquetschten Früchte stürzen heraus.

Das ist der *mosto*, erzählt er mir, und deutet auf die riesigen Plastikbottiche, in denen zerstampfte Häute, Kerne, Stängel und Fruchtfleisch gären. Das alles lässt man jetzt fünf oder sechs Tage mazerieren, denn, sagt Gerolomo, dies sei die Zeit, die man benötige, um einen Rotwein mit schöner, kräftiger Farbe (aus den Schalen) und ein wenig Tannin (aus den Stielen) zu keltern, beziehungsweise brauche, damit sich der Zucker in Alkohol umwandeln könne. Der *mosto* wird anschließend in große Plastikflaschen gefüllt, die unten mit Zapfhähnen versehen sind. Alle zwei, drei Tage öffnet Gerolomo die Hähne und filtert die festen Bestandteile des *mosto* heraus, um zuletzt den übrigen Saft bis zum Frühling, wenn der Wein abgefüllt wird, in eine Ballonflasche umzufüllen. Es wirkt alles so unglaublich einfach, aber schließlich benötigt die Natur, sich selbst überlassen, ja auch kaum eine helfende Hand.

Gerolomo reicht mir ein Glas Weißen aus dem letzten Jahr – er ist leicht, fruchtig und schmeckt einzig und allein nach Trauben, ganz anders als die im Handel erhältlichen Sorten, die ich aus dem Vereinigten Königreich gewohnt bin. Aber schließlich enthält dieser Wein auch keine chemischen Zusätze, keine zugesetzten Hefen – eine Tatsache, die nach Überzeugung vieler hier erklärt, warum ich von campomelanischem Wein nie einen Kater bekam, egal, wie viele Gläser ich auch zu den endlosen Mittagessen genoss.

Als ich gehe, schneidet mir Gerolomo Büschel um Büschel weißer Trauben von seiner Pergola, die man auch als *uva da tavola* essen könne, erklärt er mir, und holt mir eine Flasche des letztjährigen Weißen vom Regal. Dieselben Trauben vom selben Weinstock: die einen frisch zum sofortigen Verzehr, die anderen haltbar und für die *cantina*.

Daheim habe ich eine ganze Küche voller frischer Trauben – zu viele für die »Tafel«. Einige davon werde ich wohl einkochen müssen. Und so nehme ich meinen Weidenkorb und schlüpfe hinaus in den Garten, wo die grünen Feigen schon auf den Boden heruntergeplatscht sind. Als ich hinaufgreife zum grünbelaubten Ast, habe ich kaum die Finger um den klebrigen Unterbauch der Frucht geschlossen, da ist sie schon in meiner Hand gelandet. Die Feige strotzt vor zuckriger Reife – so stark, dass ihre Haut bei meiner Berührung reißt, ein Tropfen der siruartigen Süße herausquillt und in der Abendsonne aufglitzert, ehe ich hineinbeißen kann.

In der Küche schäle ich die Feigen und halbiere sie, pflücke die Trauben Stück für Stück vom Strunk, erhitze sie in einem Topf und gebe Zucker dazu, um Marmelade daraus zu kochen. Kurz darauf steht sie schon in den Gläsern und bereit für meine hauseigene *cantina*. Daneben beherbergt die *cantina* Gläser voller *carciofini sott'olio*, das erste Gemüse, das ich hier im Frühjahr eingelegt habe, nachdem 'Pina mich entsprechend instruiert hatte, und ein Gläschen Amarenamarmelade, das ich kochte, nachdem ich einen Nachmittag lang mit Pasqualina, Assunta und Amalia unter der Pergola Sauerkirschen entsteint hatte. Dann *la bottiglia*, bei deren Zubereitung mir Theodora zur Hand ging, ein Glas getrockneter Chilischoten, die Maria mir geschenkt hat. Und Flaschen voller Olivenöl aus den Hainen meiner Freunde Antonio und Nina. *Tutta roba nostra*, alles aus eigener Erzeugung.

Nach einem schlichten Abendessen, frischen Eiern, in Olivenöl gebraten, mit *peperoncino* bestreut und ein paar Scheiben von Leanas frischgebackenem Brot dazu, genieße ich die *uva fragola* als Obstgang, genau wie Pasqualina es mir vorgeschlagen hat. Ich schwelge im Erdbeergeheimnis dieser Trauben, denn ich weiß ja, dass sie bald verschwunden sein werden, es sie erst in einem Jahr wieder geben wird. Aber ich weiß auch: Wenn mir irgendwann danach ist, nach dem Geruch von Sonne auf einem Rebstock, nach der Erinnerung an einen Herbsttag bei der Traubenpresse, dann kann ich in meine *cantina* greifen und diese wunderbare Marmelade genießen. Die Weinstöcke werden kahl und grau sein, der Feigenbaum eine schwarze Radierung im Winterregen, doch ihre Früchte werden – lebendig und sonnenprall – auf meinem Teller liegen.

Marmellata di uva fragola e fichi –
Erdbeertrauben-Feigen-Marmelade

Feigen gelten hier als verzehrbereit, wenn sie derart reif sind, dass sie einem bei leichtem Schütteln des Asts in die Hand fallen; dieser Moment tritt in der Regel etwa Ende September, Anfang Oktober ein. Die *uva fragola* sind reif, wenn ihre Schalen bei der Berührung platzen. Dies ist der Zeitpunkt, zu dem sie sich – wie man hier glaubt – am besten zu Marmelade einkochen lassen, weil sie reich an Zucker sind, was für süße Marmelade sorgt und dem Konservierungsprozess förderlich ist. Zum Marmeladenkochen benötigen Sie einen großen, tiefen Topf mit schwerem Boden sowie Gläser mit Schraubverschluss. Verwenden lässt sich die Marmelade etwa für eine typische Campodimele-Marmeladen-Torte mit Mürbeteigboden, wie er im Rezept für *crostata all'amarena* auf Seite 205 beschrieben wird.

500 g uva fragola in Bioqualität
500 g reife Feigen – grün oder schwarz
1 kg Zucker
3 Gläser à 350 g mit Schraubverschlüssen

Die Früchte gründlich waschen. Äußere Haut der Feigen abschälen, Feigen mit dem Messer halbieren und dann zusammen mit den Trauben in den Topf geben. Früchte bei niedriger Temperatur etwa eine halbe Stunde lang erhitzen und dabei häufig umrühren, um zu verhindern, dass sie am Topfboden anhaften und verbrennen.

Während die Früchte kochen, Gläser gründlich sterilisieren (siehe Seite 203) und eine Untertasse zum Abkühlen in den Gefrierschrank stellen – man verwendet sie später, um die Marmelade einem Geliertest zu unterziehen.

Die Trauben und Feigen nach halbstündigem Kochen durch ein Sieb oder eine Flotte Lotte passieren, um Häute und Kerne loszuwerden.

Die Früchte in den Topf zurückgeben, nach und nach den Zucker hinzufügen und nach jeder Zugabe gründlich rühren, damit der Zucker sich möglichst rasch auflöst.

Nun die Marmelade bei schwacher Hitze weitere 40 Minuten garen, bis sie zu brodeln beginnt.

Für den Geliertest einen Teelöffel der Marmelade auf die gekühlte Untertasse geben und diese etwas schräg halten. Falls die Marmelade an der Untertasse anhaftet und sich leicht verzieht, ist sie fertig und kann in Gläser gefüllt werden. Wenn nicht, weiterkochen, Untertasse in den Gefrierschrank zurückstellen und einige Minuten später erneut einen Geliertest machen. Weitertesten, bis die Marmelade abfüllbereit ist.

Sobald sie fertig ist, sofort in die sterilisierten Gläser füllen und mit Schraubverschlüssen versiegeln. Marmelade, die gleiche Anteile von Zucker und Frucht enthält, sollte sich, wenn man sie an einem kühlen, dunklen Ort aufbewahrt, bis zu einem Jahr lang halten.

Ergibt 3 Gläser Marmelade à 350 g.

Fragole al limone – Erdbeeren in Zitronensirup

1 kg Erdbeeren – Walderdbeeren, falls erhältlich
100 g Zucker
Saft von 1 Zitrone – oder auch mehr, je nach Geschmack
500 ml kochendes Wasser

Die Erdbeeren waschen und, je nachdem wie groß sie sind, halbieren oder vierteln.

Den Zucker mit Zitronensaft und kochendem Wasser vermischen, bis der Zucker sich auflöst und ein Sirup entsteht; mehr Zitronensaft hinzufügen, falls gewünscht.

Die Erdbeeren in den Sirup geben und behutsam vermischen, so dass alle Früchte damit überzogen sind.

Mindestens 1 Stunde lang bei Raumtemperatur durchziehen lassen, dann servieren.

Für 4 Personen.

Focaccia ripiena di fichi e mozzarella –
Focaccia mit Feigen und Mozzarella

Diese Kombination mag ungewöhnlich erscheinen, doch sie ist köstlich, vorausgesetzt, die Feigen sind zuckersüß und der Mozzarella noch keinen Tag alt. Dieser Käse ist sehr feucht, daher überschüssige Flüssigkeit abtupfen und sofort verzehren, damit die Focaccia nicht aufweicht. Für eine andere Variante kann man die Feigen auch durch 4 oder 5 Scheiben Prosciutto ersetzen, die man, um sie leichter verzehren zu können, in kleine Stücke schneidet.

1 große Focaccia – am besten ohne Kräuter auf der Kruste
2 frische Kugeln mozzarella di bufala
4 reife Feigen

Die Focaccia waagerecht durchschneiden.

Den Mozzarella in Scheiben schneiden und überschüssiges Wasser mit Küchenpapier abtupfen.

Feigen schälen, horizontal in Scheiben schneiden und Stiel und Blütenansatz wegwerfen.

Die Feigen auf dem Boden der Focaccia verteilen, eine Lage Mozzarella darübergeben und mit der oberen Focaccia-Hälfte abschließen. Die Focaccia in vier Stücke schneiden und sofort servieren.

Ergibt 4 Sandwiches oder 16 Mini-Sandwiches, die man auch als Antipasti servieren kann.

Fichi secchi – Getrocknete Feigen

Es gab einmal eine Zeit – erzählt man mir –, da waren Feigen, die zum Trocknen in der Sonne lagen, ein ganz alltäglicher Anblick hier im Dorf. Doch das bedeutete auch, dass man – sobald ein unerwarteter Schauer niederging – da sein musste, um die Früchte sofort ins Haus zu bringen. Heutzutage neigen diejenigen, die ihre Feigen dörren, eher dazu, das im Backofen zu erledigen.

Etwa 20 reife Feigen von gleicher Größe

Den Ofen etwa 20 Minuten lang auf 160 °C vorheizen.

Die Feigen waschen und abtrocknen, dann längs halbieren und mit der Hautseite nach unten auf dem flachen Backblech in den Ofen schieben.

Feigen im Ofen lassen, bis sie getrocknet sind – was mehrere Stunden in Anspruch nehmen kann und von der Größe und dem Flüssigkeitsgehalt der jeweiligen Früchte abhängt.

Sobald die Feigen getrocknet sind, auf Kuchengittern auskühlen lassen, danach in luftdicht verschließbaren Behältern aufbewahren. An einem kühlen Ort gelagert, sollten sie sich mehrere Wochen lang halten.

Daheim ist der Jäger

Furbo sei es, das Wildschwein – durchtrieben. Das sagen alle.

Während der heißen Monate, in denen die Wildschweinjagd verboten ist, fallen sie nachts ins Dorf ein; machen dabei Weizenfelder platt, verschlingen Maiskolben an der Pflanze; zertrampeln die *orti*, wenn sie bei ihren mitternächtlichen Gelagen schnüffelnd nach den reifsten Früchten suchen. Und dann, wenn der erste Sonnenstrahl ihre Verbrechen ans Licht bringt, schleichen sie sich wie die Banditen, die sie sind, in die Berge zurück.

Im Licht des Sommermonds kann man kleine Grüppchen von Wildschweinen durch die Dorfstraßen streifen sehen, als ob sie wüssten, dass die Jagdsaison vorüber ist. Eines Julimorgens begegnete mir und meinem Freund Bruno sogar eins, das die Hauptstraße Tavernas entlangtrabte. Mit seinen dunkelbraunen Borsten, dem fassähnlichen Wanst und den weißen Reißzähnen sah es aus, als wolle es den in Maurizios Bar frühstückenden Männern des Dorfs eine lange Nase machen.

Aber wenn es dann kälter wird, wenn die Jäger wieder ihre Gewehre abstauben, dann scheinen diese wilden Schweine sofort zu begreifen, dass sie sich dünnemachen müssen.

Sie lungern nicht mehr in den Eichenhainen an den tiefer gelegenen Hängen herum, die im Sommer zu ihren Lieblingsplätzen gehören. Stattdessen überqueren sie jene unsichtbare Grenze, die sich durch den Nationalpark der Aurunker Berge windet und den Bereich, in dem Jagen nicht erlaubt ist, von jenem scheidet, in dem sie zum Abschuss freigegeben sind. Sobald nur ein oder zwei Tage lang

Schüsse die Bergluft zerrissen haben, sind die Wildschweine auf und davon – erzählt man mir – und in die sicheren Gebiete geflüchtet, zu denen Jäger keinen Zutritt haben.

Obwohl, auch während der Monate von *la caccia*, der Jagd, wagen sie sich nach Sonnenuntergang zuweilen ins Dorf hinunter, um sich ein wenig Wintergemüse unter die Klauen zu reißen, denn nach Einbruch der Dunkelheit ist Schießen verboten – und dass sie ein Gespür für diese Regeln besitzen, ist offensichtlich.

»Sie schlafen einen Großteil des Tages, erheben sich in der Dämmerung und machen sich dann auf die Nahrungssuche«, erklärt Italo, und ich sehe die Wildschweine vor mir, wie sie in *l'imbrunire*, der Dämmerung, erwachen und zu ihrem nächtlichen Frühstück aufbrechen. »Danach verziehen sie sich wieder auf den Berg und suchen sich ein hübsches warmes Plätzchen in der Sonne zum Schlafen.« Es sei überhaupt keine Frage, ob sie *furbi* seien, meint Italo. »Sie sind genauso intelligent wie du und ich.«

Vielleicht ist dies ja einer der Schlüssel zu diesem Spiel – der Nervelkitzel, der Reiz dieses Sports, denke ich mir. Denn *la caccia* wäre wohl kaum eine echte Jagd, wenn die Beute leicht zu fangen wäre. Wildschweine, Hasen wie auch die Singvögel dieser Berge bildeten einst einen wesentlichen Bestandteil der *cucina povera*, waren Gratisnahrung zu Zeiten, in denen Fleisch noch ein seltener Luxus war. Heute können es sich die meisten hier leisten, entweder Nutztiere zu halten oder, wann immer sie wollen, Fleisch zu kaufen – doch das Fleisch der Wildschweine gibt es nicht zu kaufen, noch das der springenden Hasen oder der Bergdrosseln. Hierzulande jagt man sein Wild, oder es kommt erst gar nicht auf den Tisch.

Jagen ist ein Sport der kalten Jahreszeit. Die ersten Gewehrfeuersalven knattern im Oktober durch die Luft, wenn die Saison für die springenden Hasen eröffnet wird. Der November bringt dann den Start der Wildschweinsaison. Die Stammgäste des Moonlight Cafés an der Piazza halten inne, neigen den Kopf zur Seite wie Hunde, die die Witterung eines Tieres aufnehmen, und debattieren darüber, wie sich die Jagdsaison anlässt. Wenige Schüsse gelten als schlechtes Zeichen, als Hinweis auf einen Mangel an Wild in der Speisekammer. Viele Salven werden gerne mit einem Gläschen Grappa gefeiert. Ob das Gewehrfeuer sich nun in *lepre alla cacciatora*, Hasenbraten auf Jägerinart, oder *salsiccia di cinghiale*, Wildschweinwurst, ummünzen lässt, hängt selbstverständlich auch immer davon ab, wie *furbi* die Tiere sind.

Der Jagdtag beginnt früh, da Herbst- und Wintertage kurz sind, das Wetter oft schlecht und Ende Januar die Saison auch schon wieder zu Ende ist.

Schon in der Dämmerung stehen die Jäger auf und versammeln sich beim ersten Tageslicht in Maurizios Bar. Trotz der frühen Stunde, der Schlottern machenden Kälte herrscht eine festliche Stimmung, die mich daran erinnert, dass die Jagd nicht nur Zeitvertreib und Nahrung bedeutet, sondern auch einen Teil des sozialen und kulturellen Gefüges von Campodimele darstellt. Sie bietet all jenen, die in den abgelegeneren, über den ganzen Hang verstreuten Siedlungen leben, die Möglichkeit, sich wieder einmal mit Bekannten zu treffen und die neuesten Nachrichten zu erfahren. Und sie ist auch eine Chance für jene, die ihren Lebensunterhalt nicht mehr vor allem dem Land abgewinnen, aufs Neue in die ländlichen Rituale einzutauchen, auf die so viele Generationen ihrer Familien einst angewiesen waren.

Mit cremigen Cappuccinos und federleichten *cornetti*, italienischen Croissants, die trockener und nicht so buttrig sind wie ihre französischen Pendants, bringen wir uns auf Touren. Draußen vor der Bar ist der Himmel matt, grau, von rauchschwarzen Wolken durchzogen, doch irgendwo hören wir schon die Hunde bellen und halten daher auf die Hügel zu – die Jäger in grüne Kampfanzüge und leuchtend orange Westen gekleidet, damit sie nicht in ein Kreuzfeuer geraten. Während ich in meinem ach-so-englischen Barbour und Wanderschuhen einherstiefle und mich frage, ob sich wohl ein *cinghiale* in meine Richtung verirren wird.

Italo und ich nehmen unsere Plätze in dem *ferro di cavallo*, der Hufeisenformation ein, in der der Jägertrupp ausschwärmt, um dann hinter dem Dorf einen Bogen durch die Berge zu schlagen. Mit etwas Glück könnten wir auf ein Wildschwein stoßen, das sich diesen Morgen bei Sonnenaufgang innerhalb des Jagdgebiets schlafen gelegt hat, oder auch solche, die bei ihrer Rückkehr vom mitternächtlichen Raubzug getrödelt oder einfach den Unterschied zwischen gefährlichem Pflaster und jägerfreiem Terrain nicht gepeilt haben. Hin und wieder hört man das Kläffen der Hunde, die offenbar eine Fährte gewittert haben, aber nichts, das eine echte Beute vermuten ließe. »Wenn es feucht ist wie heute, können die Hunde nur schlecht Witterung aufnehmen«, meint Italo achselzuckend.

Wir warten und warten, umstanden von den wie gestochen wirkenden Umrissen von Eichen, deren Eicheln von den *cinghiali* verschlungen werden – Eicheln, die dazu beitragen, dem Fleisch der Wildschweine die erdige, kräftige Note zu verleihen. Doch der Wind bringt nur die stetigen Seufzer seines eigenen feuchten Atems mit und die der nackten, bibbernden Bäume.

Und dann ein Schuss, zwei, ihre Echos hallen durch die Gebirgsfalten wie ein kurzer Applaus. Aber sie sind zu weit weg, um aus ihnen schließen zu können, ob es sich um eine erlegte Beute handelt. Wir werden es erfahren, wenn wir zu einem Vormittags-Espresso ins Moonlight Café zurückkehren. 'Pina weiß sicher Bescheid. Und vielleicht sind ja auch erfolgreiche Jäger dort. Oft kann man einen, der ein Wildschwein erlegt hat, auf Anhieb erkennen. Es ist derjenige mit dem lebhaften Lächeln, dem besonders schallenden Lachen, der, der eine Lokalrunde Grappa schmeißt. Der sich seines Lebens freut. Das Jagen hat etwas an sich, denke ich, das tief in die Seele der Männer hinunterreicht. Vielleicht rührt es ja wirklich an jene Instinkte aus der urzeitlichen Vergangenheit des Menschen. Ich habe Freunde in Großstädten, die die Jagd niemals billigen würden. Doch hier, wo die Natur einen nie vergessen lässt, dass der Tod zum Leben gehört, erscheint die Jagd zur Nahrungsgewinnung als die natürlichste Beschäftigung der Welt.

Die Jäger waren liebenswürdig genug, mich mehrere Tage ihr Gast sein zu lassen, und obwohl ich nie den Abschuss eines Tieres beobachtete, habe ich die Freude erlebt, mit der ein solcher Tag zu Ende geht.

Einige Monate zuvor hatte ich einmal im Moonlight Café einen Espresso getrunken, als Roberto, einer der jüngeren Jäger, mich auf meinem Handy anrief. Er und sein Bruder Francesco betreiben das Restaurant *Lo Stuzzichino* in Taverna, das dank der Qualität von Francescos Küche und der besonderen Güte des Fleisches Gäste aus sämtlichen Städten der Umgebung anzieht. Für all jene, die nicht auf die Jagd gehen können, ist *Lo Stuzzichino* die erste Adresse für Wildschweingerichte.

Zwei Wildschweine seien erlegt worden, erzählte mir Roberto. Sein Vater, Fiore, werde sie demnächst ausschlachten. Falls ich Lust hätte, könne ich dabei zusehen.

Und das tat ich. Fiore wird hier überall nur *»il maestro«*, »der Meister«, genannt, und wenn man ihm zusieht, weiß man sofort, warum. Die toten Schweine hingen an ihren Hinterhufen von einem an der Decke von Italos *cantina* befestigten Stecken herunter. Mit einem skalpellscharfen Messer machte Fiore einen kreisförmigen Einschnitt um eines der hinteren Fußgelenke des Wildschweins und zog ihm dann Stück für Stück die Haut ab, so dass das darunter befindliche Fleisch sichtbar wurde. Dann ergriff er eine Machete, spaltete den Torso vom Kopf bis zum Schwanz und entfernte Herz, Lungen und Leber, um sie zu waschen, zu hacken, zu würzen und schließlich zur begehrten *salsicce di fegato*, Leberwurst vom Wildschwein, zu formen. Fiore arbeitete ruhig, rasch und mit äußerster Konzentration, vielleicht weil keine Fleischsorte in dieser Gegend höher geschätzt wird.

Die Zahlen erklären womöglich, weshalb das so ist. Ein durchschnittlich großes Tier kann 150 Kilo wiegen, wobei etwa 30 Prozent davon für den Kochtopf geeignet ist. Im Laufe einer Saison erbringt die Jagd etwa sechzig *cinghiali*. Vielleicht auch weniger. Die Beute wird gleichmäßig unter der Anzahl der Jäger aufgeteilt, die am betreffenden Tag am Berg waren – mitunter vierzig oder noch mehr Männer. Doch die Beliebtheit des Wildschweins hat, denke ich, mit mehr als nur seiner Knappheit und seinem köstlichen Geschmack zu tun. Wenn echtes Wild auf unsere Tische gelangt, so hat es seine Geschichte: Erinnerungen an die Jagd, Reminiszenzen an den Tag am Berg, Zeit, die man mit Freunden verbracht hat.

Und so behandelt man es als etwas Kostbares: schmort es behutsam in Weißwein, Kräutern, ein wenig Tomaten-*Sugo*. Isst es vielleicht gleich nach der Jagd. Häufig jedoch wird es eingefroren und für Festtage aufgehoben – den ersten Weihnachtsfeiertag oder *capodanno*, Neujahr. Man serviert es mit *pappardelle*, dicken Bandnudeln aus *pasta all'uovo*. Vielleicht auch Polenta, obwohl das hier, wie man mir erzählt, eigentlich keine Polenta-Gegend sei und der hier angebaute Mais gewöhnlich nur zum Füttern der Hühner reiche.

Im Sommer serviert man Wildschwein außerhalb der Saison auf der *festa del cacciatore*, dem Jägerfest, und die Leute kommen ins Dorf gepilgert, um es zu verkosten. Dann wird es mit Polenta serviert, wobei man den fein gemahlenen Mais in Taverna draußen auf der Straße in einen riesigen Bottich schüttet und die Jäger ihn über offenem Feuer abwechselnd mit einem Holzpaddel rühren. Ich kann nicht umhin, das Ganze ein wenig ironisch zu empfinden, wenn ich mich frage: Wird die Polenta womöglich aus Maiskolben von denselben Feldern hergestellt, die das gerissene Wildschwein im Sommer so gerne heimsuchte?

Ich erinnere mich noch an meinen Abschied von Italo und Fiore an jenem Winterabend. Wie ein Tuch lag die Dunkelheit über dem Himmel. Der Mond verbarg sich hinter einer Wolke. Licht flammte aus Maurizios Bar, und Gelächter und Geselligkeit sprudelten heraus auf die Straße. Noch immer summte das Dorf vom Erfolg der Jagd.

Doch der Geruch des Holzrauchs wurde intensiver und lockte die Jäger nach Hause zum Essen am offenen Feuer. Und wenigstens für diesen Tag legte man die Gewehre beiseite. Das Wildschwein dieses Tages war zwar noch nicht verzehrbereit, doch beim Erzählen ihrer Erlebnisse würde den Jägern ihr Abendessen umso besser munden. Sie würden berichten vom Tag am Berg, wo man das Wildschwein aufgespürt hatte. Und wie man *il cinghiale furbo* überlistet hatte, wenigstens dies eine Mal.

Antipasti di montagna – Antipasti aus den Bergen

Wildschweinwurst, luftgetrocknete *salsicce*, Ziegenkäse, Oliven, das alles sind Spezialitäten der Berge, die man auf einem Vorspeisenteller und vor dem Pastagang serviert.

Auswahl von aufgeschnittenen salumi wie etwa Wildschweinwurst, milder Schweinswurst (ohne scharfen Chili), pikanter Schweinswurst (mit scharfem Chili) und Prosciutto; dabei etwa 6 Scheiben für jeden Gast veranschlagen

Auswahl von frischen und gereiften Bergkäsesorten wie formaggio di capra (frischem Ziegenkäse), formaggio di pecora (frischem Schafskäse) und Pecorino Romano (gereiftem Schafskäse), in feine Scheiben geschnitten; pro Gast etwa 100 g Käse veranschlagen

1 Handvoll italienische Oliven, mindestens 2 Stunden lang in Ölivenöl, zerdrücktem Knoblauch, wilden Fenchelsamen und zerdrückter getrockneter scharfer Chilischote eingelegt (siehe Seite 33)

1 Handvoll olive semplici – einfache Oliven, in ihrer Einlegflüssigkeit

Die feingeschnittenen *salumi*, Käse- und Olivensorten auf einem großen Teller anrichten, und zwar erst wenige Minuten vor dem Servieren, damit sie nicht austrocknen. Sofort servieren.

Lepre alla cacciatora – Hase nach Jägerinart

Nur wenige Monate alte Hasen – Häschen – eignen sich am besten zum Braten. Sie zu beschaffen kann zuweilen schwierig sein, aber das Rezept funktioniert auch mit einem Kaninchen.

1 junger Hase, in Stücke zerteilt, oder 1 Kaninchen
1 große Zwiebel, in dicke Scheiben geschnitten
4 große Knoblauchzehen, mit der Messerklinge zerdrückt
Einige frische Rosmarinzweige, zerdrückt, um die ätherischen Öle freizusetzen
500 ml guter trockener Weißwein
Feines Meersalz
Einige Spritzer Olivenöl extra vergine
1 Handvoll gehackte frische Eier- oder Kirschtomaten (falls gewünscht)

Die Hasenteile zusammen mit Zwiebel, Knoblauch, Rosmarin und Weißwein in eine große Schüssel geben und im Kühlschrank etwa 12 Stunden ziehen lassen.

Fleischstücke aus der Marinade nehmen und für etwa 1 Stunde in ein Sieb legen, damit das Fleisch etwas trocknen und sich wieder auf Zimmertemperatur erwärmen kann. Den Ofen auf 180 °C vorheizen.

Hasenteile mit Küchenpapier trocken tupfen und nach Geschmack mit einigen Prisen Salz bestreuen.

Olivenöl in einem feuerfesten Bräter auf dem Herd erhitzen und den Hasen hineingeben. Einige Minuten von allen Seiten anbraten, bis die Stücke ringsum goldbraun sind.

Als Nächstes die aus Zwiebel, Knoblauch, Rosmarin und Weißwein bestehende Marinade zusammen mit den gehackten Tomaten (falls verwendet) in den Bräter geben. Behutsam zum Köcheln bringen, dann die Bratform auf die mittlere Schiene des Backofens stellen.

Die Hasenstücke etwa 45 Minuten bis zu 1 Stunde garen und dabei häufig mit dem Bratensaft begießen. Heiß servieren.

Für 6 Personen.

Spezzatino di cinghiale con polenta – Wildschweinragout mit Polenta

Statt mit Polenta kann man das Wildschweinragout auch mit *pappardelle* servieren (für die Herstellung des Nudelteigs siehe Seite 63 oder auch Seite 67)

Für das Ragout:
1 kg Wildschweinschulter, mit Knochen, falls erhältlich
Einige Spritzer Olivenöl extra vergine
3 große Knoblauchzehen, grob gehackt
1 große Zwiebel, in feine Scheiben geschnitten
1 Lorbeerblatt
1 Zweig frischer Rosmarin, zerdrückt, um das Aroma freizusetzen
Feines Meersalz
Zerdrückte getrocknete rote Chilischote
2 große Gläser guter trockener Weißwein
1 l selbsteingekochte Tomatensauce (siehe Seite 280)

Für die Polenta:
400 g Polentagrieß

Das Wildschweinfleisch in etwa 5 cm große Würfel schneiden.

Dann das Fleisch zusammen mit einigen EL kaltem Wasser in einen großen tiefen Topf geben, zum Köcheln bringen und 15–20 Minuten lang behutsam garen, damit es einen Großteil seiner kräftig schmeckenden Säfte absondern kann.

Fleisch herausnehmen, Garflüssigkeit wegschütten.

In einem großen tiefen Topf das Olivenöl erhitzen, Knoblauch, Zwiebel, Lorbeerblatt und Rosmarin dazugeben und einige Minuten lang sachte anschwitzen. Dann 2 kräftige Prisen Salz und 1 Prise Chili hinzufügen.

Die Temperatur nun hochschalten, das abgetropfte Fleisch in den Topf legen und einige Minuten unter häufigem Wenden anbraten, bis es auf allen Seiten gebräunt ist. Hitze wieder reduzieren und etwa 15 Minuten weitergaren.

Als Nächstes den Wein hinzufügen und einige Minuten weiterkochen lassen, bis er um etwa ein Drittel reduziert ist.

Die Tomatensauce dazugießen, erneut aufwallen lassen, Deckel auflegen und etwa 1½ Stunden unter häufigem Umrühren sachte köcheln lassen.

Sobald das Fleisch zart ist, das heißt, sobald es bei Gabeldruck ohne weiteres nachgibt, ja beinahe zerfällt, ist es fertig. Noch einmal mit Salz abschmecken. Das Fleisch kann sofort serviert werden, schmeckt aber noch köstlicher, wenn man es – in einem abgedeckten Behälter im Kühlschrank – über Nacht durchziehen lässt, um es am nächsten Tag vorsichtig aufzuwärmen.

Etwa 45 Minuten bevor das Ragout servierfertig ist, mit der Zubereitung der Polenta beginnen – ein Großteil der im Handel erhältlichen Polentasorten sind Instantprodukte, die laut Packungsanweisung zuzubereiten sind. Wenn möglich, sollte man jedoch unbehandelten Polentagrieß kaufen und ihn gemäß folgender Anleitung kochen.

1 l Wasser in einen großen tiefen Topf gießen, 2 oder 3 kräftige Prisen Meersalz hinzufügen und zum Kochen bringen. Gleichzeitig daneben in einem zweiten Topf einen weiteren ½ l Salzwasser zum Sieden bringen, für den Fall, dass man mehr Wasser benötigen sollte.

Die Polenta langsam und stetig in das kochende Wasser einrieseln lassen, wobei man ständig mit einem langen Holzlöffel umrührt. Nach und nach dickt die Polenta dann ein. Die Hitze leicht reduzieren und 45–60 Minuten weiterrühren, bis die Polenta etwa zur Konsistenz festen Kartoffelbreis eingekocht ist. Wird sie zu dick, einfach während des Kochens noch einen Schöpflöffel Wasser hinzufügen und gründlich unterrühren.

Sofort mit dem Ragout servieren.

Für 4–6 Personen.

Spezzatino di cinghiale e lepre –
Wildschwein- und Wildhasenragout

Bereiten Sie diesen Hauptgang auf dieselbe Weise zu wie den *spezzatino di cinghiale* (siehe Seite 318). Es lohnt sich, dieses Gericht bereits einen Tag im Voraus zu kochen, so dass sich die Aromen des Wilds verbinden und besser entfalten können.

1 kg Wildschweinschulter, am Knochen, falls erhältlich
500 g Hase, in Stücke geschnitten
Einige Spritzer Olivenöl extra vergine
3 große Knoblauchzehen, grob gehackt
1 große Zwiebel, fein gehackt
1 Lorbeerblatt
1 frischer Rosmarinzweig, zerdrückt, um die Aromen freizusetzen
Feines Meersalz
Zerdrückte getrocknete rote Chilischote
2 große Gläser guter trockener Weißwein
1 l selbsteingekochte Tomatensauce (siehe Seite 280)
1 Portion frische Eier-Pappardelle (siehe Seite 63–70), oder
400 g pappardelle

Gemäß dem Rezept für *spezzatino di cinghiale* verfahren und zu dem Zeitpunkt, zu dem das Wildschwein sachte im Olivenöl angebräunt werden muss, den Hasen zusammen mit diesem in den Topf geben.

Mit den *pappardelle* servieren.

Für 4–6 Personen.

November

Kartoffeln für Gnocchi

Ich kaufe gerade Kartoffeln für Gnocchi auf Campodimeles Mittwochsmarkt, als Marietta sich vorstellt.

»Wenn Sie Gnocchi machen wollen, müssen Sie die stärkehaltigen Kartoffeln nehmen«, lauten ihre ersten Worte. »Die älteren eignen sich am besten dafür. Ich bin Marietta – und Sie …?«

Es ist ein italienischer Moment, wie er im Buche steht. Verlangen Sie von einem Standbesitzer ein Kilo Auberginen, und er wird zurückfragen, ob Sie welche zum Braten, Backen oder Einmachen benötigen. Sie erwidern, dass Sie sie backen wollen, und die *signora* neben Ihnen rät Ihnen, das Fruchtfleisch herauszuschneiden, mit Tomaten, Knoblauch und Petersilie zu vermischen, dann die Masse wieder in die ausgehöhlten Auberginen zu füllen und sie eine halbe Stunde zu backen. Während Sie ihr noch danken, wird die Dame neben ihr womöglich einwenden, »Nein, nein, nein! Sie müssen auch noch ein bisschen Basilikum und Pecorino dazutun, und sie mindestens 45 Minuten lang garen, und zwar in reichlich Olivenöl.« Und da entzündet sich dann die Debatte. Und ehe man sich versieht, ist die ganze Warteschlange involviert.

Ich liebe diese Momente, die hier alltäglich sind. Mal für zehn Minuten über die Straße zu laufen, um rasch was fürs Mittagessen zu besorgen, das ist in Campodimele nicht vorstellbar. Ein geplanter Schnelleinkauf auf dem Markt verwandelt sich ausnahmslos in einen improvisierten Kochkurs: bei dem einem etwa ein Standbesitzer empfiehlt, dass die Kirschen für Marmelade nächste Woche eigentlich besser sein dürften, weil Sonne gemeldet sei; oder ein Freund berichtet, dass die ersten dicken Bohnen der Saison eingetroffen seien, man also unbedingt Pecorino kaufen müsse, um ihn dazu zu essen; Fremde darüber streiten, wie man die *broccoletti*, die man sich zum Mittagessen gekauft hat, am besten zubereitet. Durchaus möglich, dass man plötzlich zu einem Aperitiv im Moonlight Café eingeladen ist, ehe man dann noch zum Mittagessen gebeten wird, um sich mit eigenen Augen die Zubereitung des umstrittenen Gerichts anzusehen.

So dass es nichts Ungewöhnliches ist, als Marietta mir ihren unerbetenen Rat anbietet und mich drängt, doch zu einer Gnocchi-Kochvorführung bei ihr vorbeizukommen.

Was mich allerdings überrascht, als ich der Einladung eines frostigen Nachmittags Folge leiste, ist die atemberaubende Wucht, mit der sie ihren Gnocchiteig bearbeitet, und die Schnelligkeit, mit der sie ihn geknetet hat. Nicht dass ich angenommen hätte, dass Gnocchi allergrößte Feinfühligkeit und besonders viel Zeit benötigten, sondern weil ich mir einfach nicht vorstellen kann, woher sie diese Kraft zum Teigkneten nimmt, und die Schnelligkeit, mit der sie die Gnocchi serviert.

Marietta ist neunundachtzig und lebt allein in ihrem jahrhundertealten Haus in einer der gewundenen Kopfsteingassen, die der Biegung von Campodimeles mittelalterlicher Stadtmauer folgen. Ihre Küche ist winzig – etwa so klein wie ein großer Schrank – aber perfekt aufgeräumt und bestückt. So dass sie, als ich vorbeischaue, um mit ihr zu besprechen, wann wir die besagten Gnocchi machen könnten, schon alles vorbereitet und zur Hand hat. »*Ora!*«, meint sie unbeeindruckt von der Vorstellung, nun aus dem Stegreif einen Kochkursus improvisieren zu sollen. »Jetzt!« Und schon löffelt sie Kaffee in die Espressokanne und stellt sie auf den Herd: Gastfreundschaft, so scheint es, ist für jeden Italiener die erste Pflicht.

Das Wort *gnocchi*, das sich als »Knödel« oder »Nocken« übersetzen lässt, wird für eine ganze Reihe von Knödeln und Klößen aus wechselnden Zutaten verwendet. In einigen Teilen Italiens gibt man Eier in den Teig, um sogenannte *gnocchi alla parigina* – Pariser Gnocchi – herzustellen, doch in Campodimele werden Gnocchi traditionell allein aus Mehl, Kartoffeln und einer Prise Salz geknetet. Als die Zeiten noch karger waren, konnte man die Eier für andere Gerichte einfach besser gebrauchen.

Trotz der wenigen Zutaten werden Gnocchi von vielen Campomelani, mit denen ich darüber gesprochen habe, als sowohl arbeits- wie auch zeitaufwendiges Gericht betrachtet. Für Marietta gilt dies allerdings nicht. Als der frisch gebrühte Espresso in den winzigen Porzellantässchen dampft, kochen die Kartoffeln bereits auf dem Herd, immer noch in ihrer Pelle, um sicherzustellen, dass sie nicht zu matschig werden. Marietta legt ein großes hölzernes Arbeitsbrett auf den Tisch unter ihrem Wohnzimmerfenster, schüttet die Hälfte des Inhalts einer Mehltüte darauf und streut eine Prise Salz darüber. Kaum sind die gekochten Kartoffeln aus dem Wasser, zieht sie ihnen schon die Schalen ab und quetscht sie durch eine Kartoffelpresse, so dass sie wie zuckende *vermicelli* ins Mehl fallen. Nun mischt sie die Kartoffeln unter das Mehl, erst mit einer, dann mit beiden Händen, und formt die Masse zu einem weichen Teig. Und nun hämmert sie darauf ein: den Rücken über die Arbeitsplatte gebeugt, die Schultern angespannt, die Muskeln in ihren alten Armen deutlich zu sehen, während sie beide Handballen in den Teig presst. Sie arbeitet mit der Kraft und Energie eines Faustkämpfers.

»Den Teig muss man kneten, solange er heiß ist!«, sagt sie so, als knete sie mit sich selbst um die Wette. Ohne innezuhalten, teilt sie den Teig auf, rollt jedes Stück zu einer langen Wurst und schneidet diese dann in Stücke, nicht größer als ein Daumennagel. Sie drückt die kleinen Teigstücke gegen die Zinken einer Gabel und schafft so Vertiefungen, in die sich die Tomatensauce schmiegen kann.

Irgendwann hat sie inmitten all der Geschäftigkeit auch einen Topf Salzwasser zum Sieden gebracht, und in das hinein kommen nun die Gnocchi. Sie sinken wie kleine U-Boote und schießen etwa eine Minute später wieder an die Oberfläche: Sie sind gar. Marietta lässt die gegarten Gnocchi in tiefe Teller gleiten und schöpft ein paar Löffel heiße Tomatensauce darüber – Sauce, die sie im letzten Sommer eingekocht hat.

Die Gnocchi wirken wie aufgequollene Kissen, sind sowohl fest als auch nachgiebig und schmecken wunderbar nach Kartoffeln. Herrlich warm gleiten sie einem über die Zunge, und die Sauce wirkt jetzt im November wie ein sommerlicher Gruß. Es ist ein gehaltvolles Gericht, das man gewöhnlich anstelle der Pasta als *primo* serviert. Während ich Marietta zum Abschied noch einmal zuwinke, frage ich mich wieder einmal, wo sie in ihrem neunten Lebensjahrzehnt die Kraft hernimmt, um derartig auf den Gnocchiteig einzudreschen. Doch als ich sie frage, zuckt sie lediglich die Achseln.

Die Antwort entdecke ich einige Zeit später. Sollte man sich zufällig einmal am frühen Abend in Campodimele befinden, werden einen die Glocken von San Michele Arcangelo, der Kirche des heiligen Erzengels Michael, zum Besuch der Messe rufen. Die Glocken im Kirchturm läuten dreimal: dreißig Minuten ehe die Messe beginnt, fünfzehn Minuten später und dann noch ein drittes Mal, wenn die Messe anfängt.

Eines Abends nach dem dritten Gebetsruf glitt ich gerade noch rechtzeitig hinein, um neben dem Nordfenster eine alte Dame aus einer Tür treten zu sehen. Sie machte einen Knicks vor dem Altar und nahm in der vordersten Kirchenbank Platz, als Don Leone, der schon bei meiner Ankunft in Campodimele Ortspfarrer war, gerade die Messe zu zelebrieren begann.

Bei der alten Dame handelte es sich um die *campanara*, die offizielle Glöcknerin der Kirche – mit dreißig Jahren Erfahrung darin, die Kirchgänger mehrere Male die Woche zur Messe zu rufen. Indem sie an den drei Seilen der uralten Messingglocken zog, erfüllte sie ihre Aufgabe, die religiösen Rituale des Dorflebens anzukündigen. Wenn Babys getauft oder Paare verheiratet werden, signalisiert die *campanara* mit ihrem Geläute die Freude des Neubeginns. Ist ein Dorfbewohner gestorben, erfüllt das feierliche Schlagen der Trauerglocken die Gebirgsluft.

Die *campanara* an diesem Abend war Marietta, jene Marietta, die mich beim Kartoffeleinkaufen auf dem Marktplatz entdeckt und dann zu sich nach Hause eingeladen hatte, um mir zu zeigen, wie man Gnocchi macht.

Gnocchi al ragù –
Gnocchi mit ragù aus Schwein, Rind und Schweinswurst

Dies ist eine der beliebtesten Arten, in Campodimele Gnocchi zu servieren, und ein köstliches, sättigendes Gericht für einen kalten Abend.

1 Portion ragù aus Schweine- und Rindfleisch, sowie Schweinswurst
    (siehe Seite 67)
1 Portion Kartoffelgnocchi (siehe Seite 328)
100 g frisch geriebener Parmigiano-Reggiano, falls gewünscht

Das *ragù* zubereiten und etwa 30 Minuten vor Ende der Garzeit auf schwächste Hitze schalten, während man gleichzeitig die Gnocchi knetet.

Eine Menge Kartoffelgnocchi gemäß den Anweisungen auf Seite 328 zubereiten und sie, sobald sie gar sind, mit einem Schaumlöffel in vorgewärmte Teller geben.

Das *ragù* vom Herd nehmen, den Topf ein wenig kippen und die Sauce vorsichtig über die Gnocchi schöpfen. Mit geriebenem Parmesan bestreuen (falls verwendet).

Für eine herzhafte Ein-Gang-Mahlzeit die Stücke von Schwein, Rind und Schweinswurst zusammen mit den Gnocchi in einen Teller geben. Oder aber das Fleisch als zweiten Gang mit einem *contorno* aus Blattgemüse servieren.

Für 4 Personen.

Gnocchi di patate con sugo di pomodoro –
Kartoffelgnocchi mit selbstgemachter Tomatensauce

Die Zubereitung von Gnocchi ist keine exakte Wissenschaft: Die Menge des benötigten Mehls hängt ganz davon ab, wie viel die jeweiligen Kartoffeln davon absorbieren können, so dass man es hier mit einem jener Gerichte zu tun hat, bei denen man sich eines Trial-und-Error-Verfahrens bedienen muss! Verwenden Sie möglichst gleich große Kartoffeln, damit sie alle gleichzeitig gar sind, und achten Sie darauf, dass der Teig nicht völlig auskühlt. Obgleich Marietta es völlig anders machte, sollte man den Teig eigentlich mit leichter Hand bearbeiten, damit er nicht zu weich wird und man nicht zu viel Mehl unterkneten muss.

500 g mehligkochende Kartoffeln – die Sorte Désirée eignet sich besonders
   gut
Feines Meersalz
450 g italienisches Weizenmehl tipo 00 (doppio zero) oder
   deutsches Mehl Type 405, gesiebt
500 ml selbsteingekochte Tomatensauce (siehe Seite 280)
Frisches Basilikum zum Garnieren, falls gewünscht
100 g frisch geriebener Parmigiano-Reggiano, falls gewünscht

Die Kartoffeln sauber schrubben, ungeschält in einen Topf mit kaltem Wasser geben und zum Kochen bringen. Weich kochen, dann abgießen.

Einen großen, weiten Topf voller Salzwasser auf den Herd stellen – darin werden später, wenn sie geformt sind, die Gnocchi gegart. Denn je weiter die Topföffnung ist, um so mehr Platz finden die kleinen Nocken.

Sobald man die noch heißen Kartoffeln anfassen kann, werden die Schalen abgezogen und weggeworfen.

Dann etwa 400 g des Mehls auf eine große saubere Arbeitsfläche sieben und die Kartoffeln rasch durch eine Kartoffelpresse direkt aufs Mehl drücken. Das Mehl unter die Kartoffeln kneten, bis man einen weichen, glatten Teig erhält, der nur leicht klebrig ist. Sollte er sich allerdings sehr klebrig anfühlen, nach und nach noch etwas vom verbliebenen Mehl unterkneten, bis der Teig eine glatte und elastische Konsistenz besitzt und nicht mehr klebt.

Die Arbeitsfläche bemehlen, und den Teig vierteln. Jede Portion zu einer langen, etwa 2 cm dicken Wurst formen. Diese Würste dann in kleine, etwa 2 cm lange Stücke für die Gnocchi schneiden.

Nun werden die Gnocchi zu kleinen Locken gerollt und Rillen hineingedrückt, in denen sich die Sauce sammeln kann. Dazu hält man jeden *gnocco* mit einem Finger gegen die innere Biegung einer Gabel und rollt ihn dann behutsam über die Zinken.

Nun die Tomatensauce aufsetzen, damit sie, sobald die Gnocchi gar sind, ebenfalls heiß und servierbereit ist.

Die Gnocchi in den Topf werfen, in dem sie zunächst versinken, und sie, wenn sie an die Oberfläche zurückkehren, noch etwa 15 Sekunden ziehen lassen. Mit einem Schaumlöffel herausheben und in vorgewärmte Teller geben. Die Tomatensauce darüberschöpfen und eventuell mit Basilikum und geriebenem Parmesan bestreuen.

Für 4 Personen.

Gnocchi al pesto – Gnocchi mit Pesto

Pesto hat in Campodimele zwar keine Tradition, aber – wie viele andere Rezepte aus entlegenen Regionen Italiens – irgendwann die Bergstraße heraufgefunden und ist im Sommer, wenn es Unmengen von frischem Basilikum gibt, ein köstliches Gericht. In diesem Rezept ersetzt man den üblicherweise im Pesto verwendeten Parmigiano-Reggiano durch den hier heimischen Pecorino.

Für das Pesto:
1 Knoblauchzehe
1 große Handvoll frische Basilikumblätter
1 Handvoll Pinienkerne
Feines Meersalz
Einige kräftige Spritzer Olivenöl extra vergine
Etwa 200 g frisch geriebener Pecorino Romano

Für die Gnocchi:
1 Portion, zubereitet nach dem Rezept auf Seite 328

Für das Pesto Knoblauchzehe, Basilikum, Pinienkerne und 1 Prise Salz in einem Mörser zerstoßen. Olivenöl und Käse unterrühren und gründlich vermischen. Pecorino ist zwar ziemlich salzig, aber wer möchte, kann auch mehr davon hinzufügen.

Die fertig gegarten Gnocchi abgießen und sofort mit dem Pesto vermischt servieren.

Für 4 Personen.

Der Holzofen

Für mich ist das der Geruch der Berge – dieser Rauch von Holzfeuern, dieser Waldatem, der einen heraufdämmernden Sommermorgen begleitet, aber auch die Bassnote eines Winterabends bildet.

Jeder Ort besitzt sein eigenes Aroma, seine typischen Düfte. Im nahegelegenen Fondi wird man von italienischen Großstadtaromen verführt: An einem frischen Wintermorgen durchdringt die Bitterkeit des Kaffees die buttrige Süße der *pasticceria*; und in einer lauen Frühlingsnacht flüstert das Parfum der Orangenblüte auf unserer Haut wie der Seufzer eines Liebhabers. Von Fondi über die holprigen Straßen des Hügelstädtchens Lenola heimwärts fahrend, schnuppern Sie womöglich den Geruch feuchten Grases auf einer Sommerwiese oder einen Hauch von Tierfutter auf einem herbstlichen Acker.

Doch wenn man weiter in die Berge hinaufkommt, heißt einen der Rauch von Holzfeuer willkommen. Er steigt in die Nase, noch ehe man am direkt an der Straße stehenden Bauernhaus vorbeikommt, wo Äste auf winterlichen Feuerrosten brennen. Oder man riecht ihn, wie er sich mit dem auf dem Holzkohlengrill brutzelnden Fleisch selbstaufgezogener Zicklein vermischt. Im Winter fällt er stärker auf, aber auch im Sommer ist er da, ebenso wie die Holzstöße, die sich an den Hauswänden stapeln, und die Frauen, die die Äste auf ihren Köpfen balancieren. Denn dies sind die Äste, mit denen auch der *forno a legna* befeuert wird, in dem man Brot und Pizza backt.

Luisa taucht aus einem Mehlnebel auf, und ihre blauen Augen blinzeln die wirbelnden Stäubchen weg. Seit fünfzehn Minuten knetet sie den Brotteig nun schon, erzählt sie, und weist mit dem Kopf auf den Teig, in dem ihre Hände stecken. Noch einmal dreißig oder so, dann ist er fertig.

Was sich da in der *maniella* befindet, ist ihr selbstangebautes Mehl. Und ein selbsthergestellter *lievito madre*. Ich liebe die Geschichten vom Sauerteig, die man mir in Campodimele erzählt – die Vorstellung, dass der *lievito madre* in dem Brot, das Luisa heute backt, weiterleben wird. Doch ich bin auch ein wenig enttäuscht von der »Jugendlichkeit« dieses Sauerteigs: Erst vor zehn Jahren, meint Luisa, habe sie ihn angerührt. Meine Freundinnen Maria und Theodora verwenden *lieviti*, die Frauen aus ihren Familien schon vor vielen Generationen angesetzt haben.

Gestern Abend hat Luisa den *lievito madre* mit lauwarmem Wasser vermischt, um ihn weiter fermentieren zu lassen. Nachdem sie bereits in aller Frühe aufgestanden war, goss sie den flüssigen Sauerteig in die Mulde ihres selbstangebauten Mehls und zog dann das Mehl, Handvoll um Handvoll, von den Rändern in die feuchte Mitte. Nun hat sie alles Mehl unter den Teig gemischt und knetet ihn und – ja, sagt sie, es sei fürchterlich schwere Arbeit, vor allem bei einer so großen Menge. Für ein Familienfest an diesem Wochenende wird sie fünfzehn Pizzen backen. Aber nicht im Traum käme sie auf die Idee, eine Knetmaschine zu verwenden, fügt sie hinzu, denn die könnte den Teig zu lange kneten, und man muss ihn *piano, piano* – sachte, sachte – bearbeiten, wenn man will, dass das Brot mehrere Tage lang frisch bleibt. Ich erzähle ihr von den Brotbackautomaten, die in England noch vor kurzem so in Mode waren: Geräte, die auf der Arbeitsplatte stehen, gleichzeitig Mixer und Ofen sind und der Köchin nicht mehr abverlangen, als Zutaten abzuwiegen und den Einschaltknopf zu betätigen. Sie lächelt ein wenig gequält, und während sie den Blick auf ihre knetenden Hände senkt, erkenne ich die Magie ihrer Kunst: Der Teig quillt zwischen ihren Fingern hervor wie frisch ausgespieene Lava, als ob er uns daran erinnern wollte, dass diese einfache Mischung aus Mehl, Salz und Wasser ein lebendes, atmendes Wesen ist. Und dann schlägt Luisa die mit Teig gefüllte *maniella* wie ein Baby in ein schneeweißes Laken und wollene Decken und lässt ihn gehen.

Luisas Haus ist modern, vielleicht nicht mehr als zehn Jahre alt, doch die Nordostecke ihrer Küche könnte ohne weiteres einem früheren Jahrhundert entstammen. Dort stapeln sich Werkzeuge mit Griffen, die ein, ja vielleicht zwei Meter lang sind; ein Paddel mit einer vollkommen flachen Schaufel; ein Besen mit einem kurzen, dünnen Schweif; ein anderer, an dem langes getrocknetes Gras befestigt ist, an dem wiederum Mehl haftet. Neben ihnen krümmt sich die gekalkte Wand zu einem Vorsprung, und auf diesem ruht ein mit einem verschnörkelten Griff versehener Metallschirm, der mit der Wand abschließt. Luisa reißt die Platte fort und legt die klaffende Maueröffnung frei, und wie der Atem eines Drachens schießt die Hitze aus dem orangeroten Inferno ihres Holzfeuerofens.

»*Acero, quercia*« – Ahorn, Eiche. Luisa stochert in den Ästen herum, die zu Holzkohle herunterbrennen müssen, ehe die Pizza in ihrer Hitze backen kann. Wegen des Dufts, den sie beim Verbrennen entwickeln, hat sie diese Holzsorten ausgewählt, und ihr Geruch, die süße Rauchigkeit von verkohltem Holz, dringt beim Backen ins Brot ein und erzeugt den unverwechselbaren Geschmack des *pane al forno a legna*, des Holzofenbrots.

Der Pizzateig *sta crescendo*, er geht. Das Holz verbrennt allmählich zu *brace*. Nun ist es Zeit, das Gemüse vorzubereiten, das als Belag oder Füllung *auf* beziehungsweise *in* die Pizza kommen. Luisa hat drei Lieblingssorten – *rossa*, rot, die italienische Abkürzung für jedes Gericht, dessen typische Note von Tomaten dominiert wird; *con patate*, mit waffeldünnen Kartoffelscheiben, Rosmarin und frisch gehackter roter Chilischote; und *con le verdure*, mit grünem gekochtem Blattgemüse, das man abgießen und zuweilen mit einigen gehackten Oliven vermischt als Füllung für eine gedeckte Pizza verwendet, die einer Pastete oder einem Kuchen ähnelt.

Luisa halbiert winzige Kirschtomaten und lässt sie in einer Schüssel mit einigen Basilikumblättern und grob gehacktem frischem Knoblauch durchziehen. Sie zerschneidet die Kartoffeln mit einem Sägemesser, damit sie im Ofen eine goldene Kruste bekommen. Die heute verwendete *verdura* ist die *cicoria*, ein grünes Blattgemüse, das keinerlei Ähnlichkeit mit seinem bei uns als Chicorée bezeichneten blassgrünen Namensvetter besitzt. Während der Saison holt Luisa sämtliche Gemüse aus dem *orto*, das heißt, alle Bestandteile ihrer Pizza stammen aus eigener Erzeugung, ebenso wie das Olivenöl, mit dem sie die Pizzableche einpinselt.

Der Teig benötigt etwa zwei Stunden zum Gehen, was aber immer von der Feuchtigkeit draußen und der Wärme in der Küche abhängt – warum, weiß nur die Natur. Luisa schlägt die Decken von der *maniella* zurück, enthüllt den aufgegangenen Teig, der riesig und glatt wirkt wie die Flanke eines gebrühten Schweins, und während sie eine Handvoll davon abreißt, sieht man, dass er im Innern – vor all dem träge gärenden Leben darin – Blasen wirft.

Sie arbeitet jetzt schnell, zieht und dehnt ein Stück Teig zwischen den Händen und formt es dann so, dass es den Boden eines runden Backblechs bedeckt. Dann verteilt sie ein Gewirr aus Blattgemüse darüber, setzt eine zweite Teigscheibe darauf und drückt die Ränder zusammen, so dass sie eine *pizza ripiena*, eine gefüllte Pizza, erhält, ein in dieser Gegend häufiges Gericht. Ihre *pizza rossa* und ihre *pizza con patate* sind klassische Fladen, eine einzige Teigschicht mit einem Belag aus dem Rot, Grün und Weiß von Tomaten, Basilikum und Knoblauch oder Chilischote, Rosmarin und Kartoffel.

Mit schwungvoller Geste öffnet sie eine kleine Tür an ihrem *forno a legna* und stellt fest, dass die heruntergebrannte *brace* glüht wie bernsteinfarbene Juwelen. Dann platziert sie die Pizzen eine nach der anderen auf ihr flaches Paddel und schiebt sie in die Mündung des wartenden Ofens, direkt auf seinen steinernen Boden, um ihn sogleich wieder zu verschließen.

Es dauert nur Minuten, zehn, vielleicht auch zwölf, und dann durchzieht nur ein ganz schwacher Duft nach gebackener Pizza die Küche. Als Luisa den Ofen öffnet, ist da ein Moment lang nichts als Hitze, dann der süße Geruch frisch gebackenen Teigs und das Schaben des Paddels auf dem Ofenboden, als sie die Pizzen heraushebt. Zischend und brutzelnd kommen sie aus dem Ofen, die Kartoffeln knusprig und gewellt, die Tomaten zusammengefallen und saftig, die Pizzaböden prall und hoch. Es ist *un altro gusto*, ein besserer Geschmack, wenn ich ihn mit den mir bekannten Pizzen vergleiche. Der Teigboden ist locker und luftig, schmeckt köstlich nach Öl, und in jedem Bissen registriert man einen Hauch der rauchigen Äste, auf denen die Pizza gegart wurde. Einfach perfekt – in ihrer Schlichtheit.

Ich verlasse Luisas Heim in Taverna und fahre entlang der schmalen Nebenstraßen, die sich hinter dem Dorf durch die Berge winden, nach Hause. Umfahre Felder, wo in den Sommerwinden zwar der Weizen wispert, die aber jetzt während der Wintermonate nur nackt und bloß daliegen. Vorbei am leeren und kaputten Steinhaus mit seinen blinden Fensterscheiben. Und der immer noch nicht fertigen Villa, die wahrscheinlich auf einen neuen Bräutigam und seine Braut wartet. Ein Anwesen, das nicht mehr bewohnt ist, das eine – das andere eines, in das erst noch jemand einziehen muss, doch in beiden, nehme ich an, ist ein Platz für den Holzofen reserviert. Weder in der einen noch in der anderen Behausung kann heute ein Holzfeuer brennen. Und dennoch rieche ich den Holzrauch. Vielleicht treibt er ja von Campodimeles *centro storico* herunter oder von Pozzo della Valle, der Schäfersiedlung, deren Name so viel wie »Quelle im Tal« bedeutet, herauf. Ich weiß es nicht, weil der Wind heute aus allen Richtungen bläst. Doch während mich die Straße nach oben in Richtung der Eichenhaine führt, wo der Holzrauch seinen Anfang nimmt, verrät mir dieser Geruch, dass ich angekommen, dass ich daheim bin.

Pizza rossa – Tomatenpizza

1 Portion Brotteig (siehe Seite 245)
1 kg Kirschtomaten oder kleine Eiertomaten, halbiert
4 Knoblauchzehen, in sehr feine Scheiben geschnitten
Einige frische Basilikumblätter, in kleine Stücke zerzupft
Feines Meersalz
Einige Spritzer Olivenöl extra vergine

Den Pizzateig zubereiten und an einem warmen Ort 2–3 Stunden gehen lassen, bis er sich verdoppelt hat.

Falls man den Holzbackofen verwendet, sofort mit dem Anfeuern beginnen und die Äste entzünden.

Vier runde, 3 cm tiefe Pizzaformen von etwa 27 cm Durchmesser leicht einölen.

Als Nächstes den Belag vorbereiten. Die halbierten Tomaten in einer großen Schüssel mit Knoblauch, Basilikum, 1 Prise Salz und 1 Spritzer Olivenöl vermischen und das Ganze etwa 1 Stunde lang ziehen lassen.

Sobald der Teig aufgegangen ist und die Holzkohle glüht, den Teig in vier Portionen teilen und die Pizzaformen damit auslegen.

Bei Verwendung eines konventionellen Backofens den Ofen jetzt auf 220 °C vorheizen.

Belag auf die Pizzaböden verteilen, mit etwas zusätzlichem Olivenöl beträufeln und sofort für 12–15 Minuten in den Ofen schieben. Die Pizzen sind fertig, sobald sie schön aufgegangen und an den Rändern goldbraun und knusprig sind.

Ergibt 4 große Pizzen.

Pizza con patate, rosmarino e peperoncino – Kartoffelpizza mit Rosmarin und Chili

1 Portion Brotteig (siehe Seite 245)
500 g festkochende neue Kartoffeln, geschält und in feine Scheiben geschnitten,
   in einer Schüssel mit Wasser beiseitegestellt
1 kleiner frischer Rosmarinzweig, Blätter zerkleinert
2 Knoblauchzehen, in feine Scheiben geschnitten
2 kleine scharfe Chilischoten, in feine Ringe geschnitten
Einige Spritzer Olivenöl extra vergine
Feines Meersalz

Den Pizzateig zubereiten und an einem warmen Ort 2–3 Stunden gehen lassen.

Falls man einen Holzofen benutzt, die Äste darin entzünden.

Vier runde, 3 cm tiefe Pizzaformen von 27 cm Durchmesser leicht einölen.

Sobald die Holzkohle glüht und der Teig aufgegangen ist, den Teig in vier Portionen teilen und jeweils eine Pizzaform damit auslegen.

Bei Verwendung eines konventionellen Backofens diesen jetzt auf 220 °C vorheizen.

Die Kartoffelscheiben trocken tupfen, dann leicht überlappend in konzentrischen Kreisen auf den Pizzaböden anordnen.

Die Rosmarinblätter zwischen den Fingern zerreiben, damit sie ihre Aromen freigeben. Zusammen mit Knoblauch, Chili, etwas Olivenöl und 1 Prise Salz über die Kartoffeln geben.

In den Ofen schieben und 12–15 Minuten backen, bis die Ränder der Pizzen goldbraun und knusprig sind.

Ergibt 4 große Pizzen.

Pizza verde – Pizza mit Zichorienfüllung

Diese Art von *pizza ripiena* wird typischerweise mit *verdure* gefüllt, in diesem Rezept mit *cicoria*, Zichorie. Alternativ kann man aber auch Spinat, Mangold oder die Blätter von Kohlrüben verwenden.

1 Portion Brotteig (siehe Seite 245)
1,5 kg Zichorie (Wegwarte)
1 große Handvoll schwarze Oliven, entsteint und gehackt
6 große Knoblauchzehen, sehr grob gehackt
Einige Spritzer Olivenöl extra vergine
Feines Meersalz

Den Pizzateig zubereiten und an einem warmen Ort 2–3 Stunden gehen lassen, bis er sein Volumen verdoppelt hat.

Falls man einen Holzofen verwendet, nun die Äste entzünden.

Drei runde Pizzaformen von jeweils 27 cm Durchmesser und 3 cm Tiefe leicht einölen.

Die Zichorienblätter vorbereiten – also etwa 10 Minuten lang kochen, dann abgießen, in kaltem Wasser abschrecken und dabei auch den letzten Wassertropfen herausdrücken, damit der Pizzateig nicht aufweicht. Blätter grob hacken, dann in eine große Schüssel geben und Oliven, Knoblauch sowie 2 Spritzer Olivenöl unterrühren und mit 1 oder 2 Prisen Meersalz abschmecken.

Sobald der Teig aufgegangen und der Ofen bereit ist, die Teigmenge dritteln.

Bei Verwendung eines konventionellen Ofens diesen nun auf 220 °C vorheizen.

Jedes Teigstück muss jeweils für Boden und Deckel einer Pizza (von dreien) reichen, also das erste Stück nehmen und in einem Verhältnis von einem zu zwei Dritteln teilen. Die größere Teigportion zum Auskleiden des Bodens der Pizzaform verwenden und darauf achten, dass der Teig auch an den Seiten hochkommt und noch etwa 1 cm über den Rand hängt.

Ein Drittel des vorbereiteten Grüngemüses auf dem Pizzaboden verteilen.

Das verbliebene Drittel der ersten Teigportion nehmen und zu einer dünnen runden Platte ausziehen oder -rollen, die zum Abdecken der Pizza ausreicht. Diesen Deckel über das Gemüse breiten; dann die Teigränder versiegeln. Dazu die den Formrand überlappenden Teigenden auf den Deckel legen und festdrücken.

Sobald Boden und Deckel der Pizza miteinander verbunden sind, die Oberseite der Pizza mehrere Male mit der Gabel einstechen, damit während des Garens Dampf entweichen kann.

Mit den beiden verbliebenen Teigstücken auf die gleiche Weise verfahren, so dass man drei gefüllte Pizzen erhält.

Die Pizzen etwa 15 Minuten lang backen – sie müssen ein wenig länger im Ofen bleiben als die klassische flache Pizza, damit der Teig unter der Füllung auch wirklich gar werden kann. Sobald die Pizzen oben hübsch gebräunt sind, aus dem Ofen nehmen und mit einem Palettenmesser leicht anheben, so dass man die Unterseite sehen kann – sind sie auch unten schön braun, so sind sie fertig. Wenn nicht, noch einige Minuten im Ofen lassen.

Ergibt 3 gefüllte Pizzen.

Pizza ripiena di salsiccia e broccoletti –
Gefüllte Pizza mit Schweinswurst und Stängelkohl

Das erdige Winteraroma von *broccoletti* (Stängelkohl) bildet den perfekten Kontrast zur Süße der *salsiccia*. *Broccoletti* hat im Winter Saison, wenn die Familien hier traditionell das selbstgemästete Schwein schlachten, und aufgrund dieses glücklichen Zusammentreffens entwickelten sich die beiden zu einer klassischen Kombination.

1 Portion Brotteig (siehe Seite 245)
1,5 kg broccoletti oder Stängelkohl
250 g salsiccia fresca dolce – milde grobe Schweinswurst
Einige Spritzer Olivenöl extra vergine
1 große Knoblauchzehe, grob gehackt
Feines Meersalz
Einige Prisen zerdrückte getrocknete rote Chilischote, falls gewünscht

Die Pizza auf die gleiche Weise zubereiten wie die *pizza verde* auf Seite 338, doch anstelle der Zichorie eine Mischung aus *broccoletti* und frischer Schweinswurst verwenden, die man wie folgt zubereitet.

Die *broccoletti* für die Füllung in einem großen Topf mit Wasser in etwa 10–15 Minuten bissfest kochen, dann abgießen, mit kaltem Wasser abschrecken und auch noch den letzten Wassertropfen herausquetschen, um ein Aufweichen des Pizzateigs zu verhindern.

Als Nächstes die *broccoletti* hacken und in einer großen Schüssel beiseitestellen.

Das Wurstbrät aus den Därmen drücken, grob hacken und 1–2 Minuten in etwas Olivenöl braten.

Zusammen mit ein paar Spritzern Olivenöl, dem Knoblauch und einigen Prisen Salz zu der Schüssel mit den *broccoletti* geben. Wer möchte, kann auch 1 oder 2 Prisen Chili hinzufügen. Behutsam, aber gründlich umrühren und dafür sorgen, dass das Wurstbrät gut verteilt ist. Die Pizzen gemäß den Anweisungen für *pizza verde* zusammensetzen und backen.

Ergibt 3 gefüllte Pizzen.

Calzone ripieno – Gefaltete, gefüllte Pizza

1 Portion Brotteig (siehe Seite 245)
Einige Spritzer Olivenöl extra vergine
1 große Zwiebel, in dünne Halbmonde geschnitten
4 große Zucchini, in dünne Scheiben geschnitten
2 große Knoblauchzehen, grob gehackt
1 große Handvoll frische glatte Petersilie, fein gehackt
3 mittelgroße frische Bioeier
1 Handvoll frisch geriebener Parmigiano-Reggiano oder Pecorino Romano
Feines Meersalz

Den Pizzateig zubereiten und an einem warmen Ort für 2–3 Stunden beiseitestellen, bis er etwa aufs Doppelte der ursprünglichen Größe aufgegangen ist.

Bei Verwendung eines Holzfeuerofens nun die Äste in Brand setzen.

Zwei Backbleche leicht einölen.

Sobald der Teig vollständig aufgegangen ist, den Backofen auf 220 °C vorheizen, falls man einen konventionellen Ofen verwendet.

In einer großen tiefen Pfanne ein, zwei Spritzer Olivenöl erhitzen und die Zwiebel darin bei starker Hitze 1–2 Minuten anschwitzen, aber nicht bräunen lassen.

Die Zucchini hinzufügen und etwa 1 Minute lang mitsautieren.

Knoblauch und Petersilie dazugeben und ebenfalls kurz mitbraten, ohne dass sich der Knoblauch verfärbt; dann die Pfanne vom Herd nehmen.

In einer großen Schüssel 2 der Eier verschlagen, dann den geriebenen Käse unterrühren. Falls gewünscht, etwas Salz hinzufügen, jedoch daran denken, dass der Käse an sich schon sehr salzig ist.

Nun das sautierte Gemüse zur Eier-Käse-Mischung geben und gründlich umrühren, so dass alle Gemüse mit Ei und Käse überzogen sind.

Als Nächstes den aufgegangenen Teig in sechs Stücke teilen und jedes Teigstück zu einer runden Scheibe von etwa 20 cm Durchmesser ausziehen oder -rollen.

Gleich große Mengen der Gemüsemischung auf die Teigkreise verteilen, und zwar unterhalb einer gedachten Mittelline. Außen ringsum einen etwa 3 cm breiten Teigrand frei lassen.

Das dritte Ei verschlagen und die Ränder der Teigscheiben damit bepinseln.

Nun die obere Hälfte des Teiges über die untere klappen, so dass die Ränder genau aufeinandertreffen und man einen Halbkreis erhält.

Beide Teigschichten an den Rändern zusammendrücken.

Auf die Backbleche legen und etwa 12–15 Minuten backen, bis der Teig aufgegangen ist und die *calzoni* sowohl oben wie auch unten goldbraun geworden sind. Heiß oder kalt genießen.

Ergibt 6 mittelgroße *calzoni*.

Dezember

Eine Christmette

»*Aspettiamo Gesù*«, sagt Theodora, während sie mich mit einem Kuss auf jede Wange in ihrem Haus willkommen heißt, »wir warten auf Jesus.«

Es ist früher Abend am Heiligabend, und Campodimele ist in die immer düstrer werdende Dunkelheit dieser Dezembernächte gehüllt. Die Schwärze des Winters ist überwältigend hier. Sie treibt einen heimwärts, die Bergstraße hinauf, und umzingelt einen, sobald man auf die Straße tritt. Sie glotzt durchs Fenster herein, bis man die Läden zuzieht, um sie auszusperren.

Doch es gibt auch Licht in dieser Dunkelheit: das Glitzern der festlichen Straßendekoration, der Lichtschein der Kerze im Schrein der heiligen Jungfrau und, in klaren Nächten, auch das zaghafte Funkeln der Sterne am unendlichen Himmel.

Und es gibt das Licht, das einen zu den *presepi*, den Weihnachtskrippen, lockt, die tatsächlich auf das Jesuskind warten.

Der *presepio* ist gegenwärtig der Mittelpunkt eines jeden Hauses und vielleicht das Einzige, das die Küche aus ihrer zentralen Stellung im italienischen Haushalt zeitweise verdrängen kann. Verglichen mit den schlichten Krippenszenen, die ich kenne, sind diese Krippen erstaunlich kunstvoll gearbeitet – hölzerne Modelle, die das gesamte Dorf Bethlehem in vielschichtigen Landschaften von Häusern und Herbergen heraufbeschwören. Josef und Maria sind vielleicht einmal, aber zuweilen auch bis zu dreimal abgebildet – wie sie auf ihrem Esel reisen, auf Herbergssuche vor einem Gasthof stehen oder sich schließlich zwischen Kühen und Ziegen schlafen le-

347

gen. Theodoras Mann Gigino hat ihren *presepio* mit eigenen Händen geschnitzt, und wann immer ich während der letzten paar Tage ihr Haus betrat, fühlte ich mich angezogen von dem Licht, das von der Stallszene ausgeht. Ich bücke mich ein wenig hinunter und sehe das heilige Paar flankiert von Schäfern und Königen. Und die Krippe, die bis auf ein paar vereinzelte goldene Strohhalme noch leer ist.

Den Heiligen Abend nennt man in Italien »*La Vigilia*«, »die Vigil«, die Zeit der Wache oder des Wartens. Wenn es am Abend des 24. Dezember dunkel wird, kommen die Familien zusammen, beschenken einander und setzen sich dann gemeinsam zum Essen. Doch die spirituelle Bedeutung des Abends bleibt spürbar. Die meisten Menschen, die ich hier kenne, sind *credenti*, das heißt, sie glauben an den christlichen Gott, und während *La Vigilia* ein Moment ist, um mit seinen Lieben zusammenzukommen, ist es auch eine Zeit, sich mit Dingen jenseits der irdischen Mühsal zu beschäftigen. Trotz des Gelächters und Geplauders und jenseits des lyrischen Flusses der italienischen Sprache bleibt ein Eindruck von persönlichem Gebet bestehen, von stiller Erwartung und der Anerkennung eines Geheimnisses, für das es keine Erklärung gibt.

Auch bei Tisch ist der religiöse Charakter dieser *festa* unübersehbar. Die katholische Kirche bestimmte *La Vigilia* zu einem Tag, an dem die Gläubigen kein Fleisch essen sollen.

So dass es, obwohl es sich um ein Festmahl handelt, keine Antipasti mit *salsicce*, keine Pasta mit gehaltvollem Rindfleisch-*Ragù*, kein aus Zicklein oder Hähnchen bestehendes *secondo* gibt – all jene einstigen fleischlichen Völlereien, die inzwischen an Festtagen Tradition geworden sind. Stattdessen serviert man Meeresfrüchte und Fisch. Und in Campodimele heißt dies häufig frische Venusmuscheln, Tintenfische und Garnelen aus den benachbarten Küstenorten Gaeta oder Formia sowie *baccalà*.

Zu zwölft lassen wir uns zum *La-Vigilia*-Essen nieder, auf eine Art und Weise also, in der sich die italienische Beziehung zum Essen verkörpert. Da sind Großeltern, Kinder, Enkel – drei Generationen, die sich mit *bonomia* versammelt haben, einer Ungezwungenheit, die ein Schlaglicht darauf wirft, wie sehr Italiener das *stare in compagnia* bei Tisch lieben. Und da bin ich, Fremde und Gast in diesem Haus, in dem ich mich dank der legendären Gastfreundschaft dieser generösen Menschen, dieses geselligen Volkes und der unendlichen Freundlichkeit von Gigino und Theodora so heimisch fühlen darf.

Als Erstes widmen wir uns den Antipasti – Rucolasalat mit grünen Oliven und Parmesan, *mozzarella di bufala*, in Öl eingelegten Auberginen und Paprikaschoten. Und kleinen Pizzastücken, deren dicker Teigboden federleicht wie ein Engelsflügel ist und deren Tomatenbelag nach Sonne schmeckt.

Dann folgen die *primi – spaghetti alle vongole*, Spaghetti mit Venusmuscheln, ein beliebter festlicher *primo*, wobei die kleinen Meeresfrüchte saftig und salzig in ihren Schalen stecken, gesprenkelt vom festlichen Grün und Rot der Petersilie und der Chilis.

Und dann kommen mehr *secondi*, als ich jetzt überhaupt noch probieren kann – in Teig ausgebackener Tintenfisch, in Olivenöl gegarte Garnelen, kalter *Baccalà*-Salat mit roter Paprikaschote und Petersilie. Dazu *contorni* wie frittierter Spargel, *broccoletti* mit Olivenöldressing und Gerichte, nach denen ich gar nicht erst greife, so viel gibt es zu essen.

Und dann gibt es einen schlichten grünen Salat mit Öl-Balsamico-Dressing, um den Gaumen zu reinigen, und ganze Platten voller roher Fenchelscheiben, deren süßer Anisgeschmack dem Obstgang vorausgeht, den kleinen orangefarbenen Mandarinen, die noch an ihren saftigen grünen Zweigen hängen und erst an diesem Tag in den Zitrushainen von Fondi gepflückt wurden.

Das Mahl zieht sich über Stunden hin – drei, vier und mehr, denke ich, während die *Prosecco*-Korken knallen und der *panettone*, jener luftige Hefeturm, der italienische Weihnachtskuchen, enthüllt und in Stücke gesäbelt wird.

Mitternacht rückt näher, und wenn das Gelächter und der Spaß auch noch stundenlang weitergehen könnten, wird es doch Zeit, den Grund dieser festlichen Nacht zu ehren. Und so mummen wir uns ein gegen die Dunkelheit und begeben uns hügelaufwärts dorthin, wo tausendjährige Mauern Campodimeles historisches Herz umschließen, gleiten die kopfsteingepflasterte Gasse hinauf auf die Piazza, wo das aus der Kirchentür fallende gelbe Licht uns zur Christmette hineinwinkt.

Der erste Weihnachtsfeiertag hat begonnen. Hände wurden gedrückt, Küsse und »*Buon Natale!*«-Grüße ausgetauscht. Erfüllt von einem Gefühl des Friedens schweben wir durch die Dunkelheit nach Hause zurück, in die Wärme von Theodoras offenem Kamin zu noch mehr Prosecco, noch mehr *panettone*. In ihrem *presepio* leuchtet das Stalllicht, heißt uns willkommen, und als ich näher trete, sehe ich, dass in der Krippe, in Stroh gebettet, ein Baby aus Porzellan liegt, und dass *La Vigilia* vorbei ist. Denn in den Häusern von ganz Campodimele ist in dieser Nacht das Christkind geboren.

Gamberoni fritti – Gebratene Riesengarnelen

Diese Garnelen schmecken auch köstlich, wenn man im Bratöl ein paar zerdrückte Knoblauchzehen mitsautiert, obwohl ich in Campodimele niemanden getroffen habe, der das tut.

1 kg Riesengarnelen
1 Handvoll italienisches Weizenmehl tipo 00 (doppio zero) oder
deutsches Mehl Type 405
Feines Meersalz
Einige kräftige Spritzer Olivenöl extra vergine
1 Zitrone, in Spalten geschnitten
1 Handvoll frische glatte Petersilie, fein gehackt

Die Schwänze, Köpfe und Klauen der Garnelen entfernen.

In einer flachen Schüssel Mehl mit einigen Prisen Meersalz vermischen, dann die Garnelen darin wälzen.

In einer weiten Pfanne das Öl erhitzen. Sobald es heiß – aber nicht zu heiß – ist, Garnelen hinzufügen und jeweils 1–2 Minuten von beiden Seiten braten. Dann aus der Pfanne nehmen – die Garnelen sollen nicht bräunen.

Zusammen mit den Zitronenschnitzen und eventuell mit Petersilie bestreut, heiß oder kalt servieren.

Für 6–8 Personen als Antipasti.

Spaghetti alle vongole – Spaghetti mit Venusmuscheln

Venusmuscheln sollten innerhalb weniger Stunden nach dem Einkauf verzehrt werden, da sie nicht lange leben. Man muss sie in reichlich kaltem Wasser gründlich waschen, um den Sand zu entfernen, in den sie sich eingraben – wer seinen Fischhändler darum bittet, kann sich eine Menge Zeit sparen. Ehe man mit dem Kochen beginnt, unbedingt alle Muscheln mit kaputten Schalen aussortieren, ebenso wie solche, die sich nicht schließen, wenn man sie antippt.

2 kg kleine Venusmuscheln
400 g Spaghetti
4 Spritzer Olivenöl extra vergine
2 große Knoblauchzehen, fein gehackt
100 ml trockener Weißwein
Einige Prisen zerdrückte getrocknete rote Chilischote
Feines Meersalz
1 Handvoll frische glatte Petersilie, gehackt

Zunächst alle Venusmuscheln gründlich waschen und sämtliche ungeeigneten Muscheln wegwerfen.

In einem großen Topf Wasser zum Sieden bringen, einige kräftige Prisen Salz hinzufügen, die Spaghetti hineingeben und nach Packungsanweisung – in der Regel etwa 8–10 Minuten – garen.

Etwa 6 Minuten bevor die Spaghetti fertig sind, in einer großen, tiefen Pfanne das Olivenöl erhitzen und den Knoblauch darin etwa 30 Sekunden lang leicht anschwitzen – wobei man darauf achten sollte, dass er sich nicht verfärbt; tut er es doch, wegwerfen und von vorn beginnen, da er sonst den Geschmack des Gerichts verdirbt.

Nun den Wein in die Pfanne gießen und etwa 30 Sekunden köcheln lassen, dann die Venusmuscheln und den getrockneten Chili dazugeben. Deckel auflegen und garen, bis die Muscheln sich öffnen – was etwa 5–6 Minuten in Anspruch nehmen sollte. Mit etwas Salz abschmecken.

Sobald die Spaghetti al dente sind, abgießen, auf vorgewärmte Pastateller verteilen und einen Schöpflöffel Venusmuscheln auf jede Portion geben. Mit Petersilie bestreuen und sofort servieren.

Für 4 Personen.

Baccalà ai peperoni –
Stockfisch mit gerösteten roten Paprikaschoten

Wie alle Fisch- und Fleischsorten war auch Stockfisch in einer traditionell überwiegend vegetarischen Küche einst teurer Luxus. In Gerichten wie *cicerchie in pignatta* (siehe Seite 233) werden nur sehr kleine Mengen davon verwendet, um das Gericht auf schmackhafte Weise zu variieren. Der Fisch muss im Vorhinein wenigstens einen Tag lang gewässert werden, und denken Sie daran, für dieses Rezept nur bestes extra natives Olivenöl zu verwenden.

800 g Stockfisch
2 geröstete rote Paprikaschoten (siehe Seite 292) oder
* 2 rote Paprikaschoten in Essig (siehe Seite 295)*
Einige Zweige frische glatte Petersilie, harte Stängel entfernt
1 Handvoll grüne Oliven (falls gewünscht)
Einige Spritzer bestes Olivenöl extra vergine

Mindestens 24 Stunden bevor man den Salat essen will, getrockneten *baccalà* in einer großen Schüssel mit kaltem Wasser mit der Hautseite nach oben einweichen. Das Einweichwasser mehrere Male wechseln, um möglichst viel Salz auszuschwemmen.

Geröstete rote Paprikaschoten oder Essig-Paprika in dünne Streifen schneiden.

Den *baccalà* abgießen und in 4 Stücke schneiden, in einen weiten Topf legen und mit kaltem Wasser bedecken. Das Wasser allmählich zum Sieden bringen, dann sofort die Hitze herunterschalten. Den Stockfisch sachte köchelnd etwa 10 Minuten lang garen, aber nicht länger, da er sonst verkocht.

Den Fisch aus dem Wasser heben, mit Küchenpapier trocken tupfen und vollständig abkühlen lassen.

Nun *baccalà* in kleine Stücke schneiden und auf eine Servierplatte legen. Rote Paprikastreifen, Petersilie und eventuell auch die Oliven darüber arrangieren und mit Olivenöl beträufeln.

Abdecken und mindestens 1 Stunde an einen kühlen Ort stellen, ehe man ihn serviert.

Für 4 Personen.

Torta alle mandorle – Mandelkuchen

Der *panettone* hat sich zu Italiens inoffiziellem Weihnachtskuchen entwickelt und sich aus seinem nördlichen Stammland, der Lombardei, immer weiter nach Süden ausgebreitet, um mit seiner hohen Kuppel, seinem zarten Hefeteig und den kandierten Zitrusschalen fröhliche Feste zu schmücken. Ehe die bänderverzierten *Panettone*-Schachteln nach Campodimele gekommen seien, versichert mir Aminta, habe man hier zu Weihnachten traditionell Mandelkuchen gegessen. Am besten schmeckt dieser, wenn man einige Bittermandeln unter den Teig mischt, aber Vorsicht! Unbehandelte Bittermandeln sind giftig, daher stets sichergehen und nur im Laden gekaufte verwenden!

250 g süße Mandeln, blanchiert
50 g Bittermandeln, aus dem Laden, oder Bittermandelaroma
Butter, zum Einfetten
12 große frische Bioeier
12 schwach gehäufte EL Zucker
3 schwach gehäufte EL italienisches Weizenmehl tipo 00 (doppio zero) oder
  deutsches Mehl Type 405
2 EL Strega – italienischer Kräuterlikör

Drei Tage, bevor man den Kuchen essen möchte, die blanchierten (ganzen) Süß- und Bittermandeln in eine große durchsichtige Plastiktüte geben, diese verschließen und die Mandeln leicht zerquetschen, indem man mit einem Nudelholz darüberrollt. Dann Mandeln auf einem großen Backblech verteilen und an einem kühlen trockenen Ort 3 Tage lang lufttrocknen lassen.

Sobald die Mandeln völlig getrocknet sind, eine 3 cm hohe Kuchenform von 27 cm Durchmesser einfetten und den Ofen auf 180 °C vorheizen.

In einer großen Schüssel die Eier zusammen mit dem Zucker schaumig schlagen, bis die Eiermasse weiche Spitzen bildet.

Das Mehl darübersieben und mit einem Spatel behutsam unterheben – nicht zu lange vermengen, da sonst zu viel Luft entweicht.

Nun die luftgetrockneten Mandeln und den Strega dazugeben und vorsichtig unterziehen.

Den Kuchenteig in die gefettete Form gießen, gleichmäßig verstreichen und etwa ½ Stunde lang backen, bis die Oberseite des Kuchens leicht gebräunt ist.

Für 8–10 Personen.

Neujahr

Und nun geht das Jahr zur Neige. Oder nicht?

Auf dem Kalender sieht Silvester, der letzte Abend des alten Jahres, buchstäblich nach einem Ende aus, aber letztendlich handelt es sich nur um ein von Menschen geschaffenes Zeitmaß.

Das neue Jahr dämmert mit einer Wärme herauf, die an Fühlingsmorgen denken lässt, mit strahlender Sonne, die an Sommertage erinnert.

Und obwohl demnächst das alte Jahr einem neuen weichen wird, spürt man, dass es hier, wo sich die Stimme der Natur leicht vernehmen lässt, eigentlich gar keine Enden gibt. Nur ein Kontinuum und neue Anfänge.

Das bäuerliche Jahr ist nicht zum Stillstand gelangt, es hat sich lediglich verlangsamt. Leer und schwarz liegen die Äcker da, und die Weinstöcke sind an ihren Rahmen zu silbernen Gerippen geschrumpft. Doch sogar an den kältesten, feuchtesten Tagen gilt: Für manche Dinge ist genau jetzt der richtige Zeitpunkt. Die Olivenernte hat bereits vor zwei Wochen begonnen und wird sich bis ins neue Jahr hinein fortsetzen. Und die Ziegen werden noch den ganzen Januar hindurch mit ihren Zicklein trächtig sein, ehe sie sie dann im Frühling zur Welt bringen.

Wenn heute um Mitternacht die Uhr zwölf schlägt, wird in der linearen Zeitordnung, die wir uns aus den Rhythmen von Sonne, Mond und Erde zurechtgelegt haben, eine Seite umgeblättert. Doch der Kreislauf der Natur wird sich ohne Unterbrechung weiterdrehen, und das spürt man hier in jedem Augenblick.

Capodanno, der Jahresanfang – kein Tod, sondern eine Geburt.

Verbrennen Sie daher Äste, bis sie zu Holzkohle zerfallen, um das selbstaufgezogene Lamm mit Winterkräutern zu grillen. Schmoren Sie ein Wildschweinragout und braten Sie einen Hasen, falls Ihre Männer zum Jagen am Berg waren. Und plündern Sie die *cantina*, holen Sie die Früchte des *orto* herauf, die Sie in den vergangenen zwölf Monaten eingemacht haben.

Am Silversterabend wird der ganze Reichtum der Ernten eines Jahres in einer einzigen Mahlzeit versammelt, und während sich beim Tischgebet die Köpfe senken, sagt man Dank für die erhaltene Fülle. Möge das nächste Jahr genauso viel Glück bringen, lautet die Bitte. Und so wie sich Religion und Aberglaube hier bequem miteinander arrangieren, spiegelt sich dieser Wunsch auch auf den Tellern.

»*Lenticchie, per fortuna*«, sagt Adalgesia und weist auf den Topf mit den kleinen grünen Hülsenfrüchten auf dem Herd – Linsen, fürs Glück. Vielleicht weil sie rund sind wie Münzen und daher den erhofften Reichtum des kommenden Jahres versinnbildlichen, aber keiner weiß es genau.

Lenticchie con cotechino, Linsen mit Schweinswurst, ist in ganz Italien ein klassisches *Capodanno*-Gericht und stellt in Campodimele eine Kombination aus Neuem und Altem dar. Linsen sind für diese Berge eigentlich eher untypisch und müssen wohl während der wohlhabenderen Nachkriegsjahre aus den Ebenen des Nordens in die *monti Aurunci* vorgedrungen sein – weil Gutes hier stets willkommen ist und Hülsenfrüchte sowieso einen wesentlichen Bestandteil der hiesigen Kost ausmachen. Familien, die selbst ein Schwein mästen, können aus dessen Rüssel die dicke rosa *Cotechino*-Wurst herstellen.

Wir befinden uns in der Küche von Adalgesias Sohn Pasquale und seiner Frau Rosana, die sowohl meine Freundin als auch Englischlehrerin an einer nahegelegenen Schule ist. Die beiden leben in Taverna. Der Raum vibriert von einer Energie, wie sie während der Vorbereitungen für eine *festa* allen italienischen Küchen eigen ist. Hitze und Dampf, Brodeln und Zischen. Eile, gemäßigt von erfahrener Ruhe. Adalgesia und Rosana kochen schon den ganzen Nachmittag lang, und nun spülen und trocknen wir Töpfe und Pfannen ab, damit weitere Gerichte zubereitet werden können.

Der Tisch ist stets reich gedeckt in Campodimele, auch wenn viele der Gerichte der *cucina povera* entstammen. Und heute Abend ist alles noch opulenter als sonst. Zum Festmahl gehören diesmal auch viel Fisch und Fleisch sowie die geschätzteste Fleischsorte von allen – Wild. Den Tisch schmückt ein farbenfrohes Gemälde von Antipasti: superfrischer Salat aus Meeresfrüchten, die erst an diesem Tag aus dem Tyrrhenischen Meer gefischt wurden; *baccalà*, eingeweicht und auf dem Grill gegart; und Gemüse, alte und neue eingelegte Paprikaschoten und Auberginen, Artischocken der neuen Saison in zwei Zubereitungsarten, in Olivenöl frittierte Selleriestücke. Es dauert etwa eine Stunde, bis unsere Lust auf und an diesen Appetithäppchen gestillt ist, und es warten ja noch weitere vier, wenn nicht mehr Gänge auf uns.

Die Pasta besteht aus dicken Bändern von Eier-*Pappardelle*, angefeuchtet mit einem *ragù* aus Wildschwein und Feldhase, Fleisch, das man sich für genau solche Feste aufgehoben hat. Wir nicken Erminia, der Besucherin, die die Pasta gemacht, und ihrem Mann, der das Wild erlegt hat, anerkennend zu.

Auf der offenen Herdstelle schwelt die Holzkohle und bläst ihren glühenden orangeroten Atem auf die Grillpfanne mit dem Lamm; das Fleisch zischt seine mit Rosmarin, Knoblauch und Weißwein getränkte Erwiderung. Wir essen es heiß direkt vom Feuer, und es ist rauchig und süß wie der Rotwein, den Adalgesias Mann Elio an der nur wenige Meter vom Hof entfernt stehenden Pergola gezogen hat.

Nun wird es Zeit für die *lenticchie con cotechino*, muffig-modrige Linsen, aufgelockert durch die süße Weichheit des Schweinefleischs.

Und dann folgt eine Pause, ehe man das Obst serviert, Mandarinen so frisch, dass sie wohl noch vor wenigen Stunden in den Zitrushainen des nahegelegenen Fondi gehangen haben müssen.

Rasch nähern wir uns nun dem Augenblick, um dessentwillen wir hier sind. Wir lassen die Prosecco-Korken knallen, Schaum füllt die Gläser, und wir zählen die Sekunden … *tre, due, uno* … und *auguri*, Prosit Neujahr, alles Gute zum Neuen Jahr.

Es trifft ein mit der mondlosen Dunkelheit. Und ich fahre hinauf, hinauf durch die Nacht. Vertraute Kurven auf einer einstmals fremden Straße. Hinauf in das schlafende Dorf, das ich durch Zufall entdeckte und inzwischen als mein Zuhause betrachte.

Auf der Piazza mit dem Talblick steht noch eine Handvoll Leute herum; im Moolight Café servieren 'Pina und Attilio *prosecco* und *panettone*. Alles Gute und Küsse, und dann machen sich alle auf den Heimweg.

Ich aber verweile noch einen Augenblick am Rande der Piazza, wo der Berg zum Talboden hin jäh abfällt. Wie schon so viele Male zuvor, an Frühlingsmorgen und Sommerabenden, oder auch an Herbsttagen mit ihrem peitschenden Wind. Hier habe ich aprikosenfarbige Sonnenuntergänge über purpurroten Bergen beobachtet, bis die Sterne am dunkelnden Himmel aufblitzten; auf Laternen-Monde hinaufgestarrt, die eine uns unsichtbare Hand in die Nacht emporhielt.

Doch während dieser ersten Stunde des neuen Jahres herrscht abgrundtiefe Dunkelheit, die nur hie und da von den erleuchteten Fenstern eines Hauses unterbrochen wird – Wegmarken, die dem Reisenden Orientierung bieten.

Ich denke an andere Silvesterabende, die ich erlebt habe. Feiern im Gedränge der Großstadt und in der blendenden Helle festlicher Beleuchtung; Momente um Mitternacht, in denen nichts von dem, was das neue Jahr womöglich bringen würde, oder auch von den Rhythmen, die mein Leben beherrschen würden, zu erahnen war. Weil diese Rhythmen in der Stadt nur sehr schwer zu hören sind.

Hier jedoch herrscht eine andere Atmosphäre, eine der Gewissheit. Weil das Muster des bevorstehenden Jahres bekannt ist. Vorgegeben von den Jahreszeiten, der Sonne und den Mondphasen. Vom Bauernkalender und den Kirchenfesten. Sie alle bilden den unwiderstehlichen Rhythmus, nach dem hier das Leben gelebt wird. Heute noch unbekannte Melodien werden sich hineinmischen – neues Leben und Glück; Tod und Schmerz. Und die Einsicht, dass alles seinen Platz hat, alles vergehen wird, dass der Herzschlag der Natur sich bemerkbar machen wird – unbeherrschbar und verlässlich, beides zugleich.

Dies sind die Wahrheiten, die hier seit Jahrhunderten lebendig sind, im Getöse der Großstadt aber leicht untergehen. Es sind Gewissheiten, die den Bauern die entsprechende Zuversicht einflößen, um ihre Saat auszusäen, denn sie vertrauen auf die kommende Ernte; die sie veranlassen, die Gaben der Natur zu konservieren und zu lagern, da sie wissen, dass man sich auch auf magere Zeiten einrichten muss; die sie bewegen, für das Essen auf dem Tisch zu danken und die Feste zu feiern, die diesen Jahreslauf strukturieren.

Ogni cosa ha il suo momento. Alles hat seine Zeit. Ob Mensch, Tier oder Pflanze. Das Akzeptieren dieser Weisheit fällt leicht in Campodimele, wo die Natur zu uns spricht. Und wo diese Zeit für viele länger währt als für die meisten.

Sedano fritto – Frittierte Selleriestangen

100 g italienisches Weizenmehl tipo 00 (doppio zero) oder
  deutsches Mehl Type 405
200 ml helles Bier
1 frisches Bioei, verschlagen
3 oder 4 Spritzer Olivenöl extra vergine
Feines Meersalz
2 große Handvoll Sellerieblätter, grob gehackt, und 2 Stangen
  Bleichsellerie, in 6 cm lange Stäbchen geschnitten und zerdrückt,
  um die fasrigen Rücken zu zerbrechen

Mehl und Bier in einer Schüssel vermischen und das Ei, 1 Spritzer Olivenöl und einige Prisen Salz darunterschlagen.

Die Sellerieblätter und -stäbchen hinzufügen und unterrühren, so dass sie vollständig mit dem Teig überzogen sind.

2 oder 3 Spritzer Olivenöl in der Pfanne erhitzen, dann die Selleriestäbchen darin etwa 2 Minuten von jeder Seite braten, bis sie aufgequollen und goldbraun sind.

Als Nächstes Sellerieblätter löffelweise in die Pfanne geben, flachdrücken und 1–2 Minuten von jeder Seite backen, bis sie goldbraun und gar sind. Das frittierte Gemüse heiß oder bei Raumtemperatur servieren.

Ergibt etwa 10 Stäbchen.

Cavolfiore alla parmigiana –
Frittierter Blumenkohl in Parmesanhülle

1 kleiner Blumenkohl, in Röschen zerteilt
3 frische Bioeier
200 g Parmigiano-Reggiano oder Pecorino Romano,
*   fein gerieben*
1 Handvoll frische glatte Petersilie, fein gehackt
Feines Meersalz
100 g italienisches Weizenmehl tipo 00 (doppio zero) oder
*   deutsches Mehl Type 405*
7 oder 8 Spritzer Olivenöl extra vergine

In einem großen Topf kräftig gesalzenes Wasser zum Sieden bringen. Die Blumenkohlröschen hinzufügen und etwa 4 Minuten köcheln lassen – oder auch 6, falls der Blumenkohl nicht bissfest sein soll.

In einer großen Schüssel die Eier verschlagen und mit geriebenem Käse, Petersilie und 1 kleinen Prise Salz vermischen.

Den vorgegarten Blumenkohl in ein Sieb schütten und einige Minuten lang ausdampfen lassen.

Das Mehl in eine Schüssel geben und jedes Blumenkohlröschen leicht damit bestäuben.

Nun Blumenkohl in die Ei-Käse-Petersilien-Mischung geben und behutsam mit den Händen vermischen, bis alle Röschen gründlich mit der Mischung überzogen sind.

In einer weiten Pfanne 3 oder 4 Spritzer des Öls erhitzen, Temperatur reduzieren und die Hälfte der Blumenkohlröschen hineingeben. Vorsichtig 4–5 Minuten lang unter ständigem Wenden braten, bis sie ringsum goldbraun geworden sind.

Gebratene Blumenkohlröschen aus der Pfanne heben und auf einem mit Küchenpapier ausgelegten Teller abkühlen lassen; das Papier saugt das überschüssige Öl auf.

Die Pfanne auswischen, um verbrannte Käsestückchen zu entfer-

nen, dann das restliche Olivenlöl darin erhitzen und den verbliebenen Blumenkohl auf gleiche Weise braten.

Das gebratene Gemüse warm oder bei Raumtemperatur servieren.

Ergibt etwa 20 Stücke.

Lenticchie con cotechino – Linsen mit Schweinswurst

Die Castelluccio-Linsen aus der Lombardei sind wohl die besten in ganz Italien und inzwischen auch außerhalb des Landes vielerorts erhältlich. Frische *Cotechino*-Wurst ist da schon eher ein Problem, allerdings werden viele vorgegarte und abgepackte Markenwürste exportiert und von guten italienischen Feinkosthändlern vorrätig gehalten.

600 g cotechino
300 g grüne Linsen
3 Spritzer Olivenöl extra vergine
1 große Zwiebel, sehr fein gehackt
1 Stange Bleichsellerie, sehr fein gehackt
2 große Knoblauchzehen, fein gehackt (falls gewünscht)
1 Handvoll frische glatte Petersilie, sehr fein gehackt
100 g Pancetta, fein gehackt
1 großes Glas trockener Weißwein
500 ml frischer Geflügelfond (falls gewünscht)
Feines Meersalz

Bei Verwendung von frischem *cotechino* die Wurst mit einem scharfen Messer ringsum einstechen, dann fest in Alufolie einwickeln.

Einen großen tiefen Topf mit so viel Wasser füllen, dass der *cotechino* bedeckt ist, das Ganze zum Sieden bringen, dann die Hitze reduzieren und etwa 2 Stunden lang köcheln lassen. Sobald der *cotechino* durch und durch gar ist, etwa 10 Minuten beiseitelegen und ruhen lassen, dann auswickeln.

Bei Verwendung vorgegarten *cotechinos* diesen gemäß Packungsanweisung garen.

Etwa 1 Stunde bevor der *cotechino* ganz durchgegart ist mit der Zubereitung der Linsen beginnen.

Die Linsen in kaltem Wasser waschen, eventuelle Schalenstücke herausfischen, dann in ein Sieb gießen.

In einer großen tiefen Pfanne 3 Spritzer Olivenöl erhitzen, Zwiebel und Sellerie hinzufügen, etwa 10 Minuten lang sachte sautieren und darauf achten, dass die Zwiebeln nicht braun werden.

Knoblauch und Petersilie hinzufügen und lediglich 1 Minute lang mitsautieren.

Als Nächstes den Pancetta dazugeben und 1 weitere Minute mitbraten; dabei häufig umrühren.

Nun die Linsen dazugeben und vorsichtig rühren, so dass sie gut mit dem Gemüse vermischt werden. Etwa 1 Minute lang vorsichtig weitererhitzen und dabei rühren, um sicherzustellen, dass die Linsen nicht am Pfannenboden anhaften.

Nun den Wein hinzugießen, gründlich rühren und auf höchste Temperatur schalten, bis der Wein aufwallt. Weiterkochen, bis der Wein etwa auf die Hälfte reduziert ist.

Bei Verwendung frischen Geflügelfonds so viel Fond in die Pfanne gießen, dass er etwa 1 cm über den Linsen steht – verwendet man anstelle des Fonds Wasser, auf gleiche Weise verfahren. Den Pfanneninhalt wieder zum Kochen bringen, dann die Temperatur reduzieren, Deckel auflegen und die Linsen köcheln lassen.

Die Linsen nehmen die Kochflüssigkeit rasch auf, daher sollte man etwa alle 10 Minuten nachsehen und je nach Bedarf Fond oder Wasser nachgießen, so dass die Linsen stets bedeckt sind. Häufig umrühren.

Etwa 40 Minuten bis 1 Stunde köcheln, bis die Linsen al dente sind. Dann 3 oder 4 kräftige Prisen Meersalz dazugeben und gut umrühren.

Nun den gegarten und etwas abgekühlten *cotechino* aus der Folie schälen und in Scheiben schneiden. Auf einer großen vorgewärmten Servierplatte ein Linsenbett bereiten, überlappende *Cotechino*-Scheiben darauf arrangieren und sofort servieren.

Für 6–8 Personen.

Agnello alla cacciatora alla brace –
Marinierte Lammkoteletts nach Jägerinart,
auf Holzkohle gegart

Während jede Region ihre eigene Version eines Jägertopfs oder eines Gerichts »nach Jägerinart« besitzt, versteht man in Campodimele unter *»alla cacciatora«* Fleisch, das in Rosmarin, Zwiebeln und Weißwein mariniert wird und – für alle, die ihn lieben – selbstverständlich auch in Knoblauch. Diese Zubereitungsart verwendet man für viele Fleischsorten und ist wahrscheinlich mein campomelanisches Lieblingsrezept.

1,5 kg Lammkoteletts, am Knochen
1 große Zwiebel, in feine Scheiben geschnitten
4 Knoblauchzehen, geschält und mit der Messerklinge zerdrückt
2 frische Rosmarinzweige
1 großes Glas guter trockener Weißwein
Olivenöl extra vergine
Feines Meersalz

Mindestens 12 Stunden vor der geplanten Mahlzeit die Koteletts mit Zwiebel, Knoblauch, Rosmarin und Weißwein in eine große Schüssel geben und zum Marinieren in den Kühlschrank stellen; gelegentlich umrühren, damit sich die Aromen gleichmäßig verteilen.

Das marinierte Lammfleisch kann *alla brace* gegart, also gegrillt, oder aber im Ofen gebraten werden, falls man dies bevorzugt.

Für das Garen *alla brace* die Äste etwa 1 Stunde vor dem Grillen entzünden, damit sie zu Holzkohle zerfallen.

Etwa 40 Minuten vor der geplanten Mahlzeit Koteletts aus dem Kühlschrank nehmen, so dass sie sich auf Raumtemperatur erwärmen können.

Für das Garen *alla brace* das Fleisch aus der Schüssel nehmen und mit Küchenpapier trocken tupfen. Mit ein wenig Olivenöl bepinseln, mit etwas Salz würzen, in einen Fischbräter stecken, neben der

Holzkohle platzieren und etwa 2 Minuten von beiden Seiten garen, je nachdem, wie dick oder dünn die Koteletts sind.

Falls Sie weder ein offenes Feuer machen können noch einen Grill besitzen, das Fleisch zusammen mit Zwiebel, Knoblauch, Rosmarin und Weißwein in eine flache Bratform legen und in dem auf 200 °C vorgeheizten Backofen etwa 30 Minuten lang braten, bis es zwar gar, innen aber noch rosa ist.

Für 6 Personen.

Croccante – Mandelkrokant

Croccante wird zuweilen auch als *»il Torrone dei poveri«*, »der Torrone des armen Mannes«, bezeichnet, wobei man unter Torrone den für Norditalien typischen, an Nüssen und Mandeln so reichen weißen Nougat versteht, der während der Feiertage zwischen Weihnachten und Neujahr im ganzen Land als Teil der Nachspeise genossen wird. Dieser »arme« Torrone-Ersatz ist köstlich und auch zu Hause leicht herzustellen.

250 g Süßmandeln
3 EL kaltes Wasser
6 schwach gehäufte EL Zucker

Ein Backblech mit Pergamentpapier oder Backfolie auslegen.

Die Mandeln leicht zerdrücken, indem man sie in eine Plastiktüte gibt, diese verschließt und mit dem Nudelholz darüberrollt.

Das Wasser mit dem Zucker in einen kleinen tiefen Topf geben und, ohne zu rühren, sachte erhitzen, bis die Mischung sich in einen köstlich goldenen Karamellsirup verwandelt; da dieser leicht anbrennt, sollte man ihn rasch vom Feuer nehmen.

Sobald man den fertigen Sirup vom Herd genommen hat, die zerdrückten Mandeln hineingeben, gründlich umrühren und anschließend die Masse rasch auf das vorbereitete Backblech kippen. Dünn ausstreichen und abkühlen lassen.

Nach dem Auskühlen sollte der *croccante* eine starre, mit Nüssen gesprenkelte Schicht bilden. Ein zweites Pergamentblatt darauflegen und das Ganze in kleine, mundgerechte Stücke zerbrechen, indem man das stumpfe Ende des Nudelholzes in den Krokant drückt. In einem luftdicht verschließbaren Behälter aufbewahren.

Ergibt etwa 400 g Krokant.

Die italienische Tafel – Glossar

»*Sappiamo vivere*«, sagen die Italiener – »wir verstehen zu leben«. Und ein wesentlicher Aspekt dieser Einsicht ins gute Leben besteht darin, dass man gut zu essen weiß. Nirgendwo wird dies offensichtlicher als in Campodimele, wo man Nahrungsmittel dankbar und voller Ehrfurcht anbaut, erntet und zubereitet, genießt und konserviert.

Wie viele Italiener tendieren auch die Bewohner Campodimeles dazu, ihre Hauptmahlzeit am Mittag einzunehmen, indem sie ganz ohne Eile zwei Stunden bei Tisch verweilen. Dank der Tatsache, dass Schulen und auch viele Behörden ihren Arbeitstag zwischen ein und zwei Uhr mittags beenden, konnte sich diese sehr gesittete Tradition bis in moderne Zeiten halten, und viele Läden – sogar im Zentrum Roms – schließen gegen Mittag, um erst gegen vier Uhr nachmittags wieder zu öffnen.

Häufig besteht das werktägliche Mittagessen aus einem kohlenhydratreichen *primo* – zu übersetzen als »erster« (Gang) –, der aus Pasta, Risotto oder Gnocchi besteht und oft mit einer schlichten Gemüsesauce ergänzt wird. Diesem folgt dann der *secondo* – wortwörtlich übersetzt »zweiter« –, der sich durch die proteinreichen Hülsenfruchtgerichte der einstigen *cucina povera* oder in unseren heutigen »leichteren« Zeiten durch Fleisch und Fisch auszeichnet. Dieser *secondo* wird vom *contorno*, der Gemüsebeilage, begleitet. Ihm folgt die *insalata*, ein Salat, der häufig lediglich aus grünen Blättern, angemacht mit Olivenöl und Essig, besteht, die den Gaumen reinigen sollen, ehe diejenigen, die nun immer noch Appetit haben, im Anschluss vielleicht noch Käse knabbern. Danach kommt die *frutta*, das Obst, in der Regel saisonale Früchte frisch aus dem Obstgarten.

Diesem traditionellen Muster aus *primo*, *secondo* plus *contorno*, *insalata*, *formaggio*, *frutta* würde man bei einem festlicheren Mittagessen noch Antipasti vorschalten – was übersetzt so viel wie »vor der Pasta« bedeutet und eine Vielzahl von Vorspeisen wie Oliven, *salumi* und pikant eingelegte Gemüse meint, die vor dem *primo* genossen werden. Dieses aufwendigere Mahl würde sich zumeist auch noch durch ein *dolce* auszeichnen, einer Süßigkeit nach dem Obstgang, eventuell begleitet von einem Glas Prosecco, dem italienischen Schaumwein.

Getränke machen einen wichtigen Bestandteil italienischer Mahlzeiten aus – auch vor einem ganz alltäglichen Mittagessen gestattet man sich ohne weiteres einen *aperitivo*, einen Aperitif in der Bar am Ort. Rot- oder Weißwein und Wasser begleiten die Mahlzeit – und fast alle Italiener beschließen ihr Mittagessen mit *un bel caffè*, einem schönen Kaffee.

Eine solche Speisenfolge bei einer einzigen Mahlzeit mag zunächst ungewöhnlich erscheinen – doch sollten Sie die Möglichkeit haben, so zu speisen, so tun Sie es, und Sie werden feststellen, wie natürlich eine solche Mahlzeit dahinfließt, wie kultiviert ein Mittagessen sein kann und warum die Italiener mit Recht behaupten: »*Sappiamo vivere!*«

* * *

a chi piace – wie es dir/euch gefällt, oder, wortwörtlich, »wem es gefällt«.

agrodolce – bittersüß, der Geschmackskontrast in Lebensmitteln wie etwa Amarenamarmelade, einer Verbindung aus bitter-säuerlichen Amarenakirschen mit Zucker.

al dente – wörtlich übersetzt »für den Zahn« – Pasta darf nur so lange gekocht werden, dass sie noch »Biss« hat beziehungsweise »bissfest« ist.

al fresco – im Freien – die herrlichen campomelanischen Sommer machen Essen im Freien zu einem wahren Vergnügen.

alimentari – kleiner Lebensmittelladen, in dem man sowohl trockene Grundnahrungsmittel finden kann als auch – an der frischen Feinkosttheke – eine oft beeindruckende Auswahl an gekochten Fleischsorten und *salumi*, Käsesorten, eingelegten Oliven, gegrilltem Gemüse, frischem Büffelmozzarella sowie eine ganze Reihe von Brotsorten. Diese Läden, meist von selbständigen Inhabern geführt, findet man in italienischen Klein- und Großstädten noch heute an jeder Straßenenecke, und ihr Überleben hängt ganz und gar von der Qualität der angebotenen Ware ab, die daher häufig erstaunlich gut ist.

alla brace – über Holzkohle gegart, wobei man die Holzkohle aus Ästen gewinnt, die man in der offenen Feuerstelle in der Küche herunterbrennen lässt; dem Grillen vergleichbare Gartechnik.

alla griglia – über der offenen Flamme gegart, gegrillt.

all'occhio – nach Augenmaß. Mit dieser Wendung reagieren italienische Köche gern auf die Frage, wie viel von einer bestimmten Zutat in ein Gericht hineingehöre, und es spiegelt sich darin die Vorstellung, dass das erfahrene Auge dies genau abzuschätzen weiß.

amarene – kleine bittere Kirschen, besonders beliebt in einer köstlich säuerlichen Marmelade.

antipasti – wortwörtlich »vor der Pasta«. Eine Auswahl herzhafter Vorspeisen, die man bei Festessen oder zu besonderen Anlässen vor der Pasta genießt.

aroma di limone – Zitronenöl oder -aroma. Das in vielen italienischen Läden in kleinen Glasfläschchen erhältliche Zitronenaroma kann anstelle von Zitronenschale verwendet werden, um Kuchen oder Desserts ein Zitrusaroma zu verleihen.

artigianale – handwerkliches Produkt – Bezeichnung zur Kennzeichnung von Nahrungsmitteln, die nach traditionellen Herstellungsverfahren erzeugt und verarbeitet wurden.

asparago selvatico – wilder Spargel.

baccalà – luftgetrockneter und mit Salz haltbar gemachter Kabeljau oder Dorsch, der 24 Stunden lang in – mehrmals gewechseltem – Wasser eingeweicht wird, damit er sich vor dem Kochen mit Wasser vollsaugt und überschüssiges Salz ausgeschwemmt werden kann.

bagnomaria – italienische Übersetzung für den französischen Begriff *bain-marie*, auf Deutsch auch als Wasserbad bekannt.

besciamella – italienisches Lehnwort für den französischen Begriff *sauce béchamel* – eine weiße Sauce aus Mehl, Butter und Milch, die zuweilen in Lasagne Verwendung findet.

bietola – Mangoldblätter.

biologico – biologisch. In Campodimele ist mir dieser Begriff nie begegnet, da biologische Anbau- und Produktionsmethoden hier von jeher die Norm sind.

borgo – mittelalterlicher Kern jahrhundertealter italienischer Dörfer oder Kleinstädte; generell bezeichnet *borgo* das Gebiet, das sich innerhalb der Befestigungsmauern einer Siedlung befindet.

bottiglia – das wortwörtlich als »die Flasche« zu übersetzende *la bottiglia* ist eine Abkürzung für die Glasflaschen voller Tomatensauce, die man während der Tomatenschwemme im Spätsommer einkocht.

broccoletti – rapini oder *cime di rapa* – auf Deutsch auch Stängelkohl genannt, ist ein in weiten Gebieten Süditaliens kultiviertes, essbares Blattgemüse; es hat gezackte grüne Blätter und kleine Röschen, die sich durch milden Mandelgeschmack auszeichnen.

brodo – Brühe, insbesondere Brühe oder Fond, den man herstellt, indem man ein Huhn zusammen mit Kräutern oder Gemüse in kaltem Wasser ansetzt und langsam auskocht. Nudeln können statt in Wasser auch in *brodo* gegart werden und ergeben auf diese Weise einen besonders schmackhaften *primo*.

bruschetta – getoastete Brotscheiben, die gewöhnlich mit Olivenöl beträufelt und mit einer Vielzahl von Belägen, etwa Tomaten und Basilikum, oder auch nur einer Prise Oregano, serviert werden.

caccialepre – ein grüner Blattsalat, der rings um Campodimele wild an den Berghängen gedeiht und dessen Namen man ungefähr mit »Jag den Hasen« übersetzen könnte.

cannella – Zimt.

cantina – Keller oder Weinkeller. Unter *cantina* versteht man in Italien in der Regel einen kühlen, dunklen Ort, an dem eingelegte, eingekochte oder sonstwie konservierte Lebensmittel aufbewahrt werden, so dass sie ein ganzes Jahr lang haltbar bleiben. Das Konservieren überschüssiger frischer Agrarprodukte und deren Lagerung in der *cantina* für den Verzehr im darauffolgenden Jahr ist ein ganz zentrales Moment der kulinarischen Kultur Campodimeles. Allerdings kann der Begriff *cantina* in Italien auch Läden bezeichnen, die offenen Wein direkt vom Fass an die Verbraucher verkaufen – meist sind sie eine exzellente Quelle für gute Weine zu unglaublich niedrigen Preisen.

cappuccio – bedeutet nicht nur »Kapuze«, sondern ist auch der Name einer runden Kopfsalatsorte mit weichen Blättern.

capra – Ziege.

caprettone – campomelanischer Dialektausdruck für »Zicklein«.

carciofi, carciofini – Artischocken beziehungsweise junge Artischocken.

carne – rotes Fleisch, etwa von Rind oder Kalb.

carne dei poveri – wörtlich »Fleisch des armen Mannes«, ein Ausdruck zur Bezeichnung von Hülsenfrüchten, die in der Ernährung der armen bäuerlichen Landbevölkerung (die sich lange nur wenig Fleisch leisten konnte) der traditionelle Proteinlieferant waren.

casereccio – hausgemacht.

cavolo nero – wörtlich »Schwarzkohl« – Kohlsorte mit langen, dunklen Blättern.

centro storico – historisches Zentrum. In Campodimele handelt es sich dabei um das bis in mittelalterliche Zeiten zurückreichende Gebiet innerhalb der Stadtmauern.

cestini – kleine Käseformen, die man zur Herstellung von Frischkäse und Ricotta verwendet.

ciammotte – campomelanisches Dialektwort für »wilde Schnecken«.

cibo genuino – »unverfälschte Nahrung« oder auch »Naturkost«. Die meisten Übersetzungen werden der allumfassenden Ernährungsphilosophie, die sich hinter dem italienischen Begriff verbirgt, nicht gerecht. *Cibo genuino* sind Nahrungsmittel, die man mit Respekt gegenüber der Umwelt, dem Produkt selbst und der Person, die sie konsumieren wird, erzeugt. Der Verzicht auf Chemie und industrielle Verfahren wird dabei vorausgesetzt.

cicerchia – eine typische Hülsenfrucht Campodimeles, einst die Hauptsäule seiner *cucina povera* und heute Mittelpunkt einer alljährlich im August stattfindenden Straßen-*Sagra*.

cicoria – »Zichorie« ist ein grünes Blattgemüse mit leicht bitterem Geschmack. Keinesfalls zu verwechseln mit Chicorée.

cime di rapa – siehe *broccoletti*.

colomba pasquale – die Ostertaube steht in der christlichen Symbolik für den Heiligen Geist. In kulinarischer Hinsicht dagegen versteht man unter der *colomba pasquale* einen gehaltvollen Biskuitkuchen in Form einer Taube, der ursprünglich aus Mailand stammt und heute in ganz Italien als Ostergebäck geschätzt wird.

condimenti – Gewürze. In Campodimele zählt Olivenöl – egal, ob als Dressing oder Garmittel verwendet – zu den Gewürzen, ebenso wie Salz oder getrocknete rote Chilischoten.

contadino – Person, die das Land bewirtschaftet, um Nahrungsmittel für den eigenen Bedarf anzubauen. *Contadino* wird häufig mit »Kleinbauer« übersetzt, doch der deutsche Begriff gibt kaum etwas von der Würde und Befriedigung wieder, die das Leben eines *contadino* bietet. *Fare in contadino* kann heißen, dass man durch die Landwirtschaft sowohl seinen Lebensunterhalt bestreitet als auch all seine Lebensmittel erzeugt, oder aber, dass man neben dem eigenen Garten auch noch ein Gemüsefeld bestellt, um einen Teil seiner Nahrung anzubauen.

contorno – Beilage. Der *contorno* ist die Gemüsebeilage zum *secondo*, dem zweiten Gang einer Mahlzeit.

coralli – mit diesem Wort werden in Campodimele und Umgebung die Helda-Bohnen bezeichnet – fadenlose, grüne Bohnen, die relativ breit, flach und lang sind.

cotto – gegart, Ausdruck, der vor allem für im Ofen gegarte Gerichte wie etwa *prosciutto cotto* (Schinkenbraten) gebraucht wird.

crispino – eine grüne Blattpflanze, die an den Berghängen rings um Campodimele wild gedeiht.

crostata – Mürbeteigtarte, die normalerweise mit Marmelade bestrichen ist.

crudo – roh oder ungekocht.

cucina – Küche. Der Ausdruck *cucina* bezeichnet wie das französische Wort *cuisine* oder die deutsche »Küche« sowohl den Raum, in dem das Essen zubereitet wird, als auch die Esskultur einer bestimmten Gegend.

cucina abitabile – Wohnküche. Unter der *cucina abitabile*, dem nach wie vor wichtigsten Raum in jedem italienischen Haus, versteht man eine Küche, in der die Bewohner kochen, sich um einen großen Tisch herum zum Essen versammeln sowie – häufig mithilfe eines offenen Kamins und eines Fernsehgeräts – auch den Rest des Abends verbringen können.

cucina povera – wörtlich »arme Küche«, ein Ausdruck, der auftaucht, sobald man auf die traditionelle Küche der kleinbäuerlichen Bevölkerung während der mageren Jahre der Vergangenheit zu sprechen kommt. Es handelte sich dabei um eine kulinarische Kultur, die vor allem auf Obst, Gemüse, Kohlehydraten und Hülsenfrüchten basierte, jedoch arm an Fleisch und andere tierischen Nahrungsmitteln war.

culo del pane – »Hintern des Brotes« würde eine einigermaßen höfliche Übersetzung lauten. Es handelt sich dabei um das gewölbte Ende eines Brotlaibs, das man, wenn es schon ein wenig altbacken war, in die Suppe gab oder toastete, um daraus Bruschetta zu machen, oder aber mit eingelegtem Gemüse füllte, um ein sättigendes Sandwich daraus zuzubereiten.

della zona – wörtlich »aus der Zone«, das heißt, aus der Region – im Gegensatz zu *casereccio* oder »selbstangebaut«.

dolce – Dessert oder Süßspeise, die man nach einer Mahlzeit genießt.

doppio zero – wörtlich »Doppel-Null«; darunter versteht man Italiens berühmtes *Tipo-00*-Mehl, fein gemahlenes weißes Mehl, das zweimal vom Müller gesiebt wurde und der deutschen Mehlsorte Type 405 entspricht. Man kann daraus einen starken, glatten Teig kneten, der sich leicht ausziehen lässt und daher ideal für Lasagneblätter geeignet ist; abgesehen davon ist es aber auch ein gutes Allzweckmehl zum Backen.

fagioli – Cannellinibohnen.

fagiolini – grüne Bohnen oder Brechbohnen.

fave – dicke Bohnen, die in Campodimele und Rom als erste Frühlingsboten gelten.

festa – Fest, Feier. *Festa* ist der Oberbegriff, mit dem man sowohl religiöse Feste wie Ostern und Weihnachten als auch Geburtstage und alle anderen Arten von Feiern oder Partys bezeichnet.

finocchietti – Samen des Wildfenchels.

fiordilatte – Kuhmilch-Mozzarella (siehe *mozzarella fiordilatte*).

formaggi – Käse. Das Wort bezeichnet nicht nur aus Milchtrockenmasse hergestellte Käsesorten, sondern kann auch als Gattungsbegriff verwendet werden und den Käse-Gang einer italienischen Mahlzeit meinen.

forno a legna – Holzofen.

frantoi – Olivenmühlen, in denen die Oliven gepresst werden, um daraus Olivenöl zu gewinnen.

frutta verdura – wörtlich übersetzt »Obst Gemüse«; Bezeichnung für Läden oder Marktstände, die sich auf frisches Obst und Gemüse spezialisiert haben.

fuoco – bedeutet »Feuer«, man bezeichnet damit aber auch die Gasflammen von Küchenherden.

galline – Hühner. In Campodimele verwendet man *le galline* als Kurzbezeichnung für die Straße, die sich um die östliche Flanke des Dorfes zieht, wo die Hühnerställe stehen. Außerdem bezieht sich der Begriff auf eine Tageszeit; mit »*dopo le galline*« oder »nach den Hühnern« bezeichnet man die Zeit, nachdem man die Hühner in ihre Behausungen gescheucht hat – was je nach Jahreszeit und natürlichen Lichtverhältnissen irgendwann zwischen 4 und 6 Uhr nachmittags sein kann.

insalata – Salat – beschreibt alle möglichen Salate, vor allem aber eine Mischung grüner Blattsalate, wie sie nach dem *secondo*, dem Hauptgericht der italienischen Mahlzeit, zur Erfrischung des Gaumens gereicht wird. *Insalata* ist auch der Gattungsname für sämtliche Blattsalate.

in umido – geschmort, über einer Hitzequelle in Flüssigkeit gegart, normalerweise in einem verschlossenen Topf.

ipermediterraneo – hypermediterran – Begriff, mit dem sich die Ernährung der Campomelani charakterisieren lässt, die eine extreme Ausprägung der traditionellen Mittelmeerdiät darstellt.

iaine – die traditionelle, lediglich aus Mehl und Wasser hergestellte Pasta Campodimeles – im Gegensatz zur gehaltvolleren *pasta all'uovo* aus Mehl und Eiern, die zu besonderen Anlässen serviert wird.

iaine e fagioli – eines der berühmtesten Gerichte Campodimeles, bestehend aus den Mehl-Wasser-Bandnudeln *laine* und einer Cannellinibohnensauce, die in der Regel mit Tomatensauce hergestellt wird.

legumi – Hülsenfrüchte, das heißt Bohnen, Erbsen und Linsen sowie die campomelanische Spezialität *cicerchia*, eine Platterbsensorte.

lievito naturale – »natürliches Treibmittel« – Sauerteig, der lediglich Hefen enthält, wie sie in der Luft und im Mehl vorhanden sind – ohne jeglichen Zusatz von Bierhefe.

livio – landwirtschaftliches Gerät zum Dreschen von natürlich an der Pflanze getrockneten Schoten wie etwa von *cicerchie* oder *fagioli*. Der *livio* besteht aus zwei Ästen, die locker durch ein bewegliches Lederscharnier miteinander verbunden sind.

luna calante – abnehmender Mond – im Gegensatz zur Mondsichel des zunehmenden Monds. Volkstümlicher Überlieferung zufolge wird *la luna calante* in Campodimele als der ideale Zeitpunkt zum Säen und Ernten betrachtet.

magazzino – ein außerhalb des Hauses befindlicher Lagerschuppen, der eher für Non-Food-Artikel gedacht ist – im Gegensatz zur *cantina*, wo man haltbar gemachte Lebensmittel, Wein und Olivenöl aufbewahrt.

maiale – Schweinefleisch, häufig bezieht sich das Wort auch auf Schweinefilet.

maniella – campomelanisches Dialektwort für eine große, tiefe Holzwanne mit einem Griff an jeder ihrer vier Ecken; man verwendet sie zur Zubereitung großer Lebensmittelmengen, etwa zum Kneten von Brotteig.

melanzane – Auberginen. Das Wort *melanzana* soll vom italienischen Begriff *mela insana*, »Dollapfel«, abgeleitet sein, weil man einst glaubte, der Genuss von Auberginen führe zu Wahnsinn.

mescolata – herrliches campomelanisches Wort, das lautmalerisch wiedergeben soll, wie man in einem Topf voller Zutaten mit einem Holzlöffel umrührt.

millefoglie – Kuchen oder Dessert aus Blätterteig.

minestra – Suppe aus verschiedenen Gemüsesorten, darunter häufig auch Bohnen.

mosca dell'olivo – die Olivenfliege, eine Plage, die ganze Olivenernten vernichten kann.

mozzarella di bufala – aus der Milch gezähmter Wasserbüffel gewonnener Mozzarella. Diesen Mozzarella verzehrt man am besten am Tag der Herstellung, roh in Salaten, wie etwa in Tomaten-Mozzarella-Salat mit Basilikum.

mozzarella fiordilatte – aus frischer Kuhmilch hergestellter Mozzarella. Dieser Kuhmilchmozzarella ist nicht so feucht wie der *mozzarella di bufala*, eignet sich daher besser zum Kochen und wird häufig zum Überbacken von Gerichten wie etwa Lasagne verwendet. Häufig wird er auch schon abgepackt verkauft und hält sich im Kühlschrank mehrere Tage lang.

mulina per verdure – ein handbetriebenes Küchengerät, durch das man *verdure*, Gemüse, passiert, um sie zu pürieren. Auch Geräte, die unserem deutschen Passiergerät beziehungsweise der Flotten Lotte ähneln, werden in Italien als *mulina per verdure* bezeichnet. Mit einer solchen »Mühle« lässt sich beispielsweise auch die *passata* herstellen – eine dicke Tomatensauce, deren Name wörtlich nichts anderes als die »Passierte« heißt.

mungitura – das Melken von Kühen, Ziegen oder anderen Tieren.

odori – Kräuter und andere Zutaten, die man zum Aromatisieren eines Gerichts verwendet. Die klassischen *odori* der *cucina* Campodimeles sind sehr fein gehackter Bleichsellerie, Petersilie und Zwiebeln – oder Bleichsellerie, Petersilie und Knoblauch. Die meisten campomelanischen Köchinnen verwenden beim Kochen entweder Zwiebeln *oder* Knoblauch – nur wenige mischen die beiden.

orto – Gemüse- oder Obstgarten bei einem Haus.

pancetta – gepökelter Schweinebauch.

pane al forno a legna – im Holzofen gebackenes Brot oder Holzofenbrot.

panettone – der kuppelförmige Hefekuchen von locker-leichter Textur, der aus der Lombardei stammen soll und sich in ganz Italien zum traditionellen Weihnachtskuchen entwickelt hat.

pappardelle – Bandnudeln, die aus *pasta all'uovo*, frischer Eierpasta, hergestellt und mit einer Fleischsauce serviert werden.

Parmigiano-Reggiano – weltberühmter, aus Kuhmilch hergestellter Hartkäse, der bei uns Parmesan heißt. Der ursprünglich aus Norditalien stammende Käse ist heute überall in Italien erhältlich und wird häufig über Pastagerichte gerieben. Er gehört zu jenen nördlichen Importen, die bis nach Campodimele vorgedrungen sind, obwohl auch ein harter *Pecorino*, das heißt ein in der Gegend produzierter Schafskäse, oder der noch berühmtere *Pecorino Romano*, der meist aus Sardinien kommt, zuweilen an seiner Stelle verwendet werden.

passata – heißt wörtlich übersetzt so viel wie »passiert« und bezeichnet Tomatensauce, die durch ein *mulino per verdure*, ein handbetriebenes Passiergerät, passiert wurde, um der Sauce eine glatte, püreeartige Konsistenz zu verleihen und Haut und Samen herauszufiltern.

passeggiata – die *passeggiata* ist der Abendspaziergang, den Italiener traditionell vor und manchmal auch nach dem Essen unternehmen – und der sie gewöhnlich zur Piazza führt, wo man sich bei einem Plausch mit Freunden und Verwandten auf den neuesten Stand der Ereignisse bringt.

pasta – bedeutet wortwörtlich »Teig«, wobei der Begriff die gesamte Palette der Teige abdeckt, einschließlich jene für Brot und Gebäck. Außerdem ist das Wort die Gattungsbezeichnung für jene Mischung aus Mehl, Wasser und zuweilen auch Eiern, die in zahlreichen Pastasorten wie Spaghetti und Lasagne Verwendung findet.

pasta all'uovo – aus Eiern und Mehl hergestellte Pasta im Gegensatz zu solcher, die nur Wasser und Mehl enthält. Man verwendet sie zur Herstellung gehaltvollerer *paste*, etwa für Lasagneblätter oder

Tagliatelle, die Festtagsgerichten vorbehalten sind und dann gewöhnlich mit einer Fleischsauce serviert werden.

Pecorino Romano – der aus Schafsmilch hergestellte Hartkäse wird häufig als Alternative zu Parmigiano-Reggiano verwendet. Gerieben und über Pasta gestreut, reicht eine kleine Menge davon ziemlich weit. Dieser Käse wird in mehreren Regionen hergestellt, unter anderen auf Sardinien und in Teilen der Toskana.

peperoncino – scharfe Chilischote, das Hauptgewürz Campodimeles.

peperoncino rosso – rote scharfe Chilischote.

peperoncino rotondo – kugelförmige scharfe Chilischote.

peperoncino verde – grüne scharfe Chilischote.

pesci azzurri – »azurblaue Fische« – ein Begriff, mit dem die Italiener ölige Fischsorten wie etwa Sardinen bezeichnen.

petartela – campomelanischer Dialektausdruck für fein gemahlene Koriandersamen zum Würzen und Konservieren der luftgetrockneten hausgemachten Wurst, zu der man das selbstgemästete Hausschwein alljährlich im Januar verarbeitet.

piccante – die wortwörtliche Bedeutung ist »stechend«. Wird zur Bescheibung scharfer oder pikanter Speisen verwendet, vor allem solcher, die mit rotem Chili gewürzt sind.

pignatta – handgetöpferter Terrakottakrug mit zwei Griffen. Die *pignatta* ist ein typisches Geschirr der Gegend von Campodimele und wird meist verwendet, um *cicerchie* oder Bohnen neben einem offenen Feuer zu köcheln.

pilosella – Habichtskraut, eine Wildpflanze, deren junge Blätter man sammelt und in grünen Salaten verwendet.

pinzimonio – ein Gericht aus rohem Gemüse, welches man zusammen mit Olivenöl, Salz und Pfeffer serviert. In Öl und Gewürze gestippt, sind diese Crudités beliebte Antipasti.

prezzemolo – Petersilie.

primo – der erste Gang, der, wörtlich übersetzt, einfach »erster« bedeutet.

prosciutto – luftgetrockneter Schinken, der normalerweise in hauchdünnen Scheiben serviert wird.

prosecco – italienischer Schaumwein, der in der Regel zwar billiger, oft aber genauso köstlich wie der französische ist.

ragù – Fleischsauce, die man traditionell zur Pasta serviert.

rapini – siehe *broccoletti*.

ricotta – weicher, weißer Frischkäse, der aus der Milch von Ziegen, Schafen, Kühen oder Wasserbüffeln hergestellt sein kann – und in Italien häufig auch aus einer Kombination mehrerer Milchsorten produziert wird. *Ricotta* bedeutet, wörtlich übersetzt, so viel wie »wieder gekocht« und heißt so, weil er aus den beim zweiten Erhitzen der Molke nach oben steigenden Feststoffen besteht; jene, die beim ersten Erhitzen nach oben stiegen, wurden bereits für den *formaggio*, den Käse, abgeschöpft.

roba nostra – »unser Zeug«. Ausdruck zur Bezeichnung selbstgezogener und selbstverarbeiteter frischer Lebens- und Genussmittel.

sagra – Dorf- oder Stadtfest, das man häufig zu Ehren eines bestimmten Lebensmittels oder einer bestimmten Speise während der Erntezeit veranstaltet.

salsa verde – »grüne Sauce«. In der Regel bezeichnet *salsa verde* in Italien eine grüne Kräutersauce, die aus einer Mischung von Petersilie, Kapern, Knoblauch, Sardellen, Essig und Olivenöl zubereitet und zu Fleisch oder Fisch serviert wird. Die *salsa verde* Campodimeles hingegen ist eine Kombination aus Minze und Knoblauch und wird traditionell zum Garen der Schnecken verwendet, die man zur *festa* von San Onofrio, einem der Schutzheiligen Campodimeles, serviert.

salsicce – luftgetrocknete Würste wie etwa jene, zu denen man in Campodimele alljährlich im Januar das selbstaufgezogene Schwein verwurstet.

salsiccia dolce – mild gewürzte Wurst.

salsiccia fresca – frische Wurst, die binnen eines Tages nach der Herstellung verzehrt oder gegart werden muss.

salsiccia piccante – scharf-pikante Wurst, die in der Regel scharfe Chilischote und eventuell auch gemahlenen Koriander enthält.

salumi – Gattungsbezeichnung für luftgetrocknete und gekochte Fleischwaren.

scalogni – Schalotten.

scarola – Salatsorte mit gezackten Blättern, die man traditionell in der Region von Campodimele zur Minestrone gibt, um der Gemüsesuppe eine süße Bitterkeit zu verleihen.

secondo – zweiter Gang eines gewöhnlichen Mittagessens, der aus einem proteinhaltigen Hauptgericht wie etwa Hülsenfrüchten, Fleisch oder Fisch besteht. Man serviert es nach dem *primo*, meist Pasta, und zusammen mit einer Gemüsebeilage, dem *contorno*.

setaccio – Sieb.

sfoglia – dünn ausgerolltes Teig- oder Pastablatt.

sfogliatelle – muschelförmige Gebäckstücke aus Blätterteig, die mit einer Masse aus Ricotta und kandierter Orangenschale gefüllt und dann gebacken werden. Die angeblich im Kloster Santa Rosa in Conca dei Marini an der italienischen Amalfiküste erfundenen köstlichen Pasteten sind noch heute eine Spezialität Neapels und seiner Umgebung und schmecken am besten, wenn man sie warm aus dem Ofen genießt und mit einem süßen Espresso hinunterspült.

sott'aceto – bedeutet wörtlich übersetzt »unter Essig« und bezieht sich auf in Essig eingelegte Gemüse wie Chili- oder Paprikaschoten, die sich etwa ein Jahr lang halten.

sott'olio – »unter Öl«, das heißt in Olivenöl haltbar gemachte Lebensmittel, die man auf diese Weise aufbewahren und später im Jahr genießen kann.

sotto peso – heißt in der genauen Wortbedeutung »unter Gewicht« und meint, dass man vor dem Garen oder Haltbarmachen eines Lebensmittels das Wasser aus ihm herauspresst – so werden beispielsweise Auberginen, die zu etwa 90 Prozent aus Wasser bestehen, in Scheiben geschnitten und in einer Schüssel unter einem schweren Gewicht zusammengepresst, um ihnen so – vor dem Einlegen in Öl – alles überschüssige Wasser zu entziehen.

sottovuoto – vakuumverpackt, eine moderne, nichtchemische Konservierungsmethode, derer sich die Campomelani gerne bedienen.

strisciarelle – Streifen; so bezeichnet man Teigstreifen, die man traditionell in Form eines Gitters über campomelanische Torten legt.

strutto – Schweineschmalz.

sughetto, sugo – wörtlich übersetzt heißt *sughetto* so viel wie »Sößchen«, während *sugo* »Sauce« bedeutet.

sugo bianco – wörtlich »weiße Sauce«; damit meint man Saucen, die keine Tomaten enthalten und häufig auf der Basis von Olivenöl und Weißwein beruhen. Weiße Saucen wie etwa eine Béchamelsauce werden, soweit mir bekannt, nicht als *sugo bianco* bezeichnet.

sugo rosso – wörtlich »rote Sauce«; der Name bezieht sich auf Saucen auf Tomatenbasis im Gegensatz zum *sugo bianco*, der niemals Tomaten enthält (siehe oben).

tagliolini – sehr dünne Bandnudeln. Die meist aus *pasta all'uovo*, frischer Eierpasta, hergestellten *tagliolini* serviert man häufig in einem *brodo*, das heißt in Hühnerbrühe beziehungsweise Geflügelfond.

tagne – eines der berühmten Gerichte Campodimeles – ist eine in der Pfanne gebratene Frittata ohne Eier, die man aus gesammelten Wildpflanzen zubereitet; *clematis vitalba*, die Gemeine Waldrebe, ist dabei der Favorit. Zwar ist diese Pflanze für Menschen giftig, doch in den für die *tagne* verwendeten jungen, grünen Trieben ist der Giftgehalt sehr gering und verflüchtigt sich unter der Hitzeeinwirkung noch weiter. Dennoch empfiehlt es sich nicht, die Pflanze in größeren Mengen zu genießen.

terreno – Land, in der Regel wird damit das vom Bauern bestellte Land bezeichnet.

tortano – das für Campodimele typische Ostergebäck; ein großer süßer und mit Wildfenchelsamen gewürzter Hefekranzkuchen.

trebbia – Mähdrescher. *La trebbia* bezieht sich auf das Gerät und im weiteren Sinne auch auf die Weizenernte selbst.

un'altra cosa – eine andere Sache, etwas (völlig) anderes – diese Wendung wird oft im Sinne von »etwas Schmackhafteres, etwas Besseres« gebraucht.

uva – Weintraube.

uva da tavola – »Tafeltraube«. Wunderbar, wenn man sie frisch vom Rebstock genießt.

uva fragola – Erdbeertraube. Eine kleine rubinrote Traube, die den Geschmack und Duft von Erdbeeren besitzt und am besten sonnenwarm und frisch vom Weinstock gegessen oder aber mit reifen Feigen vermischt zu einer Erdbeertrauben-Feigen-Marmelade eingekocht wird.

uva per vino – Keltertraube.

verdure – der italienische Oberbegriff für Gemüse wird in Campodimele meist zur Bezeichnung grünen Blattgemüses verwendet, das gegart werden muss, beispielsweise für Spinat, Mangold, Grünkohl und *cicoria* (Zichorienblätter).

vitello macinato – Gehacktes Kalbfleisch oder Jungrind zur Zubereitung eines *ragù* für Gerichte wie etwa Lasagne.

zucchina – Singularform des Gemüses, das man im Deutschen meist mit der maskulinen Pluralform Zucchini bezeichnet.

zuppa – Suppe.

Rezepte

August

September

Danksagung

Das Geheimnis von Campodimele verdankt seine Realisierung allein der unglaublichen Großzügigkeit der Menschen von Campodimele.

Die Herzlichkeit und Liebenswürdigkeit, mit der mich die Campomelani in ihrem Dorf willkommen hießen, war tatsächlich überwältigend, und ich werde ihnen ihre Freundschaft und Gastfreundschaft wohl nie genug danken können – egal wie lange ich lebe!

Danken will ich denen, die der Gemeindeverwaltung Campodimeles während der letzten Jahre vorstanden: Generale Aldo Lisetti, Paolo Zannella und Roberto Zannella, nacheinander Bürgermeister des Dorfes, sowie Alessandro Grossi, dem stellvertretenden Bürgermeister, die gemeinsam so viel zum Aufblühen Campodimeles als *Paese della Longevità* beigetragen haben.

Die Liste der vielen Einzelnen, denen ich Dank schulde, ist jedoch zu lang, als dass ich sie hier alle aufzählen könnte – sie umfasst nicht nur all die Menschen, die in diesem Buch vorkommen, sondern eigentlich jeden, der mich irgendwann in seinen *orto* einlud, mir seine Speisekammer- und Schranktüren öffnete, und auch alle, die mich mit – sogar für italienische Verhältnisse – unglaublicher Gastfreundschaft an ihren Tischen willkommen hießen. Außerdem all jene, die mir zuwinkten, zulächelten oder, wenn ich an der Piazza im Moonlight Café einen Espresso schlürfte, eine kurze Weile mit mir plauderten. Und dann auch die Freunde, die ich in den Städten der Umgebung Fondi, Lenola, Formia, Sperlonga und Gaeta fand und mit denen ich so wunderbare Zeiten verlebt habe und noch immer verlebe. Ich danke euch, dass ich mich in einem fremden Land so heimisch fühlen darf.

Inzwischen weiß ich, dass meine Reise nach Campodimele nicht erst begann, als ich zum ersten Mal meinen Fuß auf italienischen Boden setzte, sondern schon viele Jahre zuvor. Dafür danke ich meinen Eltern – meiner Mutter Joan und meinem verstorbenen Vater George –, die mir durch Literatur und Reisen Welten eröffneten, meine Liebe zu Sprachen förderten und meinem kindlichen Selbst die Überzeugung beließen, dass ich eines Tages selbst Bücher schreiben würde. Worte reichen nicht aus, um ihnen für dieses Geschenk zu danken.

Dank auch an meinen Bruder Michael – für seine Geduld und seine technische Unterstützung!

Danke an meinen Agenten Mark Stanton (Stan) bei Jenny Brown Associates in Edinburgh sowie an Jenny selbst – ohne ihre spontane Begeisterung und ihr Vertrauen wäre dieses Buch vielleicht nie geschrieben worden.

Und ich danke allen bei Bloomsbury Publishing – Richard Atkinson, Natalie Hunt und Xa Shaw Stewart vom Lektorat sowie Laura Brooke von der Presseabteilung. Mein Dank gilt ebenso Mike Jones, früher im Lektorat von Bloomsbury, der sich von Anfang an für das Buch eingesetzt hat. Ich danke auch dem Fotografen Jason Lowe.

Ein ganz dickes Dankeschön möchte ich auch alten Freunden und ehemaligen Kollegen sagen, die mir für dieses Projekt alles Gute wünschten – allen voran Lennox Morrison, Alan Smith und Linda Kennedy, die mir stets versicherten, dies sei ein Buch, das sie gerne lesen würden, und deren Zuspruch mir buchstäblich bis zum letzten Punkt Kraft gegeben hat.

Über die Autorin

Tracey Lawson entdeckte die Freuden der italienischen Küche, während sie in der Toskana Englisch unterrichtete. Nach dem Abschluss ihres Französisch- und Italienischstudiums verbrachte sie mehr als ein Jahrzehnt als Nachrichten- und Feature-Journalistin bei britischen Tageszeitungen. Später, als stellvertretende Kulturredakteurin beim *Scotsman*, war sie für die Food- und Gesundheitsseiten der Zeitung verantwortlich. 2006 zog sie nach Campodimele, das Dorf, das dieses, ihr erstes Buch inspirieren sollte. Inzwischen lebt sie abwechselnd in Italien und im Vereinigten Königreich.